よくわかる！

3級自動車整備士
シャシ

大保 昇 編著

弘文社

まえがき

自動車整備士の国家資格を取得したいと思っている皆さんに向けて，この本は**3級自動車シャシ整備士試験**に合格できるよう編集され，平成15年に初版が刊行されて以降，長年，多くの読者の方々に愛読されて参りました。その間，自動車整備士試験も基本的な出題範囲に大きな変わりはないものの，本書が刊行された当時からは自動車に関する技術の進歩や装置の複雑化等もあり，徐々に出題される範囲や傾向にも変化がみられるようになって参りました。そこで，内容を大幅に見直し，試験の実状に合わせて大改訂を行うことに致しました。

試験に合格するには，部品や装置の形（構造），動き（作動），点検，整備，検査について理解することが大切です。

私は，専門学校で自動車整備士科の生徒達に教えていますが，授業では，まず，構造図と作動の基礎や法令における重要なポイントをしっかり理解するよう多くの時間をかけて講義しています。自動車に関する基本的な作動・原理・法則・決まりといったものを習得することは，試験勉強において知識を積み上げていく礎（いしずえ）になるのみならず，将来，自動車整備士として活躍する際にも不可欠の要素だからです。

本書は，試験に出題される基本的な部品や装置について，初心者にもわかりやすいように図を多く用いた丁寧な説明を心掛けました。また，計算問題は計算の途中を省略しないで，わかりやすく優しい解説にしております。

その他，どうしても無機質な丸暗記になってしまいがちな専門用語や数字を覚える足掛かりになればと，語呂合わせも用意いたしました。暗記が苦手な方はご活用ください。（なお，反対に語呂が苦手な方は読み飛ばして構いません）

また，じっくり腰を据えて勉強する時間を確保するのが難しい，という受験生でも隙間時間を最大に活用できるよう**第1編　基礎的な自動車工学**，**第2編　シャシ**，**第3編　電気装置**，**第4編　法令**，と大きな分野に分け，どこから勉強しても理解できるよう編集してあります。

章の終わりには，自分の理解度が確認できるよう**「よくでる問題」**を設けてあります。この「よく出る問題」や巻末の「模擬テスト」は，本試験で実際に出題された問題から構成されておりますので，しっかり反復学習して身につけましょう。

法令は，なじみが薄く法令独特の表現もあるため，理解が難しいところがあります。そこで，過去に出題された問題の中から「道路運送車両法」，「道路運送車両法の保安基準」，「道路運送車両法の保安基準の細目を定める告示」を中心に抜粋し，試験に出題されている専門用語などを太字にしたり，必要に応じて補足の説明を加えたり，まとめの表を設けるなどしております。「道路運送車両法の保安基準の細目を定める告示」では，色（透明，赤，橙，など），数字（夜間 100 m，点滅回数 60～120，など）が特に重要であるので確実にマスターしましょう。

本書の最後（第 5 編）には，試験本番と同じ全 30 問の問題構成となっている**模擬テスト**を 2 回分収録しておりますので，必ずチャレンジしてください。

本書は，過去 7 年間に出題された問題を分析して，出題頻度の高い問題や今後も出題されると思われる問題を中心に構成しております。

今回から巻末に索引を新たに設けましたので，用語や装置などの名称から該当のページを調べやすくなりました。

最後になりますが，本書「よくわかる！ 3 級自動車整備士シャシ」の出版に当たっては，㈱弘文社編集部の皆様，中でも片山直様には大変ご尽力いただきました。ここに厚くお礼申し上げます。

大保　昇

目　次

第❷編 シャシ（119）

第１章 動力伝達装置（120）

第❹編 法令 （325）

自動車整備士受験案内

（注：本項記載の内容は変更される場合がございます。必ず事前に試験機関のウェブサイト等でご確認ください。）

1．自動車整備士の種類と等級

自動車整備士には等級のあるものとないものがある。

① 一級自動車整備士…二級自動車整備士より高度な自動車の整備ができること。

　㋑ 一級大型自動車整備士

　㋺ 一級小型自動車整備士

　㋩ 一級二輪自動車整備士

② 二級自動車整備士…自動車の一般的な整備ができること。

　㋑ 二級ガソリン自動車整備士

　㋺ 二級ジーゼル自動車整備士

　㋩ 二級自動車シャシ整備士

　㊁ 二級二輪自動車整備士

③ 三級自動車整備士…自動車各装置の基本的な整備ができること。

☆㋑ **三級自動車シャシ整備士**

　㋺ 三級自動車ガソリン・エンジン整備士

　㋩ 三級自動車ジーゼル・エンジン整備士

　㊁ 三級二輪自動車整備士

④ 特殊整備士…各々の分野について専門的な知識・技能を有すること。

　㋑ 自動車タイヤ整備士

　㋺ 自動車電気装置整備士

　㋩ 自動車車体整備士

2．試験の施行

自動車整備士の技能検定は，各種類ごとに原則として毎年2回行われる。学科試験に合格した者について実技試験が行われる。学科試験に合格し，実技試験に不合格だった者は，その実技試験の日から2年以内に行われる同一種類の技能検定の学科試験は免除される。

この他に，一般社団法人日本自動車整備振興会連合会（国土交通大臣の登録を受けた登録試験実施機関）が行う登録試験がある。これに合格すると国土交通省が行う検定試験に合格したものと同等に扱われる。これらの試験の日時は，そのつど公示される。

3．試験の内容

<table>
<tr><th>技能検定の種類</th><th>自動車，シャシ又はエンジンンの種類</th><th>学科試験の科目</th><th>実技試験の科目</th></tr>
<tr><td>三級自動車シャシ整備士</td><td>普通自動車，四輪の小型自動車，三輪の小型自動車，四輪の軽自動車及び三輪の軽自動車のシャシ</td><td rowspan="2">1．構造，機能及び取扱い法に関する初等知識
2．点検，修理及び調整に関する初等知識
3．整備用の試験機，計量器及び工具の構造，機能及び取扱い法に関する初等知識
4．材料及び燃料油脂の性質及び用法に関する初等知識
5．保安基準その他の自動車の整備に関する法規</td><td rowspan="2">1．簡単な基本工作
2．分解，組立て，簡単な点検及び調整
3．簡単な修理
4．簡単な整備用の試験機，計量器及び工具の取扱い</td></tr>
<tr><td>三級自動車ガソリン・エンジン整備士</td><td>普通ガソリン自動車，小型四輪ガソリン自動車，三輪の小型自動車，四輪の軽自動車及び三輪の軽自動車のエンジン</td></tr>
</table>

4. 受験資格

申請者		修了科名	整備作業に関して必要な実務経験年数	備　考
実務の経験者	中学校卒業者		1年以上	学校は学校教育法によるもの 整備作業は15歳となった日以降
	高等学校卒業者			
	大学卒業者			
資格取得者	職業訓練指導員試験合格者	自動車整備科	当該試験又は検定に合格後6月以上	
	技能者養成指導員検定合格者	内燃自動車工		
	4級海技士(機関)(乙種一等機関士を含む)又はこれより上級の資格の海技従事者		6月以上	
	航空機関士，一等航空整備士等			
	自動車タイヤ整備士又は自動車車体整備士の合格者		0	ガソリン，ジーゼル，二輪受験者は除く
	自動車電気装置整備士の合格者		0	シャシ，二輪受験者は除く
機械学科の修了者等	大学，高等専門，高等学校又は中等教育学校卒業者（各種学校を除く）	A 機械工学科 B 精密機械学科 C 建設機械科 D 農業機械科 E 機械電気科 F 航空学科 G 航空機原動機科 H 造船学科	6月以上	旧大学，旧専門学校，旧中卒で修業年限1年の学校，旧高小卒で修業年限2年の学校，旧小卒で修業年限3年の学校，及び大学に相当する外国の大学を含む
		I 自動車科 J 自動車整備科	0	
	一種養成施設修了者	二・三級自動車整備士の養成課程	0	
	認定大学又は認定学校卒業者			
職訓修了者	2年以上，2800時間以上の A旧公共職業訓練校（高等職業訓練校の第1類） B職業訓練校普通訓練課程の第1類 C職業訓練短期大学校の修了者	A 自動車整備科 B 自動車科	0	
	旧総合職業訓練所	自動車整備工		
	職業能力開発総合大学校	産業機械工学科	0	
	1年以上，1400時間以上又は6カ月以上，800時間以上の A旧公共職業訓練校 B職業訓練校の修了者に限る	A 自動車整備科 B 自動車整備工 C 内燃機械整備工	0	旧公共職業訓練校とは，次のものをいう A専業職業訓練校（旧一般職訓を含む） B高等職業訓練校（旧総訓を含む）

5．試験の免除

自動車整備技能登録試験合格者，養成施設修了者，職業訓練指導員試験合格者のように申請者が一定の資格を有する場合，学科試験又は実技試験が免除になります。

○　国土交通省ホームページ ≫ 国土交通省について　≫（9）国家試験のご案内
≫ 自動車整備士になるには　≫ 試験の免除について
https://www.mlit.go.jp/about/file000059.html

6．受験の申請

技能検定を受けようとする者は，受けようとする技能検定の種類ごとに，最寄りの運輸監理部又は運輸支局（沖縄総合事務局陸運事務所）へ技能検定受験申請をしなければなりません。

≪ 技能検定受験申請に必要な書類 ≫

・技能検定申請書‥‥1葉

・写真※‥‥1枚

（申請前6ヶ月以内に撮影したもので，脱帽し正面から上半身を写した名刺判（縦6cm，横4.5cm）で裏面に技能検定の種類，生年月日，氏名を記載したもの）

※　学科試験及び実技試験の全部の免除を受ける者については，不要。

・受験資格を有することを証する書面の提示

・試験の免除を受ける資格を有することを証する書面の提示

（試験の免除を受けようとする場合のみ必要）

・受験手数料

自動車整備士の種類1件につき7,200円。

学科試験及び実技試験の全部の免除を受ける者については2,450円。

本書の効率の良い使用法

※　科目全体の把握

３級自動車シャシ整備士の試験は，原動機以外のすべての装置となり，各装置の構造，作動，分解，点検，調整，故障などについて，原理原則や，計算問題などが出題されます。試験問題を大きく区分すると，おおよそ次のような割合になります。

一般的基礎	シャシ全般	電気関係	法令関係
約 20%	約 60%	約 10%	約 10%

※　効率の良い使用

本書は，各項目に分けられているので，どこから読んでも良いようになっています。各項目には，できるだけ図を用いて構造，作動，特徴などについて説明してあり，章末には理解度をはかるための例題を設けてあります。

（１）　マーク

本文中，重要度や出題頻度に応じて，「**超重要マーク**」超重要

や「**重要マーク**」重要を付けてあります。（スペースによっては☆印で表記しているところもあります。）テキスト本文や問題において，これらの重要マークが付いている事項は要注意です！

「**整備士君マーク**」は，試験に関する内容をコメントしたり，わかりにくい専門用語を解説するなど，学習していく上での良きナビゲーターとしての役割を担っています。

（２）　演習問題と模擬テスト

各章末には知識の定着をはかるための「よく出る問題」を設けています。問題演習で間違えたり，知識があやふやだと感じた箇所は，演習後にテキス

トの該当ページに戻り，復習することで理解をより深めましょう。

第5編の模擬テストは，第1～4編まで一通り学習が終わってからの実力試しや，試験前の模擬テストとしてご活用ください。
（※本書に掲載されている問題は，全て過去に出題された問題から編集・構成されております。）

（3） 勉強方法

シャシの勉強が初めての方や，基礎からもう1度勉強される方は，各項目の始めから読み進めた後，「よく出る問題」で例題を解くことをお勧めいたします。また，多少シャシの事は学習しておられるという方は，まず問題演習から始めて，間違った箇所を中心にテキストに戻って，理解を深める方法で良いでしょう。自動車整備士の出題内容や出題範囲はおおよそ決まっており，出題頻度の高い問題が何度も繰り返し出題される傾向にあります。このことからも，学習を進めるうえで，まずは出題頻度の高い問題や覚えていれば即答できるような問題（単位記号など）から確実にマスターすることが効率的だといえるでしょう。

※ 本試験についての情報

本試験の問題数は全30問（各1点）で，4肢択一式（4つの選択肢から1つを選択する方式）が採られています。合格基準は，30点満点に対し70%（21点）以上の成績です。出題問題は主に以下のようなものです。

（1） 各テーマについての記述や図の内容について，適切または不適切なものを選ばせる問題

⇒ 設問で問われているものが適切なものか，不適切なものかを必ず確認する。あわてて解答して逆を解答してしまうケアレスミス多し。

（2） 文中の（　　　）内に入る語句の選択問題

⇒ 装置の構造や作動状態，測定の手順，法令で定められている用語（数値や灯光の色）などが空欄補充問題では問われやすい。

（3） 計算問題

⇒ 合成抵抗や電流計と抵抗値，ギヤのトルクなど。

◆ 本試験においては，制限時間内に的確な回答を行うことが大事になってきますが，**四肢択一式問題の**学習において（特に学習の初期段階で）は，時間は気にせずに各選択肢１つ１つが適切なのか，どこが不適切で正しくはどうなのかという点に注意して，理解を深めることが合格への近道となります。
　このようなプロセスを経ることで実力が付けば，正誤の取捨選択を素早く機械的に判別する速さや判断能力の向上にもつながっていきます。

ＳＩ単位（国際単位）

ＳＩ基本単位

　基本単位は７個からなり，基本単位の組み立て方によって，いくつかのＳＩ組立単位がある。

量	単位の名称	単位記号
長さ	メートル	m
質量	キログラム	kg
時間	秒	S
電流	アンペア	A
熱力学温度	ケルビン	K
物質量	モル	mol
光度	カンデラ	cd

ＳＩ組立単位　（一部抜粋）

量	単位の名称	単位記号
面積	平方メートル	m^2
体積	立法メートル	m^3
速度・速さ	メートル毎秒	m/s
加速度	メートル毎秒毎秒	m/s^2

固有名称／記号を持つＳＩ組立単位　（一部抜粋）

量	単位の名称	単位記号
力	ニュートン	N
圧力，応力	パスカル	Pa
力のモーメント	ニュートン・メートル	N・m

第1編

基礎的な自動車工学

この章では，試験でよく問われる自動車の諸元や構造，装置に用いられている材料，基礎的な原理・法則（＝例えば，熱・圧力・電気などに関するもの）等をおさえよう。

第1章　自動車の性能・諸元

1．自動車の概要，構造

自動車は，動力発生装置（エンジン），動力伝達装置，進行方向装置，停止装置，電気装置など組み合わせの装置である。

動力発生装置は，燃料の持っているエネルギーを燃焼させ，回転エネルギーに変換する装置である。このエンジンで発生した回転エネルギーをホイールに伝えるのが動力伝達装置であり，進行方向装置により，道路上で自動車を任意の進行方向に変えることができる。

また，停止装置によって，動いている自動車の速度を減速，停止したり，停止の保持ができる。電気装置は，ヘッドランプなどの灯火，エンジンの始動，バッテリの充電，コンピュータといった電子回路などをつかさどる装置…といったように，自動車における様々な役割を各装置が担っているのである。

このように自動車の構造は複雑なものであるが，自動車の基本的な機能は「走る」「止まる」「曲がる」というシンプルな3つの動作から成っており，運転においてはアクセル操作（＝走る），ブレーキ操作（＝止まる），ハンドル操作（＝曲がる）のバランスを意識した走行安定性が重要である。

2．走行抵抗　超重要

自動車で走行していると，いろいろな抵抗が車に加わってくる。
それらの抵抗を「走行抵抗」と言い，主に下記の4種類がある。
なお，走行抵抗は車速が増すごとに大きくなる。

1　空気抵抗・・・・・自動車が進むときに全面に受ける空気の抵抗をいう。
車両全面投影面積に比例し，速度の2乗に比例する。

2　ころがり抵抗・・・路面をタイヤが転がるときに発生する抵抗をいう。
車両重量，重加速度に比例する。

3　勾配（こうばい）抵抗・・・・・自動車が坂路を上がるときのこう配による抵抗をいう。☆こう配抵抗は，自動車総質量やこう配角度（こう配の大きさ）によって変化する。

4　加速抵抗・・・・・速度を上げるときに発生する抵抗をいう。
加速度，車両総重量，駆動機構の回転部分の慣性相当重量に比例する。

☆　加速抵抗は，運転者の運転技術によって，個人差がある！

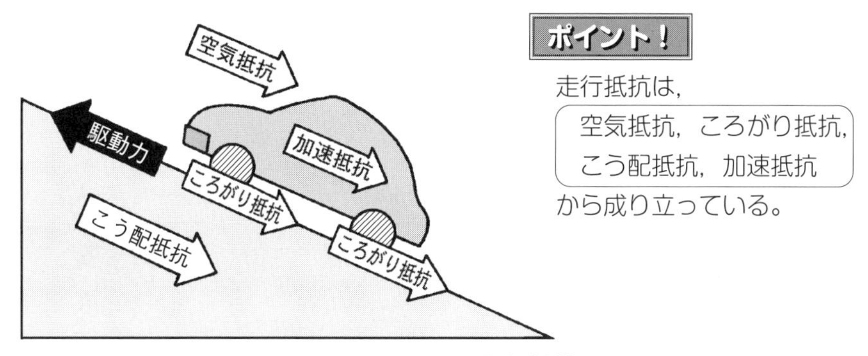

図１－１－１　走行抵抗

3．駆動力　超重要

自動車が走行する際，駆動輪を回し，前進又は後退させようとする力の事を「駆動力」という。簡単に言えば，タイヤが路面を蹴るときの力である。

駆動力の発生は，タイヤと路面接触部の摩擦力との反発力によって起こるので，**駆動力は，路面とタイヤの摩擦力以上に大きくならない**。路面とタイヤが接触していてタイヤが回り出す，その瞬間が最大の摩擦力なのである。走り出すと，摩擦力は低下する。

図１－１－１で登場した【走行抵抗と駆動力のイメージ】を参照しながら説明すると，自動車は，加速時の駆動力が走行抵抗（＝こう配抵抗，空気抵抗，転がり抵抗など）より大きくなると加速できる。逆に，駆動力が走行抵抗より小さいと，スピードが低下する又はスタートができない。

自動車は発進時や登坂時に大きな駆動力が必要であるが，エンジンの性質上，大きな駆動力を出すために高い回転数が必要となる。･･･①

また，スピードが乗ってきて一定速走行に至れば，それほど大きな駆動力は必要なくなる（＝エンジンはそれほど回転数を上げる必要がない）。･･･②

自動車が発進する場合で考えてみると，１速が最も大きな駆動力であり，その後，２速，３速とシフト・アップするにしたがって，駆動力は**低下**していく。

エンジンの力をタイヤに伝える装置であるトランスミッション（変速機）は，①の場合，回転数の低いタイヤと回転数の高いエンジンをつなぐ。

②の場合，スピードが乗ってきた回転数の高いタイヤと，回転数の低いエンジンをつなぐ。

「トランスミッション」は，自動で変速するもの（オートマ）と，手動で変速するもの（マニュアル）があるんだ。（詳しくは第２編－第１章－[4]～[6]参照）

「変速」っていうのは，自動車の走行状況に応じて，エンジンとタイヤのつなぎ方を変更することなんだよ。

それと「1速，2速，3速」っていうのは，変速の種類を表す言葉で「ギア段」とも言うよ。

例えば，3段変速機が付いた自転車の例で考えてみよう。

まず，自転車に乗り，一番軽いギヤ（3速）にシフト・アップして漕ぎだすと，ペダルも軽く，漕ぐのが楽ではあるが，そのまま漕ぎ続けてもスピードはたいして出ない（≒駆動力が低い状態）。そこで，重いギヤ（1速）にシフト・ダウンすることによって，ペダルの踏み出しが重くなるものの，発進時の速度を上げることができる（≒駆動力が高い状態）。

自動車もこれと同じようなもので，状況に応じてギアを変えることにより，効率的な走行が可能になる。

（※人が自転車を漕ぐ場合，足で踏み込む力によってトルクが変動するが，自動車エンジンの場合，その回転数に応じて発生するトルクが変わる。）

「トルク」という言葉にピンとこない人は，「回転させる力」という意味で初めは捉えておいてください。

ポイント！

・自動車は２速，３速とシフト・アップするにつれ，駆動力は低下する！
・駆動力は，駆動輪の半径（有効半径）が大きくなると小さくなる。

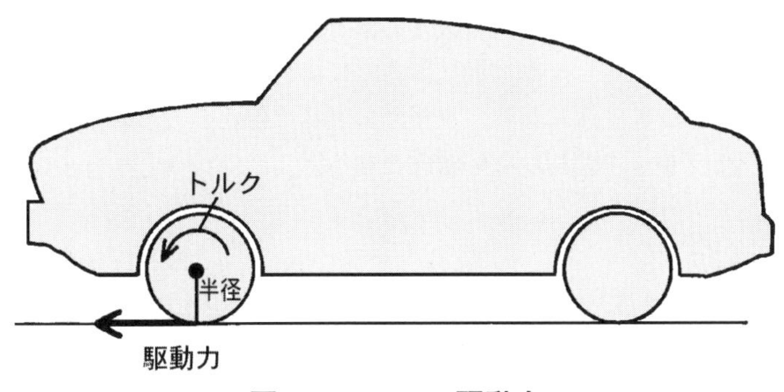

図１－１－２　駆動力

自動車では，トルクをタイヤの半径で割れば駆動力を求められる。

駆動力＝トルク÷タイヤの半径

上記の計算式からもわかるように，駆動力はトルクを大きくした場合に大きくなる。自動車のトルクとは，簡単にいえば（タイヤを）回す力である。これは，自転車でいうところのペダルを押す力に該当する。つまり，トルクが大きい（ペダルを押す力が強い）と，加速する力も増す，ということである。また，駆動力は，駆動輪の半径（有効半径）が大きいと，小さくなり，小さいと大きくなる。（上記の公式を参照）

自動車の発進時や停止時には，摩擦力が大きく係わっている。摩擦力がなければ，発進も停止もできない。通常，駆動力は路面とタイヤの摩擦力以上に大きくならない。

4．制動力　重要

動いている自動車を減速させる力，また，停止している自動車を動かないようにする力のことを制動力という。

タイヤと路面の間の摩擦抵抗が大きいほど，制動力はよく作用してブレーキの利きが良くなる。もし，摩擦抵抗が非常に小さくなると，氷の上をアイススケートが滑るような状態になり，タイヤの回転は停止しても車体はそのまま路面上を滑り，ブレーキが利かない状態となる。

ポイント！

「制動力」はタイヤと路面との摩擦が**大きいほど，大きくなる。**

逆に，摩擦が小さいほど小さくなる！

図1－1－3　制動力

5．コーナリング・フォース

自動車の運転中カーブにさしかかり，曲がる時にはハンドルをきるが，その時，自動車には外側に飛び出そうとする力（遠心力）が働く。
この遠心力は車体を旋回の外側に引っ張る方向に働くので，タイヤにも遠心力による力が作用し，タイヤを変形させる力が加わるが，タイヤには元に戻ろうとする力（コーナリング・フォース）が発生する。

この遠心力がコーナリング・フォースより大きくなってしまうと，曲がり切れず横転したり，外側へ飛び出してしまう危険がある。

図１－１－４　コーナリング・フォース

ポイント！

自動車の旋回時（＝自動車が曲がる時）は，遠心力とコーナリング・フォースが釣り合った状態である。

よく出る問題〔第１章・自動車の性能・諸元〕

性能・諸元

【例題１】 超重要

自動車の諸元に関する記述として，**不適切なもの**は次のうちどれか。

（１）　駆動力とは，自動車が走行する際，駆動輪を回し，前進又は後退させようとする力をいう。

（２）　自動車総質量とは，空車状態の自動車に最大積載量の物品を積載した時の質量をいう。

（３）　走行抵抗は，車速が増すごとに大きくなる。

（４）　空車質量とは，空車状態における自動車の質量をいう。

【例題２】 超重要

自動車の性能及び諸元に関する記述として，**不適切なもの**は次のうちどれか。

（１）　空車状態とは，運転者１名が乗車し，運行に必要な装備をした状態をいう。

（２）　制動力は，タイヤと路面との摩擦力が大きいほど，大きくなる。

（３）　駆動力は，２速，３速とシフト・アップするに連れて，低下する。

（４）　加速抵抗は，運転者の運転技術（操作）により差が発生する。

【例題３】 超重要

自動車の諸元に関する記述として，**適切なもの**は次のうちどれか。

（１）　自動車は，加速時の駆動力が走行抵抗より小さいと加速できる。

（２）　走行抵抗とは，転がり抵抗，空気抵抗の２つだけで成り立っている。

（３）　こう配抵抗とは，自動車が坂路を上がるときのこう配による抵抗をいう。

（４）　制動力は，タイヤと路面との摩擦力が小さいほど，大きくなる。

⊿解答と解説◸　第1章　自動車の性能・諸元

【例題1】 解答（2）

⊿解説◸

【定義】自動車総質量とは，空車状態の自動車に乗車定員の人員が乗車し，最大積載質量の物品を積載したときの質量をいう。

【例題2】 解答（1）

⊿解説◸

（1）空車状態とは，燃料，潤滑油，冷却水などを全量搭載し，運行に必要な装備をした状態をいう。（よって，本肢は不適切。）

⇒道路運送車両の保安基準第1条の6項参照（＝本書では第4編法令－第2章－（1）P333）

（2）タイヤと路面との摩擦が大きいほど，制動力は大きくなり，摩擦が小さいほど制動力は小さくなる。（よって，本肢は適切。）

（→ P28，図1－1－3参照）

（3）自動車は発進時や加速時に大きな駆動力が必要となる。1速が最も大きな駆動力であり，その後，2速，3速とシフト・アップするにしたがって，駆動力は低下していく。（よって，本肢は適切。）

ひっかけ注意！

駆動力は，2速，3速とシフト・アップするに連れて，大きくなる。（×）

・・・（⇒正しくは，低下する）

（4）空気抵抗，ころがり抵抗，勾配抵抗とは異なり，加速抵抗には運転者の運転技術による個人差が生じる。（よって，本肢は適切。）

【例題3】 解答（3）

⊿解説◸

（1）自動車は，加速時の駆動力が走行抵抗より大きいと加速できる。

ちなみに，自動車が走る際に生じる抵抗である**走行抵抗**が大きいほど，車を走らせるために必要となる力も大きくなるので，燃費が悪くなる。

逆に，走行抵抗が小さくなれば，車を走らせるために必要となる力も小さくて済むので，燃費が良くなる。

（２）　転がり抵抗，空気抵抗，勾配抵抗，加速抵抗の４つから成り立っている。

（４）　摩擦力が大きいほど，制動力は大きくなる。反対に，摩擦力が小さければ，制動力は小さくなる。（→ P28，図１－１－３参照）

第２章　自動車の材料

1．概要

自動車部材には主として「鉄鋼」が用いられている。日本では自動車に使用される鉄鋼中の高張力鋼（ハイテンションスチール）比率は高いものの，自動車の軽量化に当たっては，鉄鋼に代替可能なアルミや樹脂といった軽量素材への置き換えも図られている。

2．鉄鋼材料

自動車の燃費向上の点で車体の軽量化が求められると共に，衝突安全のニーズから「高強度化」も両立させるため，薄くしても普通の鋼板と同じ強度を得ることが可能な「高張力鋼板」が自動車の車体構造には積極的に採用されてきた。

また，古くから使用されてきた鋳鉄鋳物は強度や耐摩耗性などの特性を有しており，低コストでできることからも多く使用されている。

（1）　高張力鋼板（High Tensile Strength Steel Sheets）

引っ張り強度（引っ張り強さ）と降伏点が高い鋼板で，ボデーなどに用いられる。「ハイテン」とも呼ばれている。**熱間圧延鋼板を常温で圧延し強度が高く，薄肉（うすにくか）化により軽量化ができる。**

（※薄肉化（うすにくか）：厚みを薄くすること。）
薄肉化≒薄板化

高張力鋼板は，軽量化のために**マンガン**などを少量添加して，**引っ張り強さを向上**させているんだよ。

(2)　鋳鉄

炭素（C）を2.14％～6.67％，ケイ素（Si）を約1～3％の範囲で含んでいる。鋳鉄に含まれている黒鉛が摩擦を減少させる減摩材として作用するため，耐磨耗性に優れている。また，金属組織の間隙に，潤滑油がたまっていく性質を持っている。伸びや衝撃値は小さいため，耐衝撃性能は弱い。

ポイント！

「鋳鉄」は，

- 鋼に比べて耐摩耗性に優れているが，衝撃に弱い。
- 鋼に比べて炭素の含有量が多い。
- ブレーキドラムには一般的に鋳鉄が用いられる。

(3)　球状黒鉛鋳鉄

鋳鉄鋳物にセリウムあるいはマグネシウムを少量添加して黒鉛結晶を球状に凝固させることで，鋳鉄の強さ，延性を飛躍的に向上させたものである。

ポイント！

「球状黒鉛鋳鉄」は，

- 強度や耐摩耗性を向上させ，クランク・シャフトやピストン・リングなどに使われている。

3. 熱処理

鉄鋼材料は，製錬されたばかりの時には柔らかいため，自動車部品などのように高い強度が要求される機械部品として用いる際には，柔らかいままでは使いものにならない。

そこで，熱処理※を行うことによって，機械部品として実用に耐える硬さと強度を与えるのである。

鋼材に用いられる熱処理の基本は，「焼入れ」，「焼戻し」，「焼なまし」「焼ならし」である。

① 焼入れ・・・・高温に加熱してから水や油によって急冷することで，鋼を硬くする熱処理。

☆**高周波焼入れ**は，高周波電流で鋼の表面層を加熱処理する焼入れ操作のことをいう。

② **焼戻し**・・・・焼入れした後に，（硬くなる反面，もろくもなる）鋼の粘り強さを増すため，ある温度まで加熱した後，徐々に冷却する熱処理。

③ 焼なまし・・・一定時間加熱してから，炉内で徐々に冷却することで，鋼を（加工しやすいように）軟らかくする熱処理。

④ 焼ならし・・・加熱してから大気中で徐々に冷却することで，内部に生じたひずみを取り除き組織を均一にする熱処理。鋼を強くする熱処理

※**熱処理**というのは，金属を加熱，冷却することで色々な性質に変化させる操作の事なんだ！

4. 非鉄金属

広義には鉄以外の金属の総称であるが，一般的には銅，鉛，亜鉛，スズ，タングステンなどの金属を指し，アルミニウムやマグネシウムなどは軽金属，金，銀，白金などは貴金属として区別することが多い。

その性質としては，電気をよく通し，熱をよく伝える，殺菌作用がある，加工しやすい，耐食性にすぐれる，色の経年変化がある，といった点が挙げられる。

（1） アルミニウム

鉄に変わる自動車軽量化の部材として注目されているのがアルミニウムであり，耐食性に優れ，**比重は，鉄の約3分の1である。**

ただし，成形性が鉄より劣るのとコストが鉄よりもかかるなどの課題も残っている。

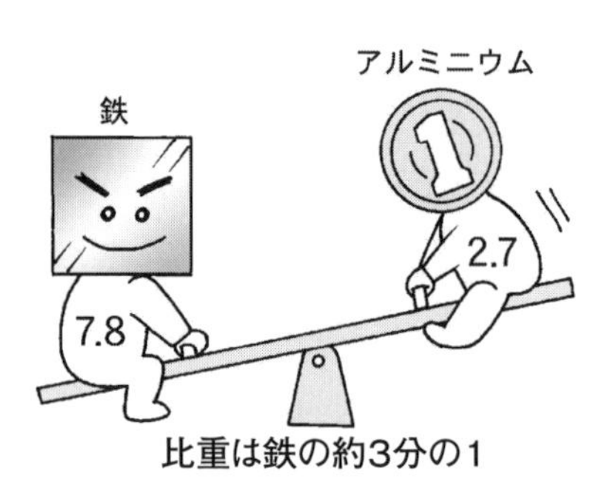

比重は鉄の約3分の1

（2） 銅および銅合金

① 黄銅（真ちゅう）

銅に亜鉛を加えた合金で，加工性に優れ**ラジエータ**や**タイヤ・バルブ**などに使用されている。

亜鉛の含有率を変化させることで連続的に引っ張り強さや硬さが増大する性質を有している。

② 青銅（ブロンズ）

銅に錫（すず）（Sn）を加えた合金である。錫の含有率が少ないものは加工性が良好であるが，錫の含有率が増加するとともに加工性が低下するため，錫量の少ないもの（10％以下）は加工用，多いものは鋳造用として利用される。

③ ケルメット

銅に鉛を加えた合金である。ケルメットは，銅に20〜40％の鉛を加えたもので，鋳造性をよくするために錫（すず），ニッケルを少量添加する。高速回転による温度上昇に対しても硬さの低下が少なく，ホワイトメタルでは耐えられないような個所に使用される。使用中の温度上昇の少ないことが特長で，高速高荷重軸受として，航空機，自動車，ディーゼル機関などに用いられる。

ここがポイント！　**銅に何を加えた合金なのかをおさえよう！**

覚え方（丸暗記が苦手な方はご参考まで）

どう？（銅）会えん！？（亜鉛）追うどー！（黄銅）
どう（銅）すん（Sn：錫の元素記号）の，このブロンズ（青銅）像！
なま（鉛）ケル（ケルメット）どー！（銅）

5．ガラス

自動車のウインド・ガラスには，**安全ガラス**が用いられており，安全ガラスには，**合わせガラス**，**強化ガラス**および**部分強化ガラス**がある。（☜安全ガラスの分類を押さえよう！ **試験注意** ）

一般的にフロントガラスには合わせガラスが用いられ，リアガラスやドアガラスには強化ガラスが用いられている。

① **合わせガラス**

2枚以上の板ガラスの間に薄い合成樹脂膜を張り合わせたもので，もし破損しても破片の大部分が飛び散ることがないようにしたものである。

② **強化ガラス**

ガラスをつくる時に熱処理を加えて，急激に冷却したもの。この急冷強化処理により，一般的なガラスに比べ割れにくくなっており，もし，割れたとしても，一般的なガラスが刃物のような鋭い形状に割れるのに対して，強化ガラスは粉々になる（＝割れた時に細片になる）特性があることから，割れた破片でケガをする危険度が低くなっている。

強化ガラスの強度は，一般のガラスと比べると，静圧で4～5倍，落球衝撃で6～9倍ある。

ポイント！

強化ガラスは，割れた場合，粉々になり通常のガラスが割れた場合よりも安全ではあるものの，割れた衝撃で破片が周囲に飛散する。

③　**部分強化ガラス**

強化ガラスのうち，破損した時に強化ガラスよりも破片が大きい形になるように特別な処理をしたもの。

6．ネジ類

（1）　概要

自動車を組み立てる際には，「お（雄）ねじ」と「め（雌）ねじ」が必要となる。「おねじ」は一般的にねじ，ボルトのことを指し，「めねじ」はナット類のことを指す。（なお，部品自体に「めねじ」が切られていて，そこに「おねじ」を組み込むことで締結するものもある）。

（2）　メートルネジ

ねじには規格があり，多くのものがJIS規格（日本工業規格）によって標準化されてきたが，1965年以降にはISO（国際標準化機構）の規定をとり入れて，現在ではISO規格が主流となっている。この規格により採用され，広く普及しているネジが，「**メートルネジ**」である。これは，直径及びピッチ（＝ネジ山からネジ山の間の距離）をミリメートルで表したネジであり，**ねじ山の角度は60度**である。

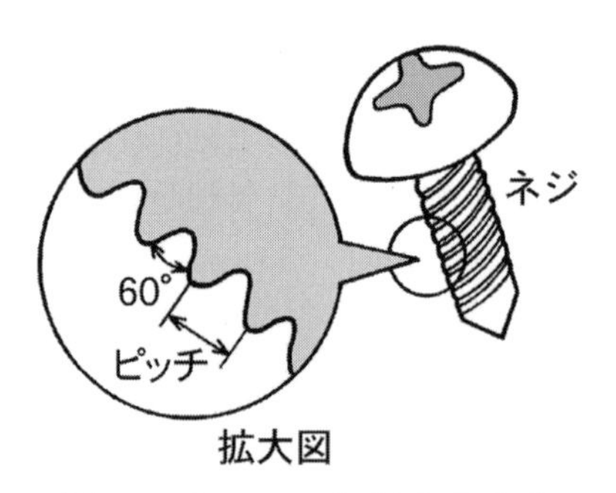

図1－2－1　ねじ山の角度

ポイント！　メートルネジのねじ山の角度は60度

（3）　溝付き六角ナット（キャッスルナット）

溝にあう**割りピン**をおねじ側の穴に差し込み，ナットが緩まないようにしたナットを**溝付き六角ナット**という。

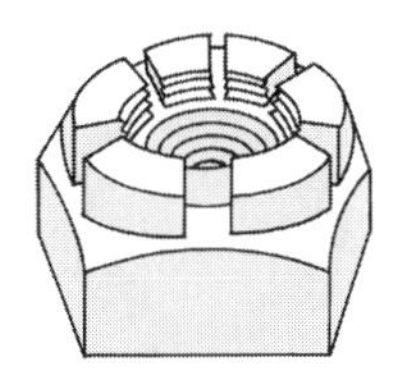

図１－２－２　溝付き六角ナット（キャッスルナット）

このナットは，航空機や戦車，オートバイ，自動車，ジェットコースターなど多種多様な用途に使用されてきた。

（4）　割りピン

ボルトの穴に挿し込んでナットの緩み止めとして用いられる割りピンは一度外すと曲がったり，折れやすくなるため，再利用できない消耗品である。(主な使用先：タイロッドエンドや，ドラムブレーキのセンターのナットなど)

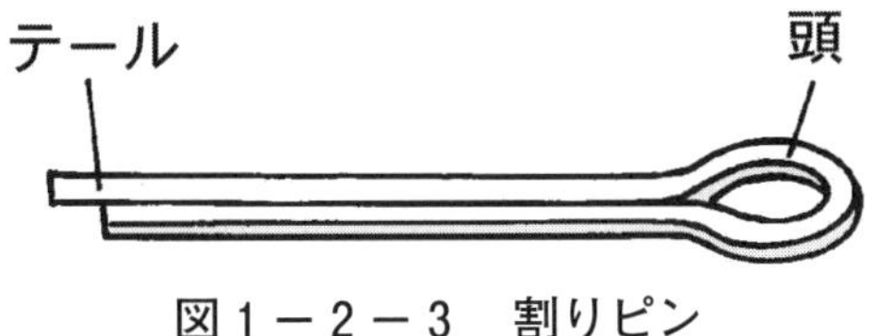

図１－２－３　割りピン

右側が頭で左側がテール。テールの長さが違うのは，片方ずつ折り曲げやすいようにするためなんだ。同じ長さだと曲げにくいからね！

（5） スプリング・ワッシャー（ばね座金）

緩み止めなどに用いられる座金で，平座金の一部が切れてねじれた形をしている。このねじれがあることで，緩み止めやねじが緩んだ時の脱落防止に効果がある。

図1－2－4　スプリング・ワッシャー（ばね座金）

主に単体でねじに組み込まれるスプリング・ワッシャーだが，ワッシャー（平座金）と組み合わせて使用されることもある。

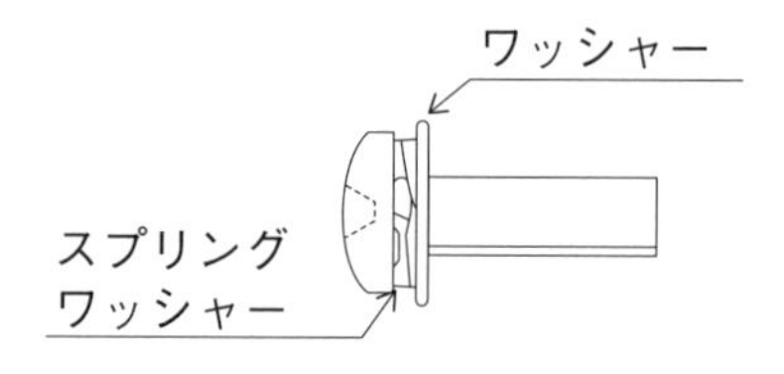

（6） スタッド・ボルト

両端にねじを切ったボルトで，ホイールの取り付けなどに用いられる。

埋め込みボルト，両端ネジともいう。引っ張りに強いことから，一度締めたら二度とはずさない箇所に埋め込んで使用する。

図1－2－5　スタッド・ボルト

(7)　ホイール・ボルト，ホイール・ナット

ホイールを車軸に固定するために必要不可欠な部品である。

ホイール取り付け作業時には，図1－2－6の写真のようにボルト，座金※（ワッシャ），ナットの組み合わせが主に用いられる。

（※座金（ワッシャ）：ナットが緩まないように噛みあわせる部品。）

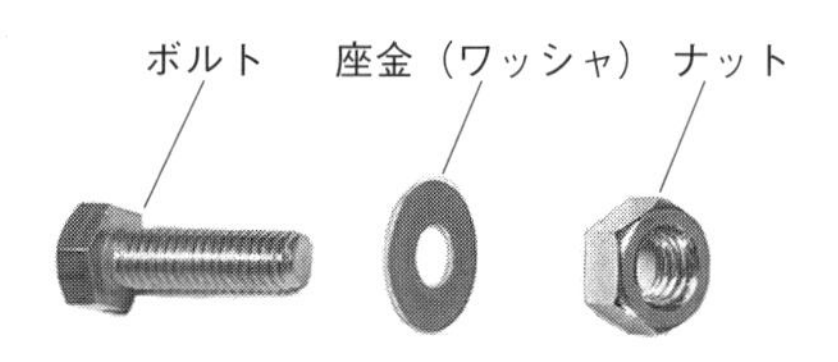

図1－2－6

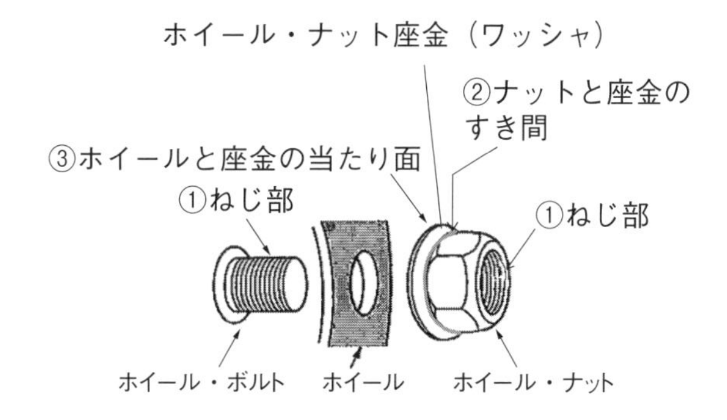

ホイール取り付け作業時に，潤滑剤を薄く塗布する部位は図の①および②なんだけど，**③のホイールと座金（ワッシャ）の当たり面（接触面）には塗布しない**から気を付けて！　（注：ISO方式（平座面）の場合）

7．ベアリング（軸受け）　重要

回転軸を支持する部品で軸の保持と摩擦抵抗を少なくする。機械の回転部分には欠かせない部品である。ベアリングは，プレーン・ベアリング（滑り軸受け）とローリング・ベアリング（転がり軸受け）に大きく分けられる。

（1）　プレーン・ベアリング（滑り軸受け）：

大きな力を受ける場所（クランクシャフト，コンロッドなど）に使用され，半割り形プレーン・ベアリング，つば付き半割り形プレーン・ベアリング，ブッシュがある。

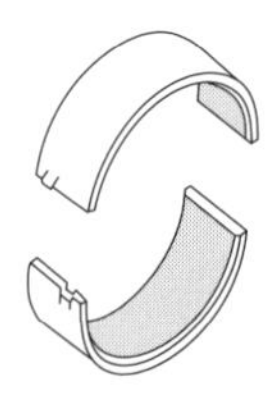

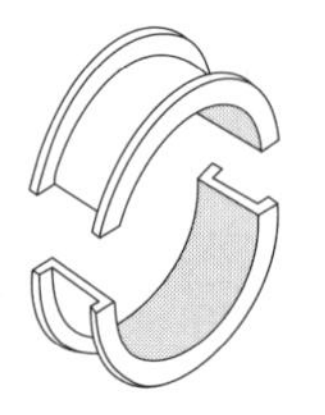

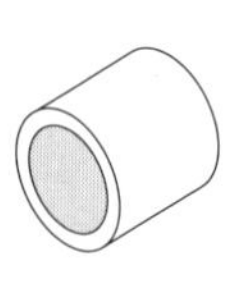

ⓐ半割り形プレーン・ベアリング　ⓑつば付き半割り形プレーン・ベアリング　ⓒブッシュ

図1－2－7　プレーン・ベアリング

ⓐ　**半割り形プレーン・ベアリング：**

ベアリングを2分割にして内側に油の通る溝を設け，摩擦抵抗の減少と放熱の役目をする。**大きな力を受ける方向は，ラジアル方向（軸と直角方向）である。クランクシャフト**などに用いられる。

ⓑ　つば付き半割り形プレーン・ベアリング：

ベアリングを2分割にしたベアリングをつば付きにした構造であるため，ラジアル方向（軸と直角方向）とスラスト方向（軸と同じ方向）の力を設けることができる。

ⓒ　ブッシュ：

円筒形でピストンとコンロッドを接続する部分に使用されている。潤滑油はコンロッドの小端部からブッシュの外周部に供給される。

(2)　ローリング・ベアリング（転がり軸受け）

摩擦抵抗の少ないボールやころといった転動体（下の図参照）を用いるベアリングのことをローリング・ベアリング（転がり軸受）といい，ラジアル・ベアリング，スラスト・ベアリング，アンギュラ・ベアリングがある。

なお，ベアリングは内輪の軌道輪，外輪の軌道輪，転動体の3つで構成されている。

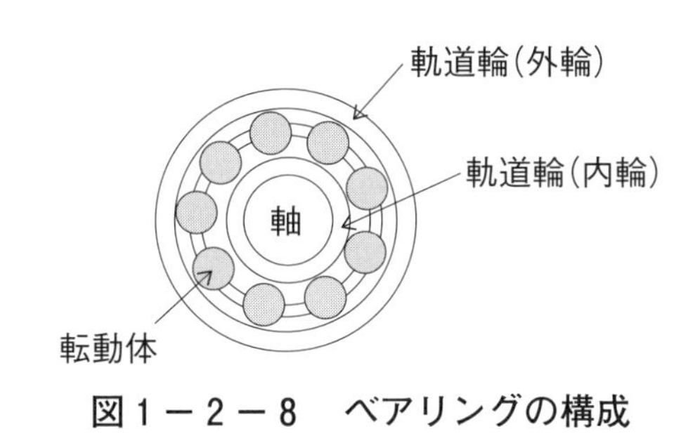

図1－2－8　ベアリングの構成

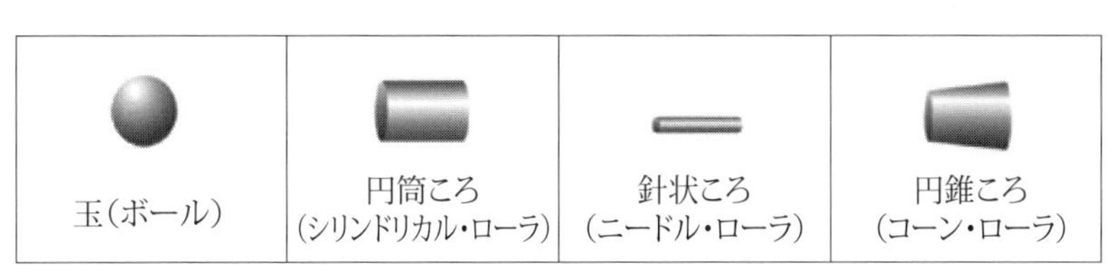

図1－2－9　転動体

ベアリングは，摩擦抵抗を少なくすることで軸の回転を円滑にするという役割の他に，パーツ（部品）にかかる荷重を支える役割も果たしている。

ベアリングが受ける力の方向によって，以下のようにベアリングの種類もわかれている。

ⓐ　ラジアル・ベアリング：
　ラジアル方向（軸と直角方向）に力を受けるベアリングで，ボール型，ニードル型，シリンドリカル・ローラ型がある。
　（自動車のタイヤ部分などに用いられる。）

ⓑ　**スラスト・ベアリング**：☆
　スラスト方向（軸と並行方向）に力を受けるベアリングで，**ボール型，ニードル・ローラ型**がある。
　（自動車の**トランスミッション**などに用いられる。）

ⓒ　**アンギュラ・ベアリング**：☆
　ラジアル方向とスラスト方向の両方向から力を受けるベアリングで，**ボール型，テーパ（円錐状）・ローラ型**がある。
　（自動車の**アクスル**や**ディファレンシャル**に用いられている。）

8．フレームおよびボデー

（1）　フレーム

エンジンや動力伝達装置などの各装置を取り付ける自動車の骨格ともいうべき部分がフレームである。

自動車のボデーは，ラダー（はしご型）フレーム・ボデー，モノコック・ボデーの２種類に分けられる。

①　ラダー（はしご型）フレーム・ボデー
　図のようにサイド・メンバとクロス・メンバを組み合わせたはしごのような形態をしている。頑丈であることから，多くの荷物を積むトラックやバスなどに用いられている。短所は，重くてコストがかかる点。

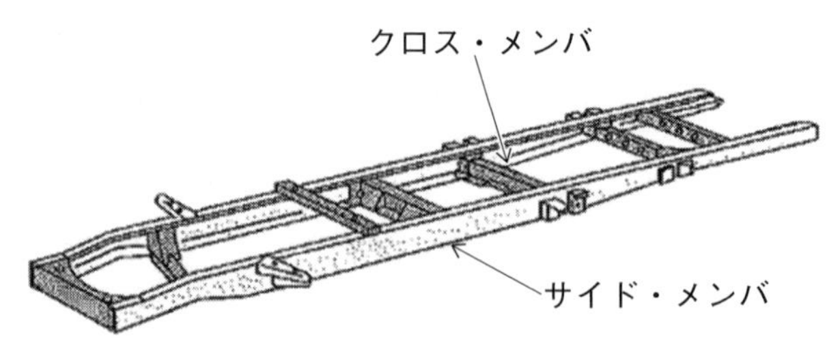

図１－２－10　ラダー・フレーム

サイド・メンバとクロス・メンバの結合については，**溶接**が一般的であるが，一部の大型車においては**リベット**（金属板をつぎ合わせるのに使う接合材）を用いる場合もある。

② モノコック・ボデー

独立したフレームを持たず（フレームレス構造という），フレームとボデーを一体構造にしたものである。乗用車に多く使用されている。

自動車の軽量化，大量生産に適しているが，短所はボディの強度がラダーフレームに比べるとそれほど強くない点。

（2） 亀裂と亀裂検査　重要

ホイールベースの中央部付近やリーフ・スプリングのブラケット付近に**亀裂**は発生しやすい。

☆ フレームは，図のようにサイド・メンバのホイールベース**中央付近**は**下方**に湾曲し，**フロント・アクスルとリヤ・アクスル付近**では**上方**に湾曲する傾向がある。

亀裂点検には，目視点検と**染色浸透探傷法（カラー・チェック）**があり，目視点検は比較的大きな亀裂をチェックする。一方，染色浸透探傷法は，目視では発見できない小さな亀裂をチェックできる。

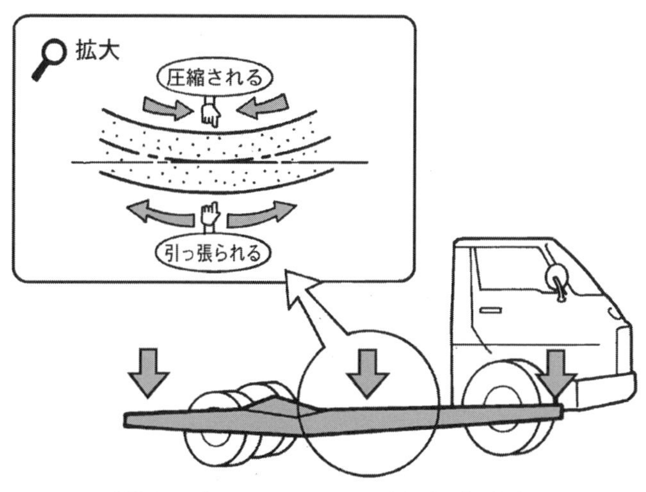

図1－2－11　フレームに加わる力

（3） 塗装

自動車ボデーの色（カラー）は，大きく分けると以下の３つである。

① **ソリッド・カラー**☆

⇒ アルミ粉やマイカ（雲母）を含まない色目が単一な塗料を用いる。
例えば，赤色や白色といった簡素な単色塗装である。
ソリッド・カラーは着色顔料を含んだ上塗り塗料である。

② メタリック・カラー

⇒ きらきらとした金属の光沢感を出すため，アルミ粉を加えた塗料を用いる。

③ パール・カラー

⇒ 真珠のような輝きを出すため，マイカ（雲母）の微細な粒を加えた塗料を用いる。

（※パール＝マイカ（雲母）の微細な粒）

よく出る問題〔第２章・自動車の材料〕

部材

【例題１】 重要

自動車の部材に関する記述として，**不適切なもの**は次のうちどれか。

（１）　球状黒鉛鋳鉄は，強度や耐摩耗性を向上させ，クランク・シャフトなどに使われている。

（２）　高張力鋼板は，熱間圧延鋼板を常温で圧延し強度が高く，薄肉化により軽量化ができる。

（３）　黄銅は，銅に亜鉛を加えた合金で，加工性に優れラジエーターなどに使用されている。

（４）　強化ガラスは，２枚以上の板ガラスの間にプラスチックを中間膜として接着したもので，破損しても破片の大部分が飛び散ることがない。

【例題２】 超重要

鉄鋼に関する記述として，**不適切なもの**は次のうちどれか。

（１）　鋳鉄は鋼に比べて炭素の含有量が多い。

（２）　焼き戻しは，粘り強さを増すためにある温度まで加熱した後，徐々に冷却する操作をいう。

（３）　高周波焼入れは，高周波電流で鋼の内部を加熱処理する焼入れ操作をいう。

（４）　鋳鉄は鋼に比べて耐摩耗性に優れているが，一般に衝撃に弱い。

【例題３】

非鉄金属に関する記述として，**不適切なもの**は次のうちどれか。

（１）　青銅は，銅に錫（すず）を加えた合金である。

（２）　アルミニウムは，電気の伝導率が銅の約３倍である。

（３）　ケルメットは，銅に鉛を加えた合金である。

（４）　黄銅は，銅に亜鉛を加えた合金である。

【例題4】

ボルトやナット類に関する記述として，**適切なもの**は次のうちどれか。

（1） メートルねじのねじ山の角度は，60度である。
（2） スタッド・ボルトは，その棒の一端だけにねじが切ってある。
（3） 溝付き六角ナットは，ねじ部に樹脂を使用したりナットの一部を変形させて用いることで，ナットの緩みを防いでいる。
（4） セルフ・ロッキングナットは，そのナットの上面の溝に合う割りピンをおねじ側の穴に差し込むことで，ナットの緩みを防いでいる。

【例題5】

ボルトやナット類に関する記述として，**不適切なもの**は次のうちどれか。

（1） メートルねじのねじ山の角度は，60度である。
（2） スプリング・ワッシャは，緩み止めなどに用いられる。
（3） 溝付き六角ナットは，溝に合う割りピンをおねじ側の穴に差し込み，ナットが緩まないようにしたものである。
（4） セルフ・ロッキングナットを緩めたときは，同じものを再使用すべきである。

【例題6】 **超重要**

フレーム及びボデー等に関する記述として，**適切なもの**は次のうちどれか。

（1） ソリッド・カラーは，アルミ粉を混ぜた塗料である。
（2） 合成樹脂のうち熱可塑(そ)性樹脂は，加熱すると硬くなり，再び軟化しない樹脂である。
（3） 一般に大型トラックは，モノコック・ボデーと呼ばれる独立したフレームをもたない一体構造のものが用いられている。
（4） トラックのフレームは，サイド・メンバのホイールベース中央部付近では，下方に湾曲する傾向がある。

【例題7】

フレーム及びボデーに関する記述として，**不適切なもの**は次のうちどれか。

（1）　乗用車には，独立したフレームを用いず，フレームをボデーの一部として組み立てた一体構造のものが多い。

（2）　部分強化ガラスは，薄い合成樹脂を2枚以上の板ガラスで挟んで張り合わせたものである。

（3）　ウインド・ガラスには，安全ガラスが使われており，合わせガラス，強化ガラス及び部分強化ガラスがある。

（4）　トラックのフレームでサイド・メンバとクロス・メンバの結合方法は，一般に溶接されているが，一部大型車にはリベットを用いている。

【例題8】 重要

図に示すフレームに関する次の文章の（イ）と（ロ）に当てはまるものとして，下の組み合わせのうち，**適切なもの**はどれか。

フレームは，サイド・メンバのホイール・ベース中央部付近では（イ）に湾曲し，フロント及びリヤ・アクスル付近では，（ロ）に湾曲する傾向にある。

	（イ）	（ロ）
（1）	上　方	上向き
（2）	上　方	下向き
（3）	下　方	上向き
（4）	下　方	下向き

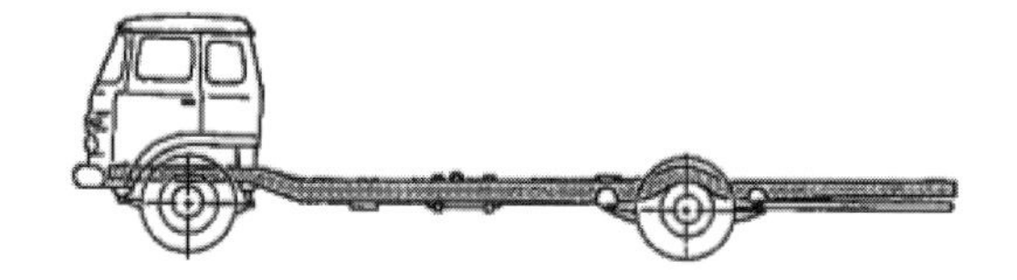

⊿解答と解説◸

【例題1】 解答 （4）

⊿解説◸

合わせガラスは，2枚以上の板ガラスの間に薄い合成樹脂膜を中間膜として接着したもので，破損しても破片の大部分が飛び散ることがない。

なお，強化ガラスは，急冷強化処理によって強度を上げたものであり，割れた時に細片になる。

【例題2】 解答 （3）

⊿解説◸

高周波焼入れは，高周波電流で鋼の表面層を加熱処理する焼入れ操作のことをいう。

【例題3】 解答 （2）

⊿解説◸

（1） 青銅は，銅を主成分とする錫との合金であり，耐食性，耐摩耗性に優れているため，自動車では，ブッシュ（⇒P43のⓒ参照。）などに用いられる。

（2） アルミニウムは，電気の伝導率が銅の**約60％**であるが，比重は銅の約3分の1である。

◆アルミニウムの特性

比重（軽い）	鉄，銅の約 $\frac{1}{3}$
熱伝導率（高い）	鉄の約3倍
電気伝導率（高い）	銅の約60％

（3） ケルメットは，銅と鉛の合金で，軸受けに用いられる。

（4） 黄銅は，銅に亜鉛を加えた合金で，ラジエータなどに用いられる。

【例題４】 解答（１）

⊿解説◸

（２）　スタッド・ボルトは，両端にねじを切ったボルトである。

（３）　溝付き六角ナットは，溝にあう割りピンをおねじ側の穴に差し込み，ナットが緩まないようにしたナットである。
本肢の内容は，セルフ・ロッキングナットの説明になっているので，不適切。

（４）　セルフ・ロッキングナットは，ねじ部に樹脂を使用したり，ナットの一部を変形させて用いることで，ナットの緩みを防いでいる。再使用はできないナットである。
本肢の内容は，溝付き六角ナットの説明になっているので，不適切。

【例題５】 解答（４）

（４）　セルフ・ロッキングナット（戻り止めナット）は，ナットが緩まないように樹脂コーティングが施されていたり，ナットの一部がかしめてあり（＝つなぎ目をしっかりと密着させており），再使用すると緩み止めが効かなくなるため，基本的に再使用はできない。

【例題６】 解答（４）

⊿解説◸

（１）　ソリッド・カラーは，**アルミ粉やマイカ（雲母）**を含まない色目が単一な塗料である。

試験注意

不適切なものとして，「ソリッド・カラーは，マイカ（雲母）を混ぜた塗料である」という肢が出題されたこともあるので，ご用心！

（２）　熱可塑性樹脂は，加熱すると軟化して可塑性をもち（＝簡単にいうと，粘土のように自分の望むようなかたちにでき），冷却すると固化するものの，再び加熱すると，また軟化する樹脂である。

（３）　モノコック・ボデーが用いられるのは主に乗用車であり，大型のトラックの場合，ラダー・フレームと呼ばれるはしご状の独立したフレームの上にボデーを載せる構造をとる（ラダー・フレーム・ボデー）。

【例題7】 解答（2）

⊿解説◸

（2）　合わせガラスは，薄い合成樹脂を2枚以上の板ガラスで挟んで張り合わせたものである。

【例題8】 解答（3）

⊿解説◸

フレームは，サイド・メンバのホイール・ベース中央部付近では**下方**に湾曲し，フロント及びリヤ・アクスル付近では，**上向き**に湾曲する傾向にある。

ワンポイント・アドバイス

空欄補充問題は過去に出題されたことのある同じ問題でも，空欄になる場所を変えて出題されることもあるよ！

自動車部材の復習問題

問題演習後，答え合わせが済んで10分ほど休憩したら挑戦してみよう！

【復習問題】 重要

自動車の材料に関する記述として，**不適切なもの**は次のうちどれか。

（1）　球状黒鉛鋳鉄は，強度や耐摩耗性を向上させ，ピストン・リングなどに使われている。

（2）　黄銅（真ちゅう）は，銅に亜鉛を加えた合金で，加工性に優れタイヤ・バルブなどに使用されている。

（3）　ボデーなどに用いる高張力鋼板は，軽量化（薄板化）のためにマンガンなどを少量添加して，引っ張り強度を向上させている。

（4）　強化ガラスは，2枚以上の板ガラスの間にプラスチックを中間膜として接着したもので，破損しても破片の大部分が飛び散ることがない。

⊿復習問題の解説◸

合わせガラスは，2枚以上の板ガラスの間にプラスチックを中間膜として接着したもので，破損しても破片の大部分が飛び散ることがない。

なお，強化ガラスは，急冷強化処理によって強度を上げたもので，粉々になる（＝割れた時に細片になる）特性がある。

解答（4）

第3章　潤滑剤

1. 概要

潤滑剤は，エンジンや機械の可動部分に塗る（浸透する）ことで互いに接する部分の摩耗減少，放熱作用，酸化防止などの作用がある。

2. 潤滑剤の分類

潤滑剤を形態で分類すると，以下の表のようになる。

液体潤滑剤	潤滑油，エンジンオイル
半固体状潤滑剤	グリース，コンパウンド
固体潤滑剤	二硫化モリブデン，グラファイトなど

3. 潤滑剤の働き

重要

潤滑剤には下記に挙げたような働きがある。

① 潤滑作用・・・接触面のすき間に速やかに油膜をつくり，接触抵抗を少なくする働き。

② **密封作用**・・・潤滑油がシリンダ及びピストンとピストンリングの隙間に入り込むことにより，気密を更に良くする働き。

③ **冷却作用**・・・摩擦熱を吸収して物体を冷却する働き。

④ **緩衝作用**・・・局部的に大きな圧力を長期間受け続けると，磨耗や損傷の原因となるため，圧力を分散させると共に衝撃力を吸収する働き。

⑤ 防錆作用・・・金属と空気が接触すると酸化して錆を発生させ表面を壊してしまうので，金属と空気の接触を防止する働き。

⑥ **清浄作用**・・・ごみや金属粉などを分散浮遊させて，油路に堆積しないようにする働き。

⑦ **減摩作用**・・・接触面に油膜をつくることにより，摩擦を少なくする働き。

4．オイルの粘度

オイルの粘っこさ（＝粘度という）は，温度に大きく影響されて変化する。

オイルは，温度が高くなると，粘度が低く（サラサラした状態に）なり，温度が低くなると，粘度が高く（ドロドロした状態に）なるという特性がある。

だから，**オイルの粘度が低すぎると，油膜が切れやすく潤滑作用が十分に行われなくなる**し，逆に**オイルの粘度が高すぎると，粘性抵抗が大きくなり動力損失を増大させる**。

オイルが前項3で挙げたたような役割をきちんと果たすためには，使用される温度の中で，ある程度の粘度を保っていなければならない。

温度による粘度変化率を示すものとして挙げられるのが粘度指数であり，この指数の値が大きいほど粘度変化率は少ない。したがって，**オイルは粘度指数の大きいものほど，温度による粘度変化の度合が少ない**。

一般的に自動車のエンジンオイルは，粘度指数が大きいほうが理想的とされ，低温から高温までしっかり粘度を保っていることが望ましいとされる。

ポイント！

粘度指数とは，オイルの粘度が温度により変化する度合を示す数値の事。

5．グリース　重要

グリースは，常温では半固体状で温度を上げると液状になる潤滑剤のことで，ちょう度※1の数値が大きいものほど**柔らかい**。原料基油（潤滑油）に増ちょう剤（という微細な固形物）を分散させて，半固体（ペースト状）化したものである。

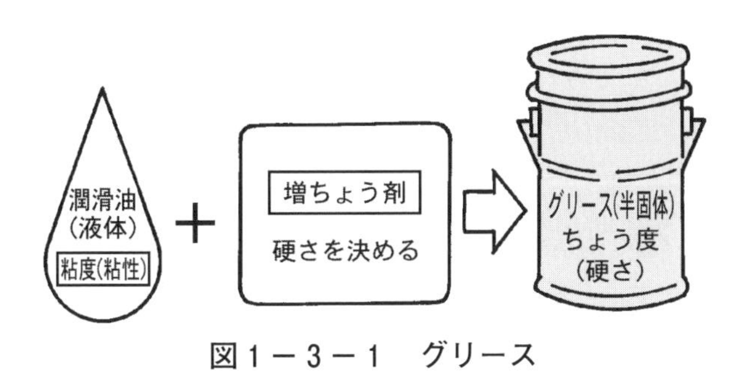

図1－3－1　グリース

ひっかけ注意！

☆ちょう度の数値が大きいものほど硬い・・・×（誤り）

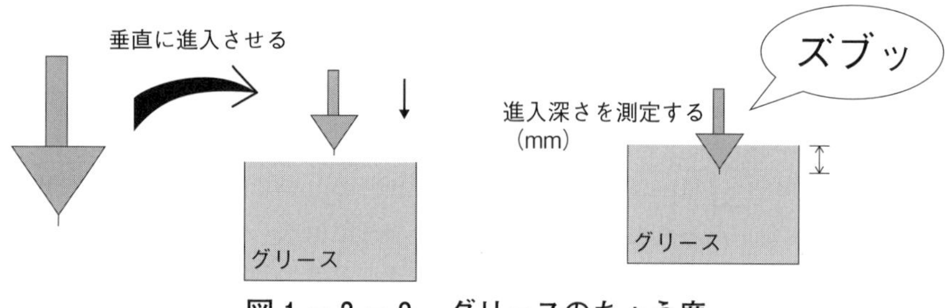

図１－３－２　グリースのちょう度

同じ重さの「おもり」を同じ時間，各グリースにつけた場合に，そのグリースが柔らかければ大きく沈み（＝ちょう度の数値が大きい），逆にグリースが硬ければ，小さくしか沈まない（＝ちょう度の数値が小さい）。

> ※１：ちょう度とは，
> グリースなどの半固体状物質の**硬さの度合を表わす**値である。

6．グリースの仲間

（1）　ラバー・グリース

植物油にリチウム石けんを加えたグリースであり，ゴム部分に化学変化による品質劣化などの悪影響を与えない特性がある。マスタ・シリンダ内部（のゴムの部分）に用いられる。

（2）　ブレーキ・グリース

特殊な潤滑油にリチウム石けんを加えたグリースであり，磨耗防止剤が添加されている。シューとホイール・シリンダの接触部や，バック・プレートとシューとの接触部などに用いられる。

（3）　シャシ・グリース

カルシウム石けんで増ちょうしたもので，シャシの摺動部（しゅうどうぶ）や潤滑部に使用する。流動性に優れているので，一般にルブリケータ（という潤滑油を供給する装置）によって給油される。

（4） ドライブ・シャフト・グリース

添加剤としてモリブデンを加え，極圧性や耐摩耗性を向上させたものなどが使用されている。

よく出る問題〔第3章・潤滑剤〕

潤滑剤

【例題1】 重要

潤滑剤の「緩衝作用」に関する記述として，**適切なもの**は次のうちどれか。

（1）　ごみや金属粉などを分散浮遊させて，油路にたい積しないようにする。
（2）　物体が接触する面に油膜をつくることにより，摩擦を少なくする。
（3）　圧力を分散させると共に衝撃力を吸収する。
（4）　摩擦熱を吸収して物体を冷却する。

【例題2】 重要

グリースに関する記述として，**不適切なもの**は次のうちどれか。

（1）　ブレーキ・グリースは，ゴム部分に悪影響を与えない特性があり，マスタ・シリンダ内部に用いられる。
（2）　グリースは，常温では半固体状であるが，潤滑部が作動し始めると摩擦熱で徐々に柔らかくなる。
（3）　グリースは，点検・給油が頻繁に行えない部分に用いられる。
（4）　シャシ・グリースは，流動性に優れているので，一般にルブリケータによって，給油される。

【例題3】 超重要

グリースに関する記述として，**適切なもの**は次のうちどれか。

（1）　グリースは，常温では半固体状であり，摩擦熱で温度が上昇しても半固体状のままである。
（2）　ブレーキ・グリースは，摩耗防止剤が添加されていて，マスタ・シリンダ内のゴム部分に使用する。
（3）　シャシ・グリースは，粘着性が劣るため，潤滑部が露出している箇所に使用してはいけない。
（4）　ドライブ・シャフト・グリースは，添加剤としてモリブデンを加え，極圧性や耐摩耗性を向上させたものなどが使用されている。

【例題４】

潤滑剤に関する記述として，**不適切なもの**は次のうちどれか。

（１） 潤滑剤には，摩擦熱を吸収して物体を冷却する作用がある。

（２） グリースの硬さの度合いは，ちょう度で表わされる。

（３） ギヤ・オイルの粘度は，粘度指数の大きいものほど温度による粘度変化の度合が大きい。

（４） ブレーキ・グリースは，シューとホイール・シリンダの接触部や，バック・プレートとシューとの接触部などに用いられる。

【例題５】 

潤滑時の作用（目的）に関する記述として，**不適切なもの**は次のうちどれか。

（１） 冷却作用とは，摩擦熱を吸収して物体を冷却することをいう。

（２） 防錆作用とは，金属と空気の接触を防止することをいう。

（３） 密封作用とは，潤滑油がシリンダ及びピストンとピストン・リングの隙間に入り込むことによって，気密を更に良くすることをいう。

（４） 清浄作用とは，接触面に油膜をつくることによって摩擦を少なくすることをいう。

【例題６】

潤滑油に関する記述として，**不適切なもの**は次のうちどれか。

（１） オイルは，粘度指数の小さいものほど，温度による粘度変化の度合が少ない。

（２） オイルの粘度が，温度によって変化する度合を示す数値を粘度指数という。

（３） オイルの粘度が低すぎると，油膜が切れやすく潤滑作用が十分に行われなくなる。

（４） オイルの粘度が高すぎると，粘性抵抗が大きくなり動力損失を増大させる。

⊿解答と解説▽

【例題1】 解答（3）

⊿解説▽

（1）は，清浄作用の説明である。

（2）は，減摩作用の説明である。

（4）は，冷却作用の説明である。

【例題2】 解答（1）

⊿解説▽

（1）　ゴム部分に悪影響を与えない特性があり，マスタ・シリンダ内部に用いられるのは，ラバー・グリースである。

【例題3】 解答（4）

⊿解説▽

（1）　グリースは，常温では半固体状であり，温度が上がると液状になる（軟化する）潤滑剤のこと。

（2）　ブレーキ・グリースは，シューとホイール・シリンダの接触部や，バック・プレートとシューとの接触部などに用いられる。
マスタ・シリンダ内のゴム部分に使用するのは，ラバー・グリースである。

（3）シャシ・グリースは，潤滑部が露出している箇所に使用する。

【例題4】 解答（3）

⊿解説▽

ギヤ・オイルの粘度は，粘度指数の大きいものほど温度による粘度変化の度合が少ない。

【例題5】 解答（4）

⊿解説▽

接触面に油膜をつくることによって摩擦を少なくする作用は，減摩作用である。

【例題６】 解答（１）

⊿解説◸

（１） オイルは，粘度指数の大きいものほど，温度による粘度変化の度合いが少ない。

（２） ϟ **ひっかけ注意！** ϟ

「オイルの粘度が，湿度(しつど)によって変化する度合を示す数値を粘度指数という。」と表記されている場合は誤り！

ワンポイント・アドバイス

～ケアレスミスで泣かないために～

本試験での三大ケアレスミスは，大きく分けて

①「記憶違い」，②「計算間違い」，③「（問題文の）読み間違い」なんだって！

上記「ひっかけ注意」で示した粘度指数の定義のケースは，③のパターンだよ。

要は，温度か湿度かの違いで適否がわかれるんだけど，この例で示したように問題文に示されている条件や文面を正確に把握せず解答してしまうとひっかかりがち。

また，問題文を少し見て，過去に解いたことがある問題と早合点してしまい，先走りして誤った解答を導き出してしまうのもこのパターン。

慌てがちな時ほどケアレスミスの罠にはまりがちと心得て，冷静に問題文や文字をしっかり読み取ろうね！

第4章　単位記号のまとめ（力, 仕事, 圧力, 電力）重要

単位記号	単位の名称	表わす単位
W	ワット	仕事率，電力
Pa	パスカル	圧力
N	ニュートン	軸荷重，駆動力
J	ジュール	仕事量
F	ファラド	コンデンサ静電容量
Wh※	ワットアワー	電力量の単位

※　wh = watt hour（ワットアワー）

ポイント！

単位記号については丸暗記の要素が大きく，覚えてさえいれば得点源になるので，まずは上の表をさっと一通り見たら，すぐに次ページからの問題演習にとりかかろう！

忘れていたら，また表に戻り，演習問題というようにインプット（入力）とアウトプット（出力）を繰り返して記憶の定着を図ろう！単位記号が条件反射で出てくるようになれば完璧です。

よく出る問題〔第４章・単位記号〕

単位記号は，覚えたもん勝ち！…なので，例題で間違えたり，何の単位なのかパッと出てこない場合には，最初の表に戻ってひたすら覚え直そうね！！

【例題１】

電力の単位として，**適切なもの**は次のうちどれか。

（１）　V（ボルト）
（２）　A（アンペア）
（３）　W（ワット）
（４）　F（ファラド）

【例題２】

自動車の駆動力の単位として，**適切なもの**は次のうちどれか。

（１）　N（ニュートン）
（２）　W（ワット）
（３）　Pa（パスカル）
（４）　N•m（ニュートンメートル）

【例題３】

仕事の量の単位として，**適切なもの**は次のうちどれか。

（１）　W（ワット）
（２）　Pa（パスカル）
（３）　J（ジュール）
（４）　C（クーロン）

解答

【例題１】…（３）　【例題２】…（１）　【例題３】…（３）

【例題4】

コンデンサの静電容量を表わすときに用いられる単位として，**適切なもの**は次のうちどれか。

（1） Ω（オーム）

（2） V（ボルト）

（3） F（ファラド）

（4） A（アンペア）

【例題5】

軸荷重（軸重）を表わす単位として，**適切なもの**は次のうちどれか。

（1） N•m（ニュートン・メートル）

（2） Pa（パスカル）

（3） W（ワット）

（4） N（ニュートン）

【例題6】

圧力の強さを表わす単位として，**適切なもの**は次のうちどれか。

（1） Pa（パスカル）

（2） N•m（ニュートンメートル）

（3） W（ワット）

（4） N（ニュートン）

解答

【例題4】…（3）　【例題5】…（4）　【例題6】…（1）

第５章　計算問題

1. 電気計算と抵抗計算　重要

（1）　電流計算

電気回路の電流を計算で求めるときは，オームの法則を用いる。
公式を覚えていない人はまず最初に必ず覚えよう！

オームの法則

E〔V〕＝ I〔A〕× R〔Ω〕
電圧　　電流　　　抵抗

電圧の記号は E　単位は V：ボルト
電流の記号は I　単位は A：アンペア
抵抗の記号は R　単位は Ω：オーム

（※　オームの法則の式での表わし方には様々なものがありますが，一般的に覚えやすいと言われているのは $V = IR$ かもしれません。）

丸暗記が苦手な場合は，次図のような円（テントウムシ型の図）を使ったオームの法則の簡単な覚え方があるので，これで視覚的に暗記しよう！

テントウムシ型の図で覚えてもＯＫ！

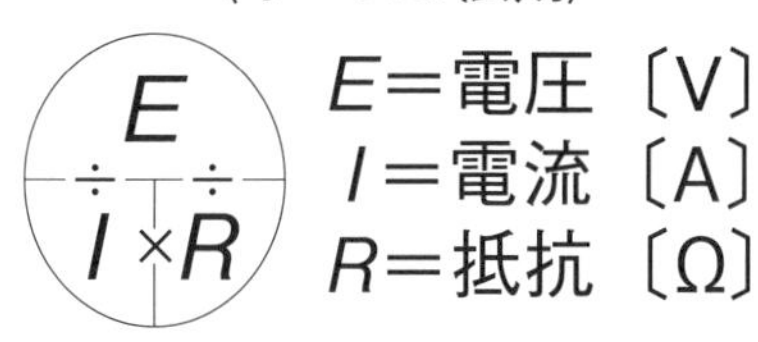

（この図の使い方）
求めたい値を指で隠して式を解く

（覚え方）

頭の良い（い）テントウムシ
〔E〕

…というように
この図のアタマのEの位置
をまずはおさえておきましょう。

では，実際にはこの図を用いて電圧，抵抗，電流という順番で求めてみると，

①　電圧が求めたいとき　②抵抗が求めたいとき　③電流が求めたいとき

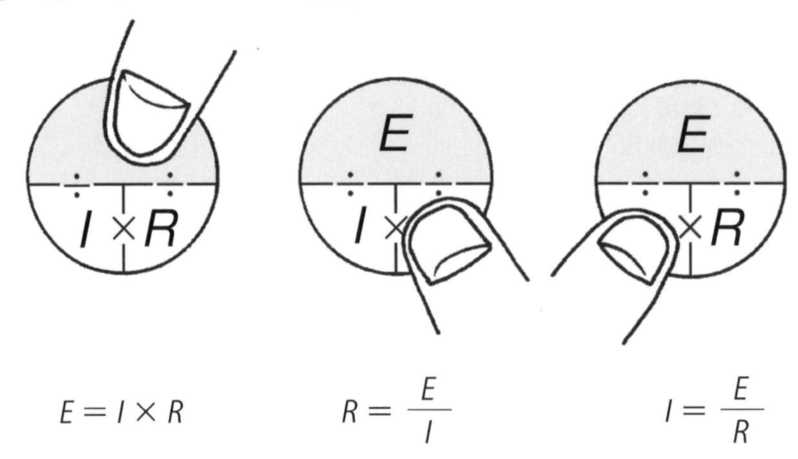

$$電圧〔E〕=電流〔I〕\times 抵抗〔R〕\qquad 抵抗〔R〕=\frac{電圧〔E〕}{電流〔I〕}\qquad 電流〔I〕=\frac{電圧〔E〕}{抵抗〔R〕}$$

なお，記号を単位に変換するのが煩わしい場合には，単位で覚えておいても良い。

【覚え方2選】

オオカミの鳴き声＝ヴァ ア オーム！！

Vサイン，アッと驚くオームさん

参考コラム

◆ E，I，R は何の略？

電圧の記号 *E* は electromotive force「起電力」などの頭文字の E であり，電流の記号 *I* は intensity of electric current「電流の強さ」の頭文字の *I* です。

なお，Intensity とは「強さ」の意味で，ついでに触れておくと current

は「流れ」という意味です。

抵抗の記号 R は（resistance）の頭文字の R です。

◆V（ボルト），A（アンペア），Ω（オーム）の意味は？

ボルトは，「ボルタ電池」を発明した物理学者ボルタ（伊）

アンペアは，電流について研究した物理学者アンペール（仏）

オームは「オームの法則」を発見した物理学者オーム（独）

このように科学者の名前にちなんで付けられています。

（2）　合成抵抗

合成抵抗とは，複数の抵抗を一個の抵抗に換算するときの計算である。

合成抵抗には，直列接続と並列接続がある。

ポイント！

抵抗（電気抵抗）とは，電気の流れにくさの事であり，単位はΩ（オーム）。抵抗が大きければ大きいほど電流は流れにくくなる。

① 直列接続

例えば，下図のように R_1 と R_2 の2個の抵抗が直列接続されていて，それぞれ1Ωと2Ωの場合，合成抵抗は2つの抵抗を足すだけなので，3Ωとなる。

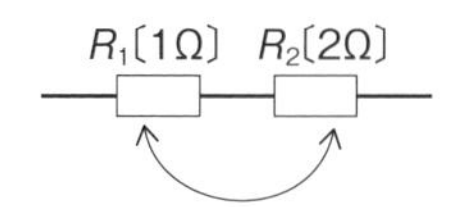

直列接続の場合は，下図のように抵抗が3つ以上になっても，並んでいる抵抗をただ足していくだけで良い。

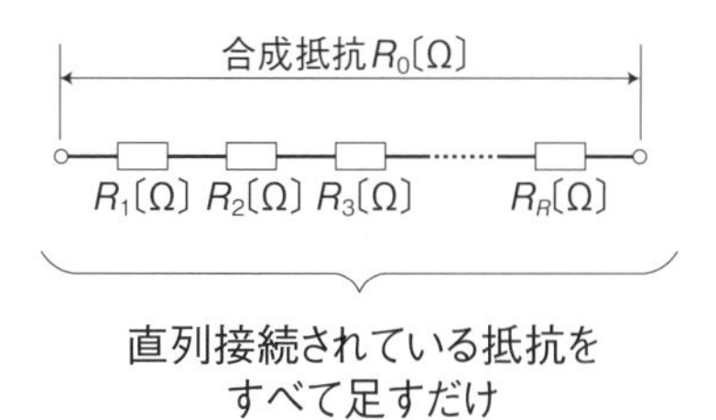

n個抵抗を接続したときの合成抵抗は，

$R_0 = R_1 + R_2 + R_3 + \cdot\cdot\cdot\cdot\cdot + R_n$ で求められる。

ポイント！

・直列の合成抵抗値は，最も大きい抵抗値よりも大きくなる。

・直列接続の合成抵抗は，それぞれの抵抗の和で求められる。

② 並列接続

1車線の道路よりも2車線，3車線の道路の方が車の流れが良いように，電流も並列にすると抵抗が小さくなり，流れが良くなる。

並列接続の合成抵抗は，それぞれの抵抗値の逆数※を足して，さらにそれを逆数にして求める。

> ※ 逆数・・・ある数に掛けると1になる数のこと。これだけだとイメージがつきにくいので簡単に言うと，分母と分子を入れ替えた数字のこと。
>
> なお，整数の逆数は，その整数を分数に直してから考えると解りやすい。
>
> 例えば，2は分数表記だと $\frac{2}{1}$ だから，逆数は $\frac{1}{2}$ である。
>
> ☆ポイント☆
>
> 分母と分子をひっくり返すだけで求められる。

例えば，下図のようにR_1とR_2の2個の抵抗が並列接続されていて，それぞれ3Ωと6Ωの場合の合成抵抗R_0を考えてみると…

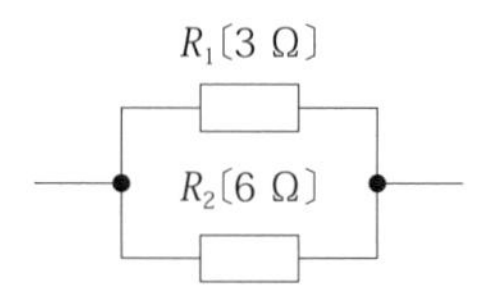

この回路の合成抵抗R_0〔Ω〕を求める公式は，以下の通りである。

$$R_0 = \frac{1}{\frac{1}{R_1} + \frac{1}{R_2}}$$

この公式にあてはめて考えてみると，

$$R_0 = \frac{1}{\frac{1}{3} + \frac{1}{6}} = \frac{1}{\frac{2}{6} + \frac{1}{6}} = \frac{1}{\frac{3}{6}} = \frac{6}{3} = 2 \text{〔Ω〕}$$

なお，抵抗が2つ並列接続されている場合には，和分の積で求めることもできる。和分の積とは「積÷和」である。ただし，和分の積の公式が使えるのは，抵抗が2つの時だけである。

R_1〔3Ω〕

R_2〔6Ω〕

$$\text{合成抵抗} = \frac{\text{抵抗の積}}{\text{抵抗の和}}$$ だから，

$$R_0 = \frac{R_1 \times R_2}{R_1 + R_2}$$ 〔Ω〕より，

$$R_0 = \frac{3 \times 6}{3 + 6} = \frac{18}{9} = 2$$ 〔Ω〕となる。

ポイント！

① 並列接続の合成抵抗値は，最も小さい抵抗値より小さくなる。

② 同じ抵抗値の抵抗を2個並列接続すると，合成抵抗値は1個の抵抗値の2分の1（半分）になる。

並列接続では，下図のように抵抗が3つ以上の場合は，抵抗が2つの時のように単に「和分の積」するだけでは求められない。

この場合には，ルール通り，それぞれの抵抗を逆数にして足し算してから，逆数にして計算する必要がある。

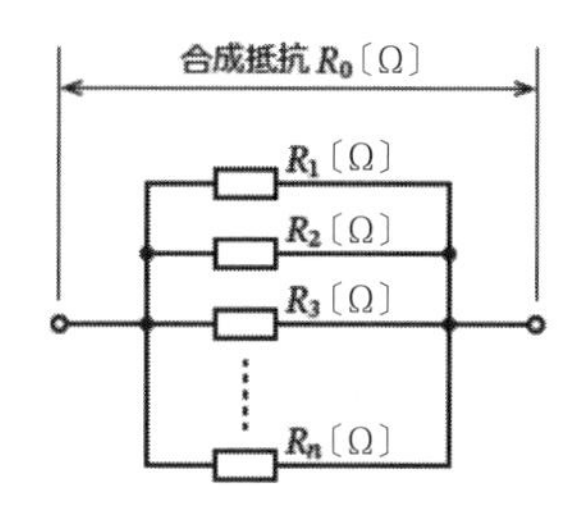

n個抵抗を並列に接続したときの合成抵抗 R_0〔Ω〕を求める公式は，以下の通りである。

$$R_0 = \frac{1}{\frac{1}{R_1} + \frac{1}{R_2} + \frac{1}{R_3} + \cdots + \frac{1}{R_n}}$$

例えば，下図のように R_1 と R_2 と R_3 の3個の抵抗が並列接続されていて，それぞれ4〔Ω〕と6〔Ω〕と12〔Ω〕の場合の合成抵抗 R_0 を考えてみると…

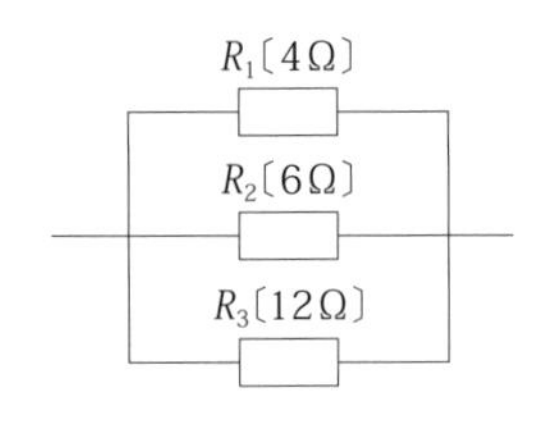

$$R_0 = \cfrac{1}{\cfrac{1}{4}+\cfrac{1}{6}+\cfrac{1}{12}}$$

$$= \cfrac{1}{\cfrac{3}{12}+\cfrac{2}{12}+\cfrac{1}{12}}$$

$$= \cfrac{1}{\cfrac{6}{12}} = \frac{12}{6}$$

$$= 2 \text{〔Ω〕}$$

2．ミッションの変速比

自動車エンジンの回転は，トランスミッション➡プロペラ・シャフト➡ファイナル・ギヤに伝わり，駆動輪を回転させて前進，又は後退する。

この回転動力伝達の中で変速しているところは，トランスミッションとファイナル・ギヤである。

トランスミッションの変速には減速もあれば，増速もある（2 回又は 3 回の変速）。

一方，ファイナル・ギヤは，減速のみ（1 回の変速）で，ギヤの噛み合わせを変えることはできない。また，減速が最後になることから，**終減速**，または**最終減速**などとも呼ばれる。

「ギヤ比＝変速比＝減速比」（同じ意味。）

トランスミッション単独では「変速比」，ファイナル・ギヤ単独では「減速比」として区別しており，また，トランスミッションとファイナル・ギヤを連動したときは「総合減速比」などで表していることが多いようである。

＊トランスミッションの「変速比」：

➡トランスミッションはギヤの組み合わせを変えることができ，減速比が 1 より大きければ「減速」，減速比が 1 より小さければ「増速」となる（＝速度が速くなる）。

＊ファイナル・ギヤの「終減速比」：

➡ファイナル・ギヤの組み合わせは変更できない組み合わせの減速である。

ホイールを回転させる最後（final）の減速部分でもある。

例題　図に示すファイナル・ギヤを備える自動車に関する次の文章の（　　）に当てはまるものとして，**適切なもの**は次のうちどれか。なお，図の数値は各ギヤの歯数を示している。

エンジン回転速度 2940 min^{-1}，駆動輪回転速度は 480 min^{-4}で直進走行しているとき，トランスミッションの変速比は（　　）である。ただし，クラッチの滑りはないものとする。

（１）　1.125
（２）　1.500
（３）　2.250
（４）　3.000

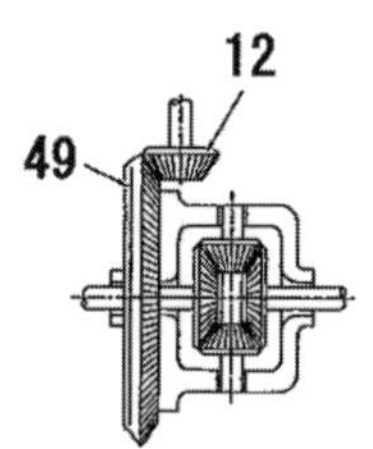

解説

流れとしては「トランスミッション変速比」を求めるために，
まず，①総減速比を求め，
次に②ファイナル・ギヤの終減速比を求め，
最後に総減速比を求める式から③「トランスミッション変速比」を求める
…という順番になる。

まず，駆動輪の回転速度を求める公式から　①総減速比を求める。

$$駆動輪の回転速度 = \frac{1}{総減速比} \times エンジン回転速度$$

$$総減速比 = \frac{エンジンの回転速度}{駆動輪の回転速度}$$

設問文より各回転速度はわかるので，この式に当てはめると

$$総減速比 = \frac{2940}{480} = 6.125$$

次に，②（ファイナル・ギヤの）終減速比を求める。

【公式】

$$終減速比 = \frac{リングギヤの歯数}{ドライブギヤの歯数} \quad \cdots ①$$

または，

$$終減速比 = \frac{ドライブギヤの回転速度}{リングギヤの回転速度} \quad \cdots②$$

設問文より，各歯数はわかっているので，①にあてはめると，終減速比は $\frac{49}{12}$ となる。

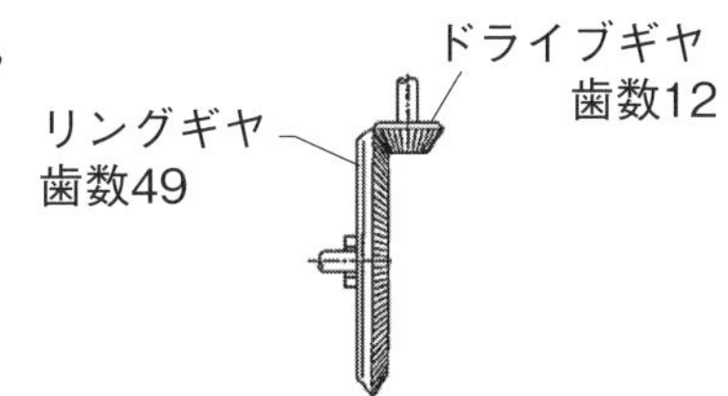

そして，最後に総減速比を求める公式からトランスミッションの変速比を求める。

$$\boxed{トランスミッションの変速比} \times ファイナル・ギヤの終減速比 = 総減速比$$

$$トランスミッションの変速比 \times \frac{49}{12} = 6.125$$

$$トランスミッションの変速比 = 6.125 \times \frac{12}{49}$$

$$トランスミッションの変速比 = \frac{6.125 \times 12}{49} = \frac{73.5}{49} = 1.5$$

解答　（2）　1.500

3．力のモーメント

(1)　トルク

物体を回転させようとする作用を「力のモーメントと」いい，一般的に「トルク」と呼ぶことが多い。単位は，一般に〔N•m〕ニュートンメートルが用いられる。

トルクは，次の式で表される。

トルク T〔N•m〕＝力の大きさ F ×〔支点からの〕距離 r

なお，ボルト・ナット等をねじ規定のトルク値で締め付けるための測定工具が「トルク・レンチ」である。試験では下記のような計算問題での出題が見受けられる。

例題　図のようなアダプタを取り付けて締め付けたとき，トルク・レンチの表示が 90 N•m の場合，実際の締め付けトルクとして，**適切なもの**は次のうちどれか。

（1）　100 N•m
（2）　120 N•m
（3）　150 N•m
（4）　200 N•m

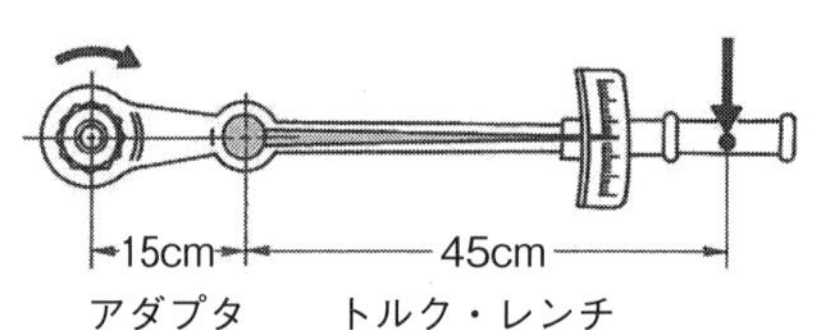

解説

締め付けトルク（ねじ側）は，回す力（作用点）と長さで求める。式で表すと，**トルク〔N･m〕＝作用点の力〔N〕×長さ〔m〕**

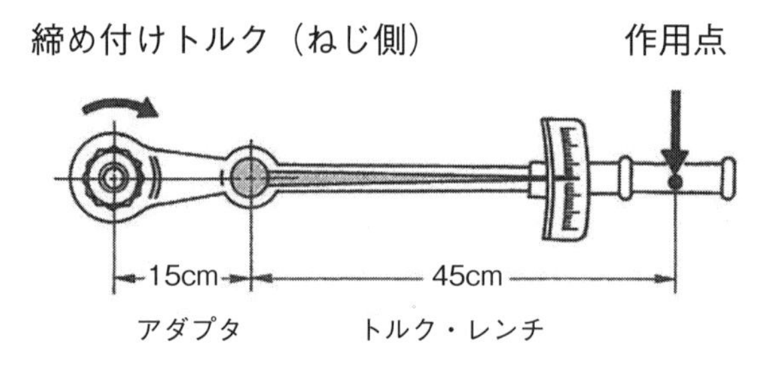

締め付ける時，トルク・レンチのみの場合もトルク・レンチ用のアダプタ付きの場合も，同じトルクで締め付けるので，まずは，トルク・レンチだけの場合の作用点のトルク（力）を求める。締め付けトルクを求める式を変形すると，

作用点の力〔N〕＝ $\dfrac{\text{トルク〔N·m〕}}{\text{長さ〔m〕}}$ となり，

トルク・レンチの表示90〔N•m〕と，トルク・レンチの長さ45 cm ※を式に当てはめると・・・

※設問で求められている単位が何かということに注意！選択肢を確認すると，求めるトルクの単位は〔N•m〕（ニュートンメートル）。だから，トルク・レンチの長さ45 cmをmに必ず換算すること！　45 cm ⇒ 0.45 m

作用点の力〔N〕 $= \dfrac{90\text{〔N•m〕}}{0.45\text{〔m〕}}$

小数点があると計算しにくいので，
分母と分子に，100を掛ける

$= \dfrac{90\text{〔N•m〕}\times 100}{0.45\text{〔m〕}\times 100}$

$= \dfrac{9000\text{〔N•m〕}}{45\text{〔m〕}}$　45で約分する

$= \dfrac{\overset{200}{\cancel{9000}}\text{〔N•m〕}}{\underset{1}{\cancel{45}}\text{〔m〕}} = 200\text{〔N〕}$

これで作用点にかかる力は200 Nとわかったので，次は締め付けトルクを求める。

なお，本問ではトルク・レンチとアダプタを繋いでいるので，

締め付けトルク〔N・m〕＝作用点のトルク×（15 cm ＋ 45 cm）
＝ 200 N × 60 cm　（☜ 60 cmをmに換算するのを忘れずに！）
＝ 200 N × 0.6 m
＝ 200 N × 0.6 m
＝ 120 N・m

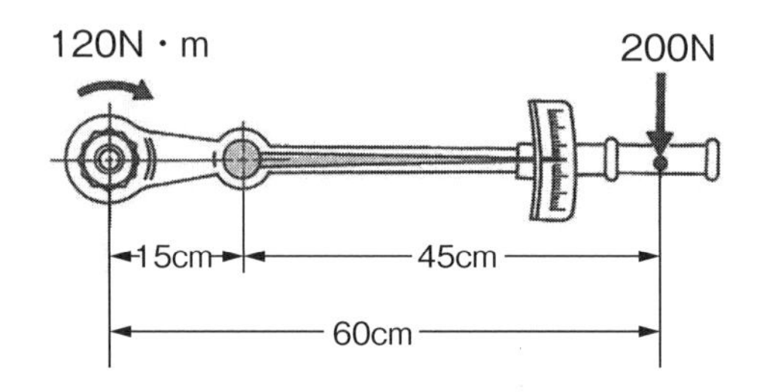

解答　（2）

実際の締め付けトルクは，120 N・m

（2）ブレーキ

ブレーキ・ペダルには，「てこの原理」が用いられている。てこは，支点（＝力点と作用点を支える力の中心点），力点（＝力を加える点），作用点（力が働く点）の計3つで構成されている。

てこは，支点を中心にモーメント（＝力×長さ（距離））で考える。

てこの原理では，力のモーメントが「釣り合っている」つまり，力点のモーメント（力点に加える力×支点から力点までの距離）と作用点のモーメント（作用点で得られる力×支点から作用点までの距離）が同じ状態である，ことが重要である。

作用点と支点の間を短くすることで，作用点が支点に近づけば近づくほど，力点に加えた力よりも大きな力を作用点に与えること（＝小さな力で持ち上げること）が可能となる。

てこの原理の公式

おもりの重さ × 支点までの距離 ＝ 支点までの距離 × 加える力
（作用点）　（短い）　（長い）　（力点）

これが釣り合っている状態である。この公式を下の図で解説すると，

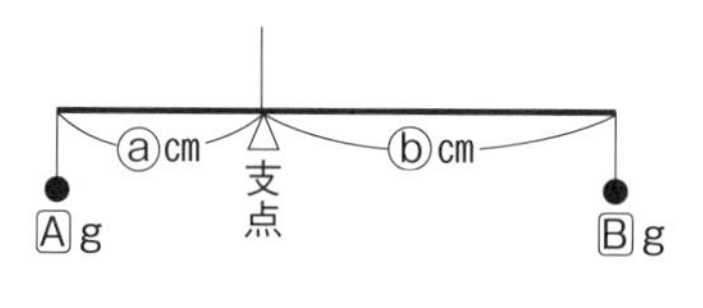

🄰g×ⓐcm＝ⓑcm×🄱g

支点を中心に，上記の式より🄰gと🄱gは水平になり，釣り合っている。

なお，支点を軸にⓑcmの軸の上にⓐcmの軸を180度回転させて重ねると次の図のようになる。

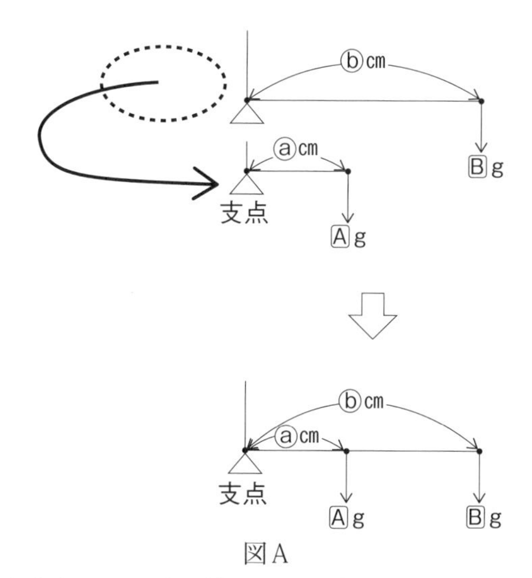

図A

以上を踏まえたうえで，次の演習問題を考えよう。

例題

図に示す油圧式ブレーキのマスタ・シリンダのピストンを，プッシュ・ロッドが90 Nの力で押すには，ペダルを矢印の方向に加える力として，**適切なもの**は次のうちどれか。

ただし，リターン・スプリングのばね力は考えないものとする。

（1）　9 N
（2）　18 N
（3）　27 N
（4）　36 N

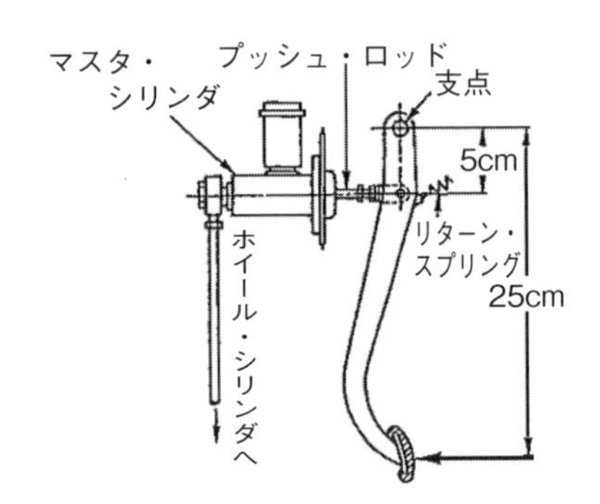

解説

「てこの原理」を用いて本問を考える場合，まず，設問の図を「てこの原理」の図に置き換えてみる。

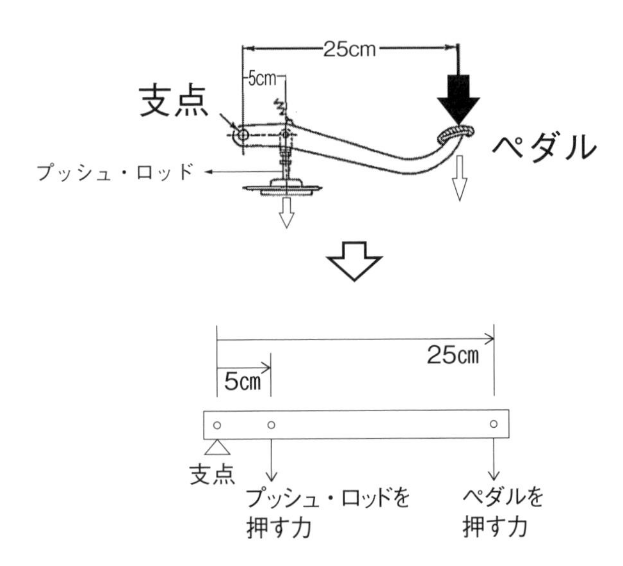

そして，先ほどの図Aと，設問の図を簡略化したものを並べてみる。

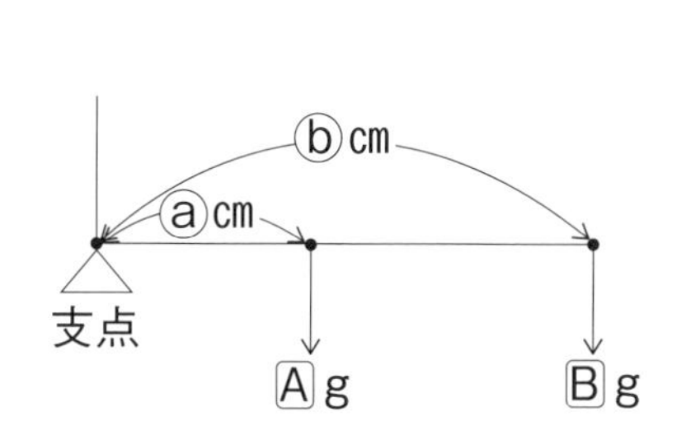

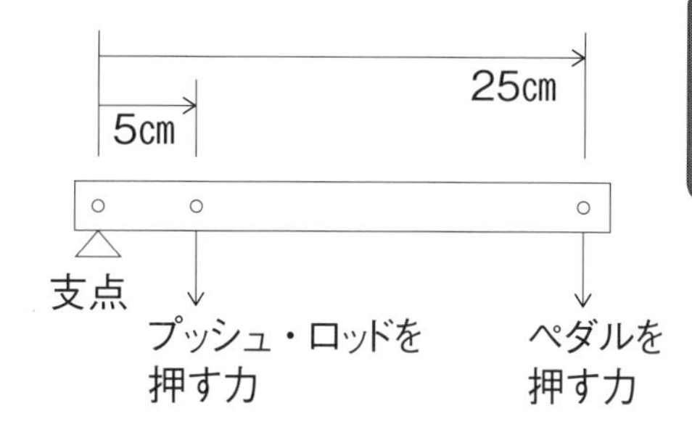

この2つの図を比べると，以下のような対応関係になっているのがわかる。

ペダルを押す力＝🄱g

25 cm＝ⓑcm

プッシュ・ロッドを押す力＝🄰g

5 cm＝ⓐcm

ペダルを押す力のモーメントと，プッシュ・ロッドにかかる力のモーメントは同じである。これを式で表すと，

ペダルを押す力〔N〕× 25 cm ＝ プッシュ・ロッドを押す力〔N〕× 5 cm

問題文より，プッシュ・ロッドを押す力は 90 N とあるので，これを式に当てはめると，

$$\text{ペダルを押す力〔N〕} \times 25\ \text{cm} = 90\text{〔N〕} \times 5\ \text{cm}$$

$$\text{ペダルを押す力〔N〕} = \frac{90\text{〔N〕} \times 5\ \text{cm}}{25\ \text{cm}} = \frac{90\text{〔N〕}}{5} = 18\text{〔N〕}$$

解答　（2）

4．平均速度

距離・速さ・時間を計算するための方法を一目で分かる図にしたものが下記に示したものであり，一般的に「はじきの法則」と呼ばれている。

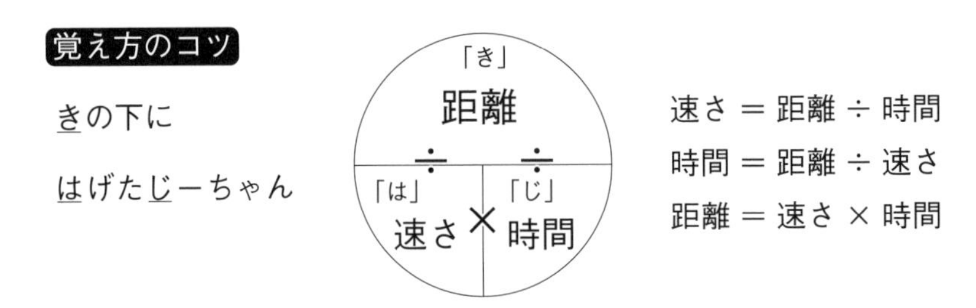

例えば，100〔km〕の距離を2時間〔2 h〕かけて進んだときの速さを求めてみると，

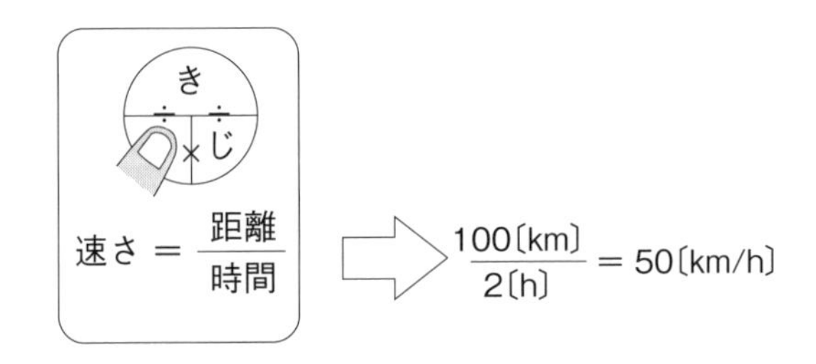

例題　自動車で120 km離れた場所を往復したところ2時間24分かかった。
このときの平均速度として，**適切なもの**は次のうちどれか。

（1）　50 km/h
（2）　60 km/h
（3）　75 km/h
（4）　100 km/h

解説

はじきの法則より，次の式を用いる。

$$平均速度〔Km/h〕 = \frac{距離〔Km〕}{時間〔h〕}$$

①　距離は，120〔Km〕の場所を往復…と問題文にあるので，
　120〔Km〕× 2 ＝ 240〔Km〕

② かかった時間は２時間24分なので，24分を時間に変換すると，

$$\frac{1\text{時間}}{60\text{分}} \times 24\text{分}$$

12で約分する

$$= \frac{1\text{時間} \times \overset{2}{\cancel{24}}\text{分}}{\underset{5}{\cancel{60}}\text{分}} = \frac{2}{5}\text{時間} = 0.4\text{時間}$$

かかった時間〔h〕＝ 2〔h〕＋ 0.4〔h〕＝ 2.4〔h〕

③ 公式に①～②で求めた数値を代入すると

少数点があると計算しにくいので
分母分子に10をかける

$$\text{平均速度（Km/h）} = \frac{\text{距離}240\,[\text{Km}]}{\text{時間}2.4\,[\text{h}]}$$

$$= \frac{\text{距離}\overset{100}{\cancel{2400}}\,[\text{Km}]}{\text{時間}\underset{1}{\cancel{24}}\,[\text{h}]} = 100\,[\text{Km/h}]$$

解答　（４）

よく出る問題〔第5章・計算問題〕

電流計と抵抗値　重要

【例題1】

図に示す回路において，電流計Aに2 A流れた場合，R_1の抵抗値として，適切なものは次のうちどれか。ただし，R_1，R_2，及びR_3は同じ値とし，バッテリ及び配線などの抵抗はないものとする。

（1）　1 Ω
（2）　2 Ω
（3）　3 Ω
（4）　4 Ω

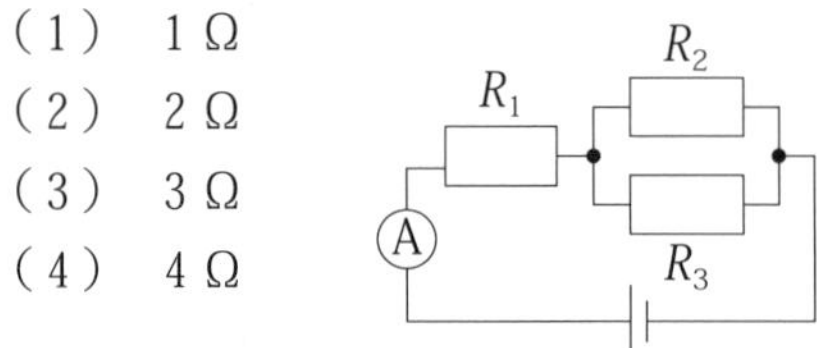

抵抗値 $R_1 = R_2 = R_3$

解説

オームの法則を使い，この回路全体の合成抵抗をまずは求める。

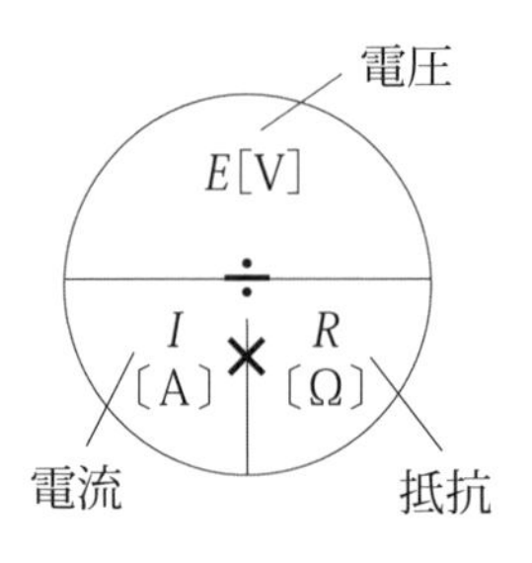

抵抗が求めたいとき

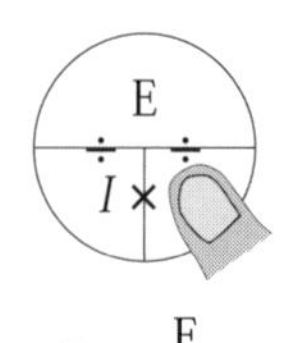

$$R = \frac{E}{I}$$

$$抵抗〔R〕 = \frac{電圧〔E〕}{電流〔I〕}$$

$$R = \frac{電圧〔V〕}{電流〔A〕} = \frac{12〔V〕}{2〔A〕} = 6〔Ω〕$$

R_1の直列接続とR_2とR_3の並列接続との合成抵抗が6〔Ω〕であるので，個々の抵抗値は6〔Ω〕よりも小さい値である。

設問での条件$R_1 = R_2 = R_3$より，3個の抵抗値は同じ値である。

ヒント1

個々の抵抗値は，回路全体の合成抵抗6〔Ω〕よりも小さい抵抗値であるので，求める抵抗値の候補としては5Ω，4Ω，3Ω，2Ω，1Ωが考えられる。

ヒント2

同じ大きさの抵抗を2個並列接続したときの合成抵抗は，1個の抵抗の2分の1になるので，抵抗値は5Ωの時は2.5Ω，4Ωのときは2Ω，3Ωのときは1.5Ω，2Ωのときは1Ω，1Ωの時は0.5Ωと考えられる。

次は，並列接続されたR_2とR_3の合成抵抗を求める。

＊ $R_1 = R_2 = R_3 = 5\,\Omega$　　で計算すると・・・

$$R = R_1(5\,\Omega) + \frac{1}{\dfrac{1}{R_2(5\,\Omega)} + \dfrac{1}{R_3(5\,\Omega)}}$$

$$= 5\,\Omega + \frac{1}{\dfrac{2}{5}}$$

$$= 5\,\Omega + \frac{5}{2}$$

$$= 5\,\Omega + 2.5\,\Omega$$

$= 7.5\,\Omega$（➡合成抵抗の6Ωにならない。）

＊ $R_1 = R_2 = R_3 = 4\,\Omega$　　で計算すると・・・

$$R = R_1(4\,\Omega) + \frac{1}{\dfrac{1}{R_2(4\,\Omega)} + \dfrac{1}{R_3(4\,\Omega)}}$$

$$= 4\,\Omega + \frac{1}{\dfrac{2}{4}}$$

$$= 4\,\Omega + \frac{4}{2}$$

$$= 4\,\Omega + 2\,\Omega$$

$= 6\,\Omega$（➡合成抵抗の6Ωになる。）

したがって$R_1 = R_2 = R_3 = 4\,\Omega$である。

解答　（4）4Ω

【例題２】　図に示す回路において，電流計Aに４ A流れた場合，R_1の抵抗値として，**適切なもの**は次のうちどれか。ただし，R_1，R_2及びR_3は同じ値とし，バッテリ及び配線などの抵抗はないものとする。

（１）　１Ω
（２）　２Ω
（３）　３Ω
（４）　４Ω

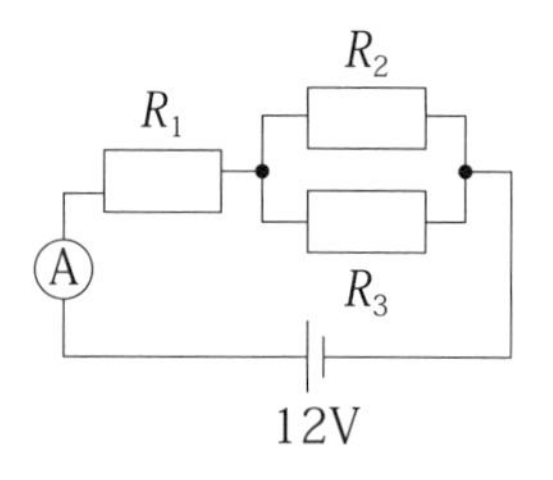

抵抗値　$R_1 = R_2 = R_3$

解説

オームの法則を使い，この回路全体の合成抵抗をまずは求める。

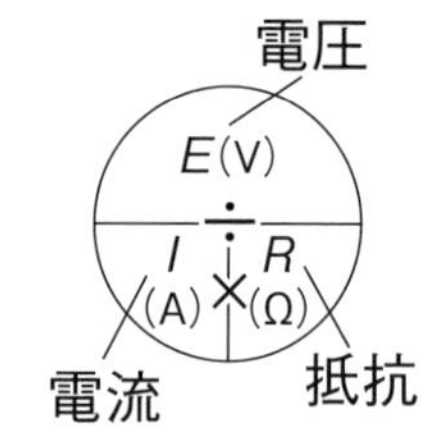

抵抗が求めたいとき

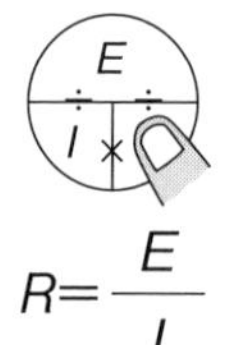

$$R = \frac{E}{I}$$

$$抵抗[R] = \frac{電圧[E]}{電流[I]}$$

$$R = \frac{電圧（V）}{電流（A）} = \frac{12\ V}{4\ A} = 3\ \Omega$$

R_1の直列接続とR_2とR_3の並列接続との合成抵抗が３Ωであるので，個々の抵抗値は３Ωよりも小さい値である。

設問での条件$R_1 = R_2 = R_3$より，３個の抵抗値は同じ値である。

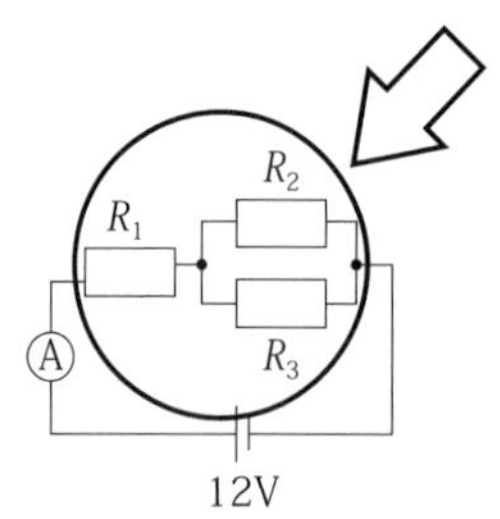

回路全体の抵抗は，３Ωだから
R1～R3の各抵抗値は３Ωより
小さい！

ヒント1

個々の抵抗値は，回路全体の合成抵抗3 Ωよりも小さい抵抗値であるので，求める抵抗値の候補としては2 Ω，1 Ωが考えられる。

ヒント2

同じ大きさの抵抗を2個並列接続したときの合成抵抗は，1個の抵抗の2分の1になるので，抵抗値は2 Ωの時は1 Ω，1 Ωのときは0.5 Ωと考えられる。

次は，並列接続されたR_2とR_3の合成抵抗を求める。

＊ $R_1 = R_2 = R_3 = 2\ \Omega$で計算すると，

$$R = R_1\ (2\ \Omega) + \cfrac{1}{\cfrac{1}{R_2\ (2\ \Omega)} + \cfrac{1}{R_3\ (2\ \Omega)}}$$

$$= 2\ \Omega + \cfrac{1}{\cfrac{2}{2}}$$

$$= 2\ \Omega + \frac{2}{2}$$

$$= 2\ \Omega + 1$$

$= 3\ \Omega$（➡合成抵抗の3 Ωになる。）

したがって$R_1 = R_2 = R_3 = 2\ \Omega$である。

解答　（2）2 Ω

【例題3】 図に示す電流計Aに2 A流れた場合，R_1の抵抗値として，**適切なもの**は次のうちどれか。ただし，R_1とR_2は同じ値とし，バッテリ及び配線などの抵抗はないものとする。

（1）　3 Ω
（2）　4 Ω
（3）　6 Ω
（4）　12 Ω

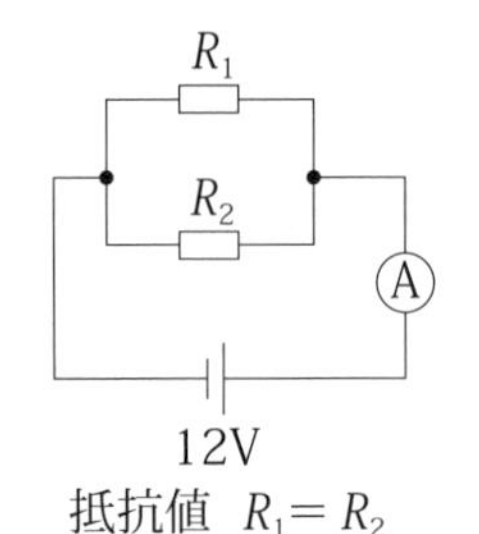

抵抗値　$R_1 = R_2$

解説

オームの法則を使い，この回路の合成抵抗をまずは求める。

合成抵抗値は，

$$R = \frac{\text{電圧（V）}}{\text{電流（A）}} = \frac{12\ \text{V}}{2\ \text{A}} = 6\ \Omega$$

抵抗値$R_1 = R_2$より，同じ大きさの抵抗を2個並列接続したときの合成抵抗は，1個の抵抗の2分の1（半分）になることから，元の抵抗値を求める場合は，合成抵抗値を2倍すればよい。

つまり，$\frac{R_1}{2} = 6\ \Omega$　だから

$R_1 = 6\ \Omega \times 2$（倍）$= 12\ \Omega$　となる。

解答　（4）12 Ω

合成抵抗

【例題４】 図に示すＡ－Ｂ間の合成抵抗が５Ωの場合，R の抵抗値として，適切なものは次のうちどれか，ただし，配線の抵抗はないものとする。

（１）　４Ω
（２）　６Ω
（３）　７Ω
（４）　９Ω

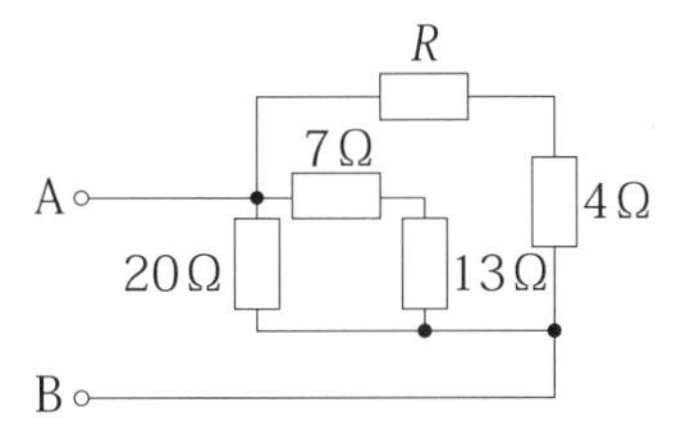

解説

まず，設問の図を書き換えると以下のようになる。

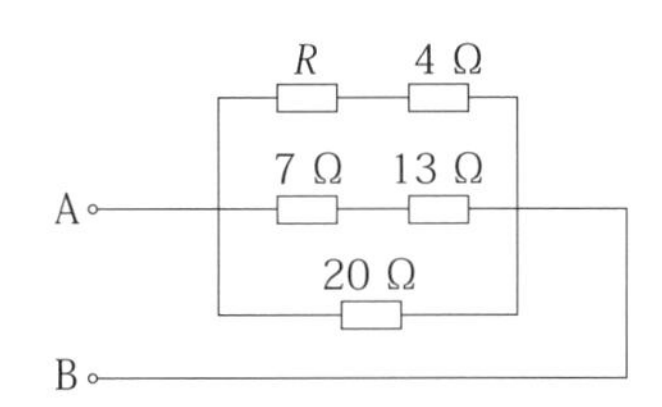

３組の合成抵抗を一度で計算するとき，

$R + 4\ \Omega = R_1$　とする。…①

$7\ \Omega + 13\ \Omega = R_2$　とする。…②

$20\ \Omega = R_3$　とする。…③

合成抵抗 $5\ \Omega = R_0$　とする。…④

並列の合成抵抗の公式である

$$R_0 = \frac{1}{\dfrac{1}{R_1} + \dfrac{1}{R_2} + \dfrac{1}{R_3}}$$

より，

$$\frac{1}{R_0} = \frac{1}{R_1} + \frac{1}{R_2} + \frac{1}{R_3}$$

となる。

これに①～④をあてはめると，下記のようになる。

$$\frac{1}{5\ \Omega} = \frac{1}{R + 4\ \Omega} + \frac{1}{7\ \Omega + 13\ \Omega} + \frac{1}{20\ \Omega}$$

式を整理すると，

$$\frac{1}{R+4\,\Omega}=\frac{1}{5\,\Omega}-\frac{1}{\boxed{7\,\Omega+13\,\Omega}}-\frac{1}{20\,\Omega}$$

$\rightarrow 20\,\Omega$

分母をそろえる（通分する）と，

$$\frac{1}{R+4\,\Omega}=\frac{4}{20\,\Omega}-\frac{1}{20\,\Omega}-\frac{1}{20\,\Omega}$$

$$\frac{1}{R+4\,\Omega}=\frac{4-1-1}{20\,\Omega}$$

$$\frac{1}{R+4\,\Omega}=\frac{2}{20\,\Omega}$$

$$\frac{1}{R+4\,\Omega}=\frac{1}{10\,\Omega}$$

分母の数字だけ取り出して式にすると，

$$R+4\,\Omega=10\,\Omega$$

$$R=10\,\Omega-4\,\Omega$$

$$R=6\,\Omega$$

解答 （2） 6 Ω

【例題 5】 図に示すA—B間の合成抵抗が6 Ωの場合，Rの抵抗値として，適切なものは次のうちどれか。ただし，配線の抵抗はないものとする。

（1） 3 Ω
（2） 6 Ω
（3） 9 Ω
（4） 12 Ω

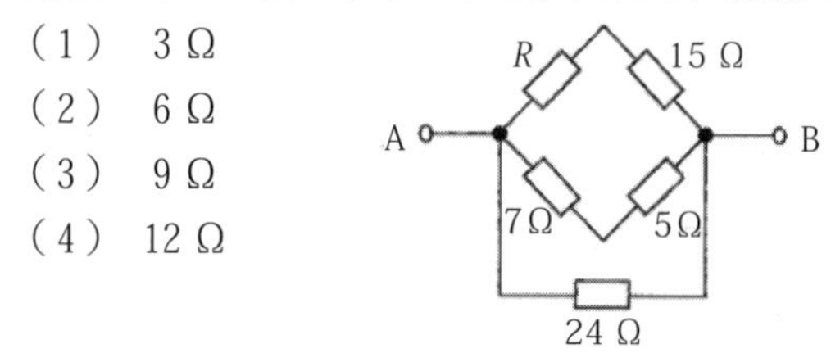

解説

まず，設問の図を書き換えると以下のようになる。

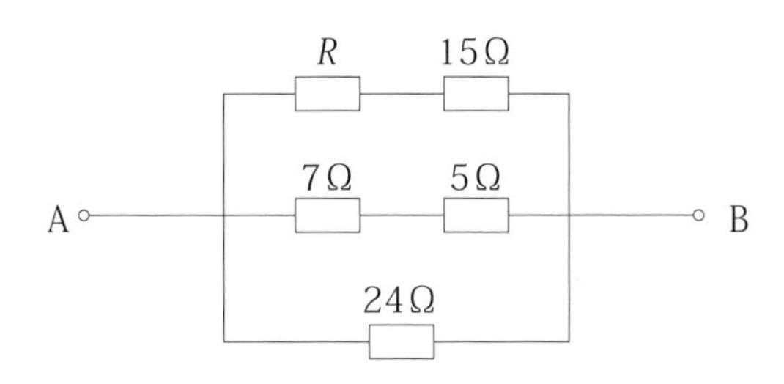

3組の合成抵抗を一度で計算するとき，

$R + 15\ \Omega = R_1$　とする。…①

$7\ \Omega + 5\ \Omega = R_2$　とする。…②

$24\ \Omega = R_3$　とする。…③

合成抵抗 $6\ \Omega = R_0$　とする。…④

並列の合成抵抗の公式 $R_0 = \dfrac{1}{\dfrac{1}{R_1} + \dfrac{1}{R_2} + \dfrac{1}{R_3}}$ より，

$$\frac{1}{R_0} = \frac{1}{R_1} + \frac{1}{R_2} + \frac{1}{R_3}$$ となる。

これに①～④をあてはめると，下記のようになる。

$$\frac{1}{6\ \Omega} = \frac{1}{R + 15\Omega} + \frac{1}{7\ \Omega + 5\ \Omega} + \frac{1}{24\ \Omega}$$

式を整理すると，

$$\frac{1}{R + 15\ \Omega} = \frac{1}{6\ \Omega} - \frac{1}{\boxed{7\ \Omega + 5\ \Omega}} - \frac{1}{24\ \Omega}$$

→12

分母をそろえる（通分する）と，

$$\frac{1}{R + 15\ \Omega} = \frac{4}{24\ \Omega} - \frac{2}{24\ \Omega} - \frac{1}{24\ \Omega}$$

$$\frac{1}{R + 15\ \Omega} = \frac{4 - 2 - 1}{24\Omega}$$

$$\frac{1}{R + 15\ \Omega} = \frac{1}{24\ \Omega}$$

分母の数字だけ取り出して式にすると，

$$R + 15\ \Omega = 24\ \Omega$$

$$R = 24\ \Omega - 15\ \Omega$$

$$R = 9\ \Omega$$

解答（3）　9 Ω

【例題 6】　図に示す A ― B 間の合成抵抗が 3 Ωの場合，R の抵抗値として，**適切なもの**は次のうちどれか。ただし，配線の抵抗はないものとする。

（1）　2 Ω
（2）　4 Ω
（3）　6 Ω
（4）　8 Ω

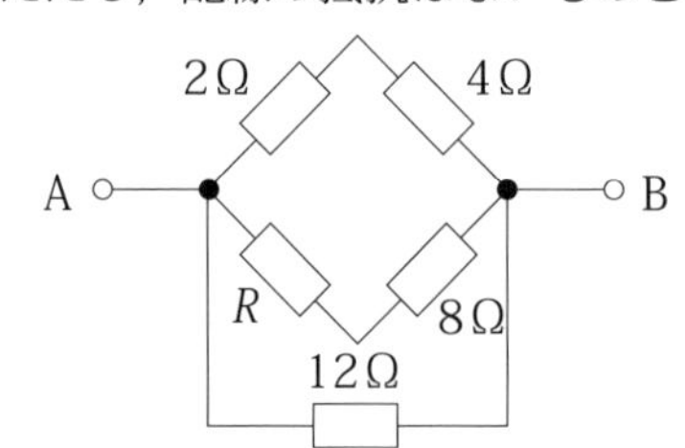

解説

まず，設問の図を書き換えると以下のようになる。

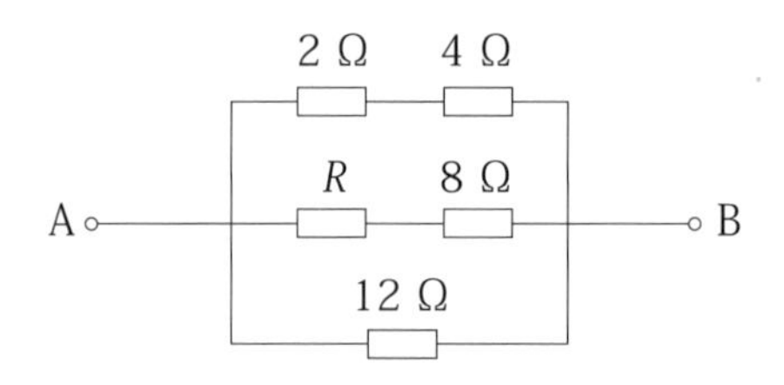

3 組の合成抵抗を一度で計算するとき，

$2\ \Omega + 4\ \Omega = R_1$　とする。…①

$R + 8\ \Omega = R_2$　とする。…②

$12\ \Omega = R_3$　とする。…③

合成抵抗 $3\ \Omega = R_0$　とする。…④

並列の合成抵抗の公式　$R_0 = \dfrac{1}{\dfrac{1}{R_1} + \dfrac{1}{R_2} + \dfrac{1}{R_3}}$　より，

$$\frac{1}{R_0}=\frac{1}{R_1}+\frac{1}{R_2}+\frac{1}{R_3}$$ となる。

これに①～④をあてはめると，下記のようになる。

$$\frac{1}{3\,\Omega}=\frac{1}{2\,\Omega+4\,\Omega}+\frac{1}{\mathrm{R}+8\,\Omega}+\frac{1}{12\Omega}$$

式を整理すると，

$$\frac{1}{R+8\,\Omega}=\frac{1}{3\,\Omega}-\frac{1}{2\,\Omega+4\,\Omega}-\frac{1}{12\Omega}$$

分母をそろえる（通分する）と，

$$\frac{1}{R+8\,\Omega}=\frac{4}{12\Omega}-\frac{2}{12\Omega}-\frac{1}{12\Omega}=$$

$$\frac{1}{R+8\,\Omega}=\frac{4-2-1}{12\Omega}$$

$$\frac{1}{R+8\,\Omega}=\frac{1}{12\Omega}$$

分母の数字だけ取り出して式にすると，

$$R+8\,\Omega=12\,\Omega$$

$$R=12\,\Omega-8\,\Omega$$

$$R=4\,\Omega$$

解答（２）　４Ω

【例題７】　抵抗値 15 Ωと 10 Ω及び 6 Ωの抵抗を並列接続したときの合成抵抗として，**適切なもの**は次のうちどれか。

（１）　２Ω

（２）　３Ω

（３）　４Ω

（４）　５Ω

解説

まず，設問の内容を図で示すと以下のようになる。

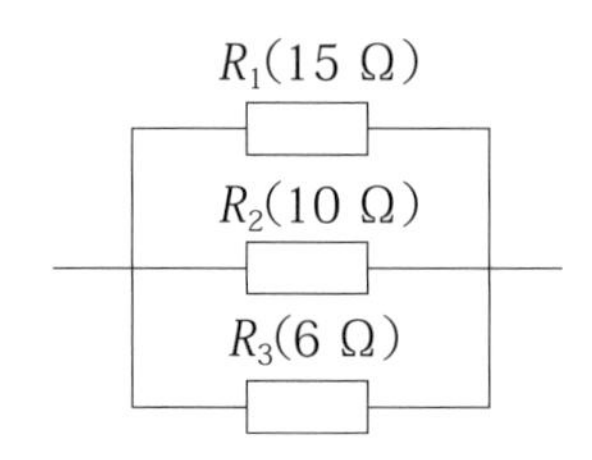

3組の合成抵抗を一度で計算するとき，

15 Ω ＝ R_1　とする。…①

10 Ω ＝ R_2　とする。…②

6 Ω ＝ R_3　とする。…③

合成抵抗 R_0　とする。…④

並列の合成抵抗の公式 $R_0 = \dfrac{1}{\dfrac{1}{R_1}+\dfrac{1}{R_2}+\dfrac{1}{R_3}}$ より，

$\dfrac{1}{R_0} = \dfrac{1}{R_1}+\dfrac{1}{R_2}+\dfrac{1}{R_3}$　となる。

これに①〜④をあてはめると，下記のようになる。

$$\frac{1}{R_0} = \frac{1}{15\ \Omega}+\frac{1}{10\ \Omega}+\frac{1}{6\ \Omega}$$

分母をそろえる（通分する）と，

$$\frac{1}{R_0} = \frac{2}{30\ \Omega}+\frac{3}{30\ \Omega}+\frac{5}{30\ \Omega}$$

$$\frac{1}{R_0} = \frac{2+3+5}{30\ \Omega}$$

$$\frac{1}{R_0} = \frac{10}{30\ \Omega}$$

$$\frac{1}{R_0} = \frac{1}{3\ \Omega}$$

分母の数字だけ取り出して式にする

$R_0 = 3\ \Omega$

解答（２）　3 Ω

【例題8】 12 Ωの抵抗と6 Ωの抵抗を並列接続したときの合成抵抗として，**適切なもの**は次のうちどれか。

（1）　2 Ω
（2）　3 Ω
（3）　4 Ω
（4）　5 Ω

解説

まず，設問の内容を図で示すと以下のようになる。

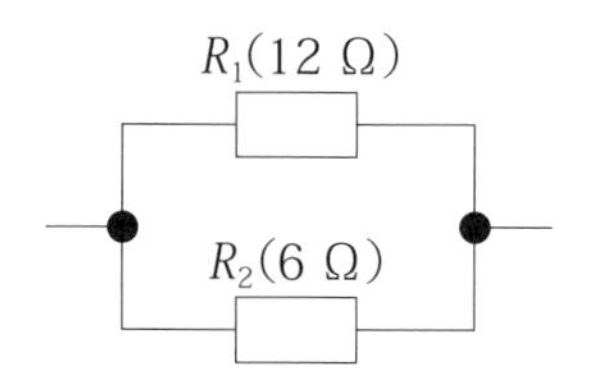

2組の合成抵抗を一度で計算するとき，

12 Ω ＝ R_1　とする。…①

6 Ω ＝ R_2　とする。…②

合成抵抗 R_0　とする。…③

並列の合成抵抗の公式 $R_0 = \dfrac{1}{\dfrac{1}{R_1} + \dfrac{1}{R_2}}$ より，

$$\frac{1}{R_0} = \frac{1}{R_1} + \frac{1}{R_2}$$

となる。これに，①～③をあてはめると，下記のようになる。

$$\frac{1}{R_0} = \frac{1}{12\ \Omega} + \frac{1}{6\ \Omega}$$

分母をそろえる（通分する）と，

$$\frac{1}{R_0} = \frac{1}{12\ \Omega} + \frac{2}{12\ \Omega}$$

$$\frac{1}{R_0} = \frac{3}{12\ \Omega}$$

$$\frac{1}{R_0} = \frac{1}{4\ \Omega}$$

分母の数字だけ取り出して式にする

$$R_0 = 4\ \Omega$$

なお，本問は抵抗が2つ並列接続されている場合なので，**和分の積**で求めることもできる。

◆和分の積での求める場合は…

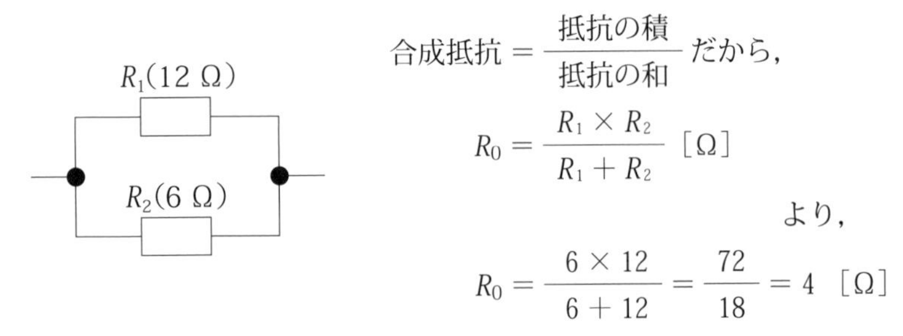

$$合成抵抗 = \frac{抵抗の積}{抵抗の和}$$ だから，

$$R_0 = \frac{R_1 \times R_2}{R_1 + R_2}\ [\Omega]$$

より，

$$R_0 = \frac{6 \times 12}{6 + 12} = \frac{72}{18} = 4\ [\Omega]$$

となる。

解答　(3)　4 Ω

【例題9】 12 Ωの抵抗3個を並列接続したときの合成抵抗として，**適切なもの**は次のうちどれか。

(1)　4 Ω

(2)　6 Ω

(3)　18 Ω

(4)　36 Ω

解説

まず，設問の内容を図で示すと以下のようになる。

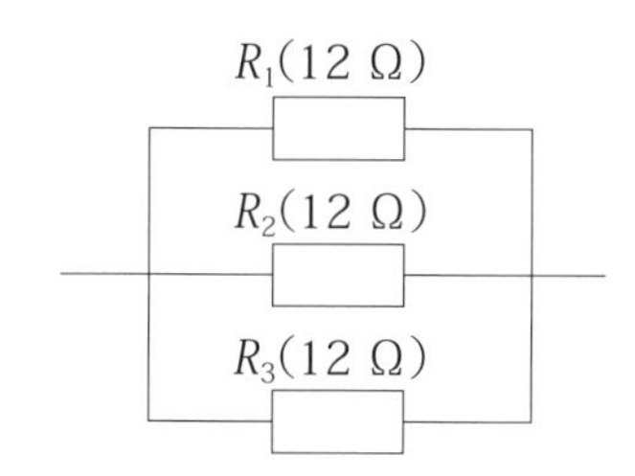

3組の合成抵抗を一度で計算するとき，

$12\ \Omega = R_1$　とする。…①

$12\ \Omega = R_2$　とする。…②

$12\ \Omega = R_3$　とする。…③

合成抵抗 R_0　とする。…④

並列の合成抵抗の公式 $R_0 = \dfrac{1}{\dfrac{1}{R_1}+\dfrac{1}{R_2}+\dfrac{1}{R_3}}$ より，

$\dfrac{1}{R_0} = \dfrac{1}{R_1}+\dfrac{1}{R_2}+\dfrac{1}{R_3}$　となる。

これに①～④をあてはめると，下記のようになる。

$$\frac{1}{R_0} = \frac{1}{12\ \Omega}+\frac{1}{12\ \Omega}+\frac{1}{12\ \Omega}$$

式を整理すると，

$$\frac{1}{R_0} = \frac{1+1+1}{12\ \Omega}$$

$$\frac{1}{R_0} = \frac{3}{12\ \Omega}$$

$$\frac{1}{R_0} = \frac{1}{4\ \Omega}$$

分母の数字だけ取り出して式にする

$R_0 = 4\ \Omega$

解答　(1)　4 Ω

【例題 10】　図に示すＡ―Ｂ間の合成抵抗として，**適切なもの**は次のうちどれか。ただし，配線の抵抗はないものとする。

（１）　4.0 Ω
（２）　4.2 Ω
（３）　5.0 Ω
（４）　6.4 Ω

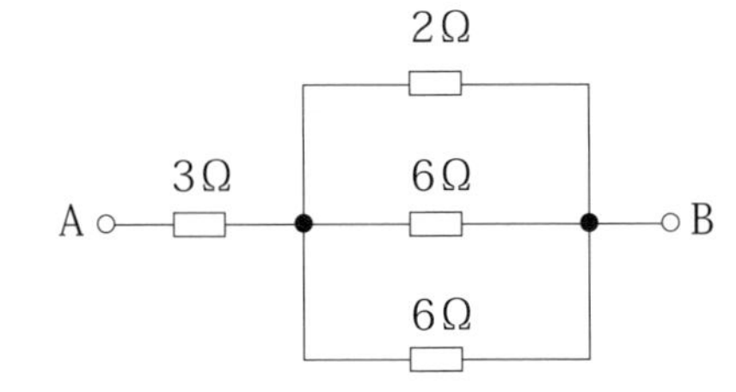

解説

ポイント！

本問の回路は直・並列回路なので，まずは２Ω，６Ω，６Ωの並列接続の合成抵抗値を求め，それと３Ωとの直列接続の合成抵抗を求める。

【手順】

①　並列接続の合成抵抗値を求めてから，

②　直列接続の合成抵抗値を求める。

（並列の）　合成抵抗 ＝ R_0　とする。…①

２Ω ＝ R_1　とする。…②

６Ω ＝ R_2　とする。…③

６Ω ＝ R_3　とする。…④

並列の合成抵抗の公式　$R_0 = \dfrac{1}{\dfrac{1}{R_1}+\dfrac{1}{R_2}+\dfrac{1}{R_3}}$　より，

$$\frac{1}{R_0} = \frac{1}{R_1} + \frac{1}{R_2} + \frac{1}{R_3}$$　となる。

これに①～④をあてはめると，下記のようになる。

$$\frac{1}{R_0} = \frac{1}{2\ \Omega} + \frac{1}{6\ \Omega} + \frac{1}{6\ \Omega}$$

分母をそろえると，

$$\frac{1}{R_0} = \frac{3}{6\ \Omega} + \frac{1}{6\ \Omega} + \frac{1}{6\ \Omega}$$

式を整理すると，

$$\frac{1}{R_0} = \frac{3+1+1}{6\ \Omega}$$

$$\frac{1}{R_0} = \frac{5}{6\ \Omega}$$　逆数にして，$\frac{6}{5}$

$$\frac{1}{R_0} = \frac{1}{1.2\Omega}$$

分母の数字だけ取り出して式にする。

$$R_0 = 1.2\ \Omega$$

よって，並列の合成抵抗は 1.2 Ωとなる。

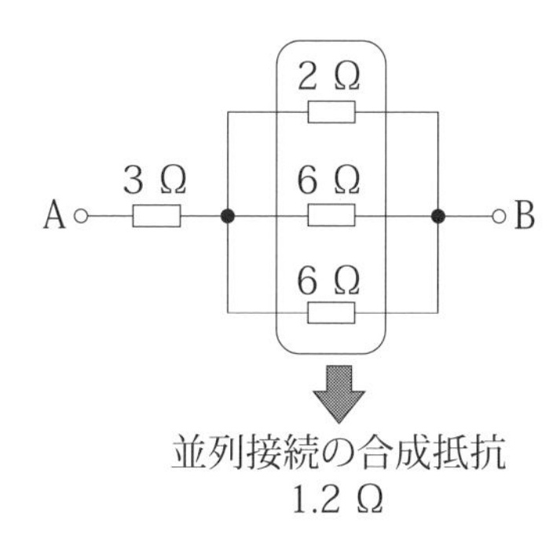

次に，この 1.2 Ωと直列接続された 3 Ωの合成抵抗 R を求めると，

$$R = 1.2\ \Omega + 3\ \Omega = 4.2\ \Omega$$

したがって，A―B 間の合成抵抗は 4.2 Ωとなる。

解答 （2）　4.2 Ω

【例題 11】　9 Ωの抵抗３個を並列接続したときの合成抵抗として，**適切なもの**は次のうちどれか。

（１）　3 Ω

（２）　6 Ω

（３）　18 Ω

（４）　27 Ω

解説

まず，設問の内容を図で示すと以下のようになる。

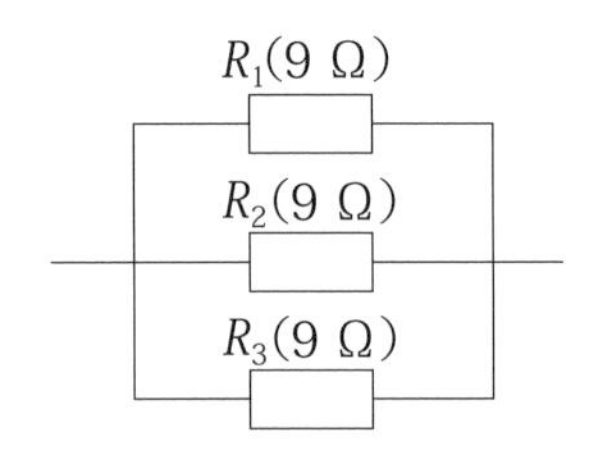

3 組の合成抵抗を一度で計算するとき，

9 Ω＝R_1　とする。…①

9 Ω＝R_2　とする。…②

9 Ω＝R_3　とする。…③

合成抵抗 R_0　とする。…④

並列の合成抵抗の公式 $R_0=\dfrac{1}{\dfrac{1}{R_1}+\dfrac{1}{R_2}+\dfrac{1}{R_3}}$ より，

$$\frac{1}{R_0}=\frac{1}{R_1}+\frac{1}{R_2}+\frac{1}{R_3}$$ となる。

これに①～④をあてはめると，下記のようになる。

$$\frac{1}{R_0}=\frac{1}{9\ \Omega}+\frac{1}{9\ \Omega}+\frac{1}{9\ \Omega}$$

式整理すると，

$$\frac{1}{R_0}=\frac{1+1+1}{9\ \Omega}$$

$$\frac{1}{R_0} = \frac{3}{9\ \Omega}$$

$$= \frac{1}{3\ \Omega}$$

分母の数字だけ取り出して式にする。

$$R_0 = 3\ \Omega$$

解答（1）　3 Ω

第6章　基礎的整備作業

自動車の整備には作業工具などが必要である。本章では，試験で問われやすい工具について詳しく見ていきたい。

1．ドライバ　重要

（1）概要

ドライバは，ねじ回しのことであり，ねじを締めつけて固定したり，ねじを緩めて外すといった用途に使用される。

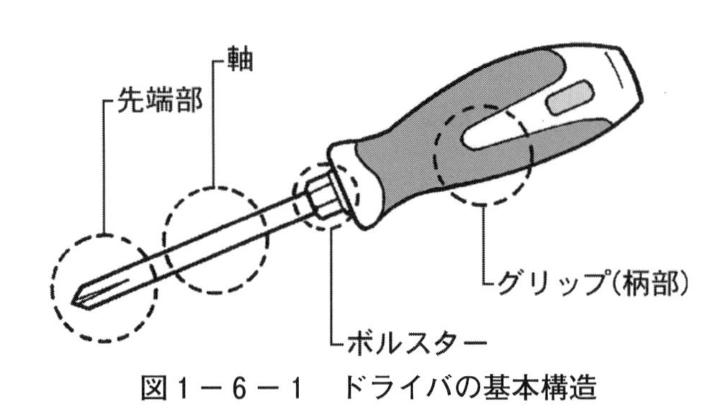

図1－6－1　ドライバの基本構造

（2）ドライバの種類

ドライバには，軸がグリップ（柄部）の途中で止まる「非貫通形」（普通形）と，グリップの後端までつながっている「貫通形」がある。

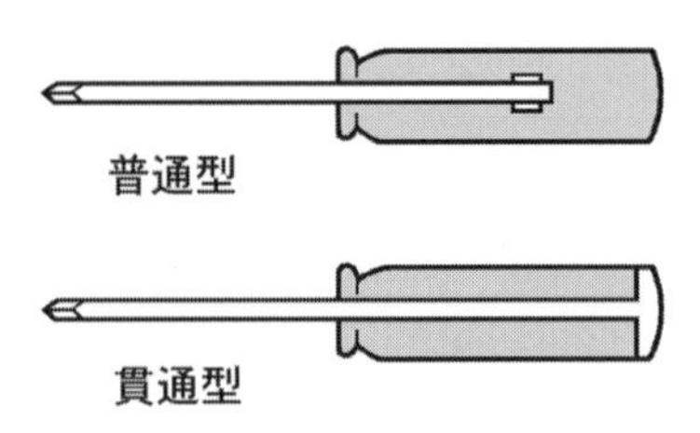

図1－6－2　普通型と貫通型のドライバ

① **スタッビ形ドライバ**は，短い形状であるが柄が太く強い力を与えることができる。特に通常のドライバでは扱えない狭い箇所でのネジ締めに便利なドライバである。（使用場面のイラスト参照。）

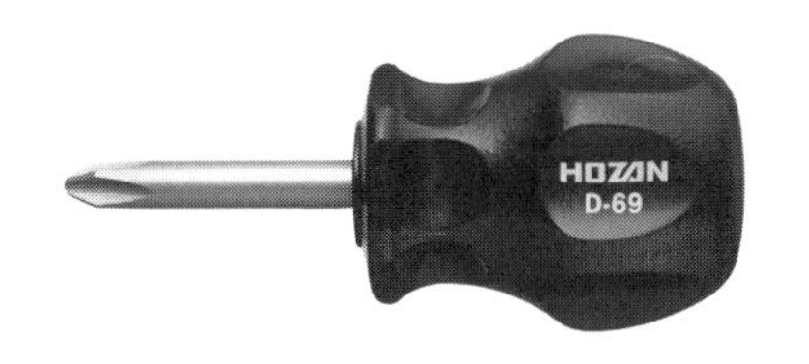

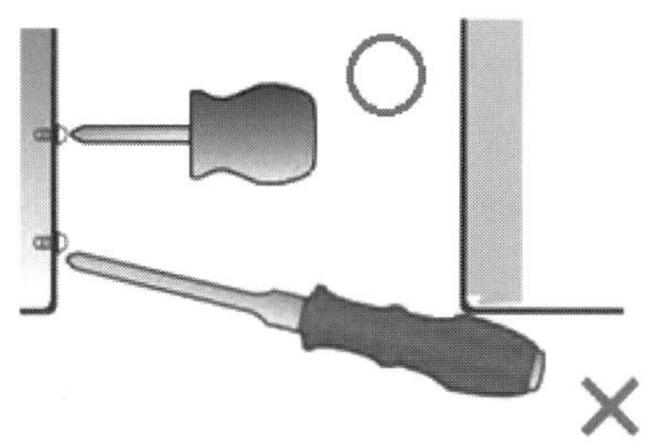

図1－6－3　スタッビ形ドライバ
（※ stubby：ずんぐりした，短いといった意）

② **角軸形ドライバ**は，軸が四角形で大きな力に耐えられるようになっている。

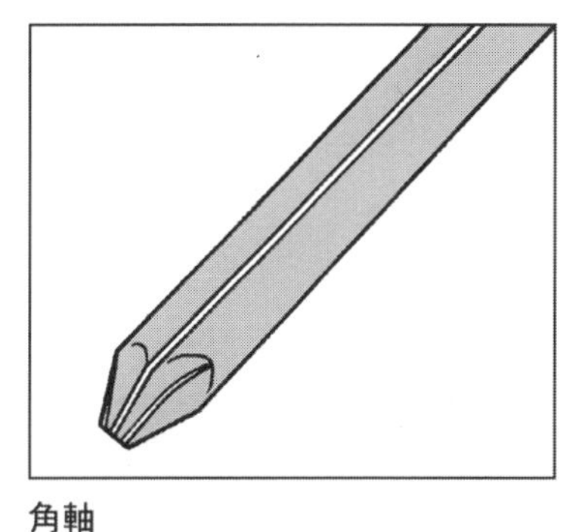

角軸

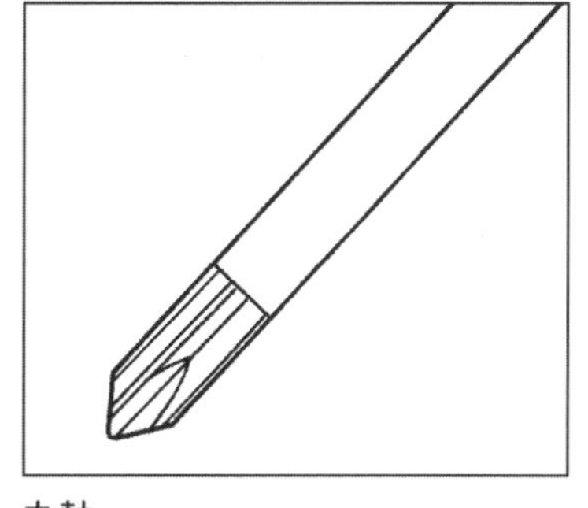

丸軸

図1－6－4　ドライバの軸

ドライバの丸軸は，図1－6－3スタッビ形ドライバの軸などを参照してみてね。角軸は左記ように軸が四角形になっているので，ねじれに強く，スパナなどをかけて強く締め付けできるんだよ！

③　**オートマティック・ドライバ**は，柄を押すだけで刃先を回転させることができる能率的なドライバで，ネジ類の締付け，緩め等の作業が簡単に行える。

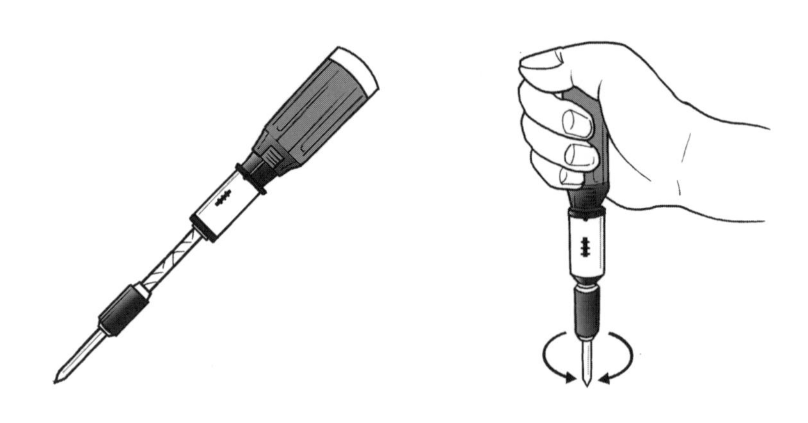

図１－６－５　オートマティック・ドライバ

④　**ショック・ドライバ**は，ハンマーで叩くことによってネジ類を強い力で緩めたりすることができる。

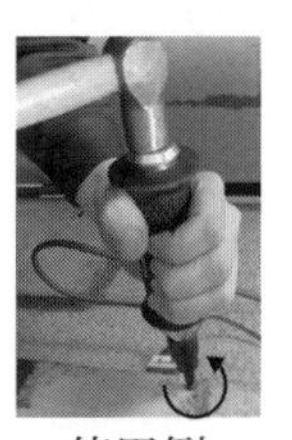

使用例

図１－６－６　ショック・ドライバ

2. プライヤ　重要

（1）　概要

プライヤとは，物を挟んだり，掴んだりする工具の総称であり，その形状や用途は様々である。

（2）　プライヤの種類

①　バイス・プライヤ（バイス・グリップ，ロッキング・プライヤ）

二重レバーによってつかむ力が非常に強く，しゃこ万力の代用として使用できる。

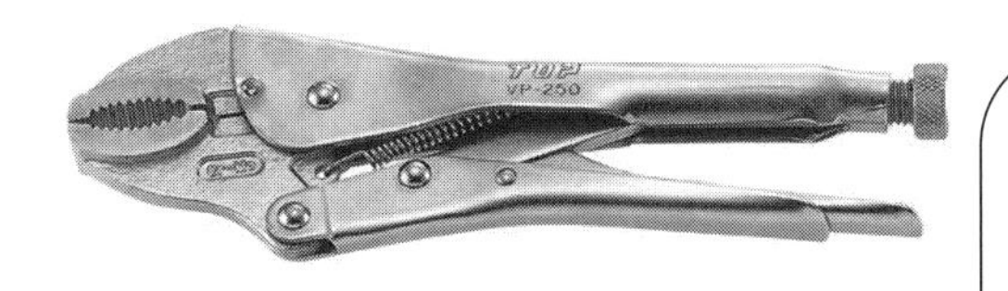

色々と名称はあるけれど，まずは**バイス=万力**という事を押さえておこう！

図1－6－7　バイスプライヤ

※ 参考　しゃこ万力

②　ラジオペンチ

口先が非常に細く，口の側面に刃をもっており，狭い場所の作業に便利である。

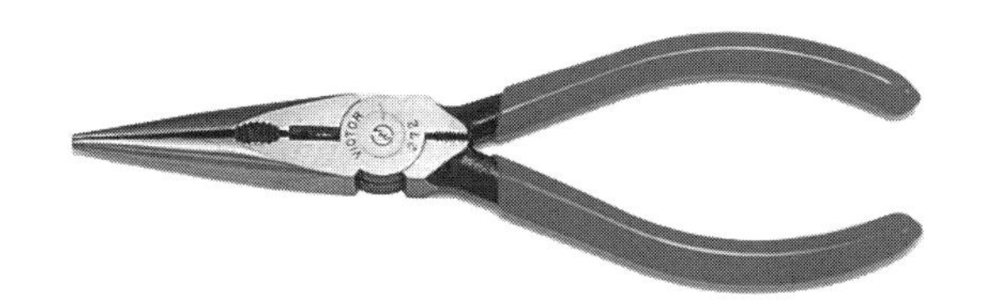

図1－6－8　ラジオペンチ

③　ニッパ

刃が斜めで刃先が鋭く，細い針金の切断や電線の被膜(ひまく)をむくのに用いられる。

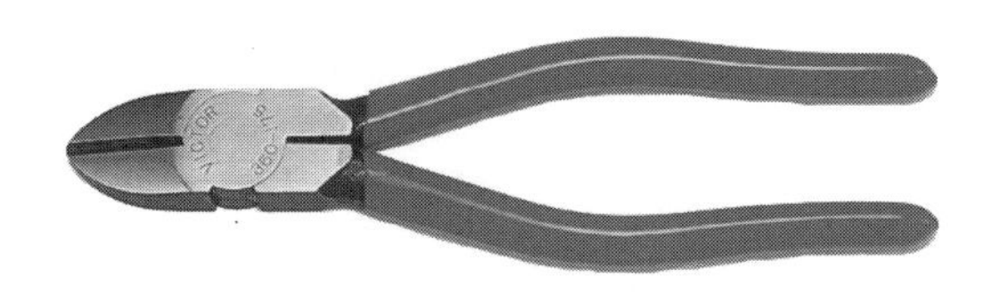

図1－6－9　ニッパ

④　ペンチ（カッティング・プライヤ）

銅線や鉄線等を曲げたり切断したりするのに用いられる工具。

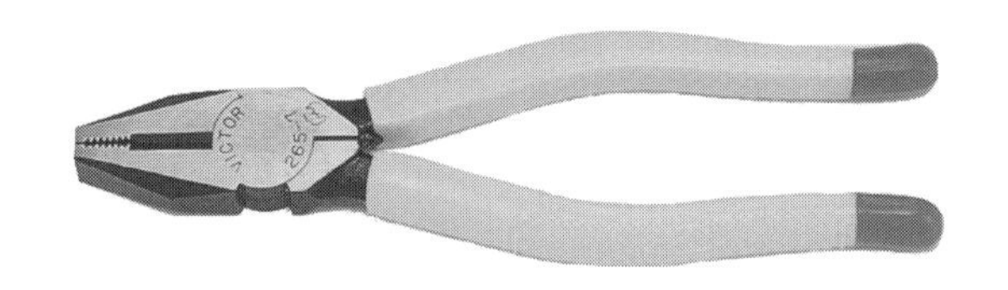

図1－6－10　ペンチ

⑤　コンビネーション・プライヤ

支点の穴を変えることによって，口の開きを大小2段にできるので，使用範囲が広い。

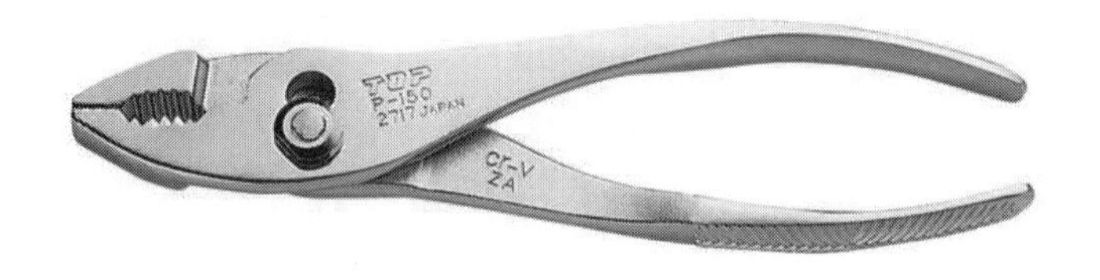

図1－6－11　コンビネーション・プライヤ

3. ダイスとタップ　重要

ねじは，山と谷が噛み合うことで締結を行っているが，締め付け作業時の不備（例えば，締め付ける時のトルクオーバーやネジを斜めに差し込んで噛み合わない状態で無理に締める）などで，ねじ山部分がつぶれて平らになってしまうことがある。

このような場合に用いられるのが次に示す「ダイス」（左側）と「タップ」（右側）である。

図1－6－12　ダイス

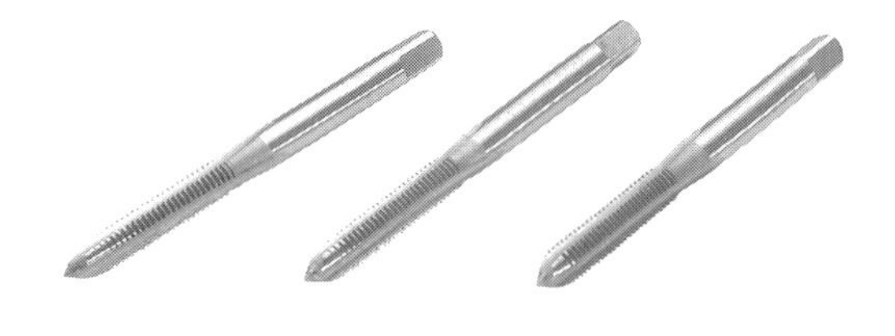

図1－6－13　タップ

ダイス及びタップは整備の際，異常が発生したボルトやナットが正常に締め付けできなくなった時に用いる「修復のための工具」である。

（なお，ドリルで任意の箇所に穴を開けておけば，タップを用いて新たなネジ山を作成する事もできる。）

ダイスは「おねじ」がつぶれた時に使用する工具で，次に示すダイス用ハンドル（左側）に取り付けて使用する。

タップは「めねじ」がつぶれた時に使用する工具で，タップハンドル（右側）に固定して使用する。これらの工具を使用してねじを切ると，つぶれた部分が削られて円滑に締め付けを行うことが再び出来るようになる。

図1－6－14　ダイス用ハンドル　　図1－6－15　タップハンドル

対応させて覚えよう！　ダイスとタップはセット！

ダイス・・・金属棒におねじをたてるときに用いられる工具

↕

タップ・・・金属にめねじをたてるときに用いられる工具

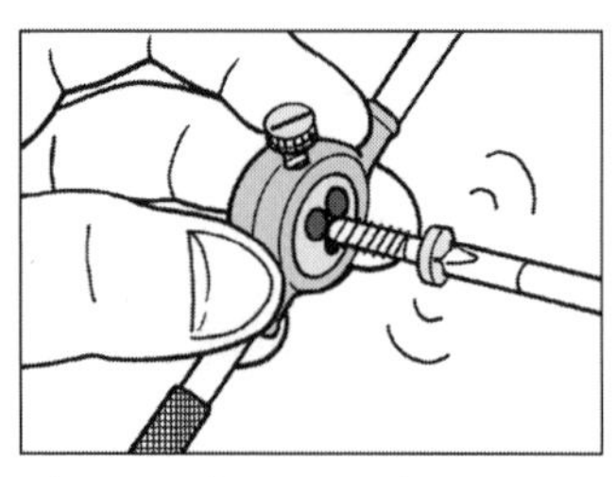

ダイスは雄ねじに使用

タップは雌ねじに使用

☆「ネジを切る」という言葉は，
雌（メ）ネジを修復したり作成したりすること　と
雄（オ）ネジを修復すること
これらの作業をさす言葉なんだ。
ねじをたてるともいうよ。

4. リーマ

自動車整備においては，下穴をあけて精密に仕上げるときにリーマを用いる。この時のリーマは，図のように刃の部分がストレート（平行）の物を使用する。

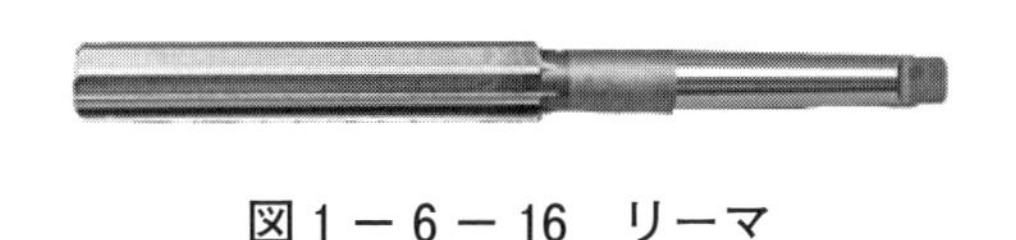

図1－6－16　リーマ

ポイント！

リーマとは，金属材料の穴の内面仕上げに用いられる工具である。

参考

＊なお，一般的にリーマというと「テーパ・リーマ」のことを指すことが多い。

下穴をあけたときのバリ（削り残り）をとるときに使用する。

参考：テーパ・リーマ

5. たがね

たがねには，「平たがね」，「えぼしたがね」，「みぞたがね」などがあり，一般的に多く見受けられるのは「平たがね」である。

たがねは，金属を「はつる（＝削る）」ときに用いられる。（大工さんが「のみ」で木を「はつる」ときと同じイメージ）。例えば，ねじが錆びて分解できない時や，ガスバーナで溶断できない部分，あるいは，部分的に切り離したいときにたがねを用いる。

6．マイクロメータ　重要

0.01 mm（100分の1ミリメートル）の精度で長さを測ることができる測定器である。マイクロメータは，ノギスよりも精度の高い測定に用いられる。（※ノギスは，0.05 mm（20分の1ミリメートル）まで測ることができる測定器である）

各部の名称

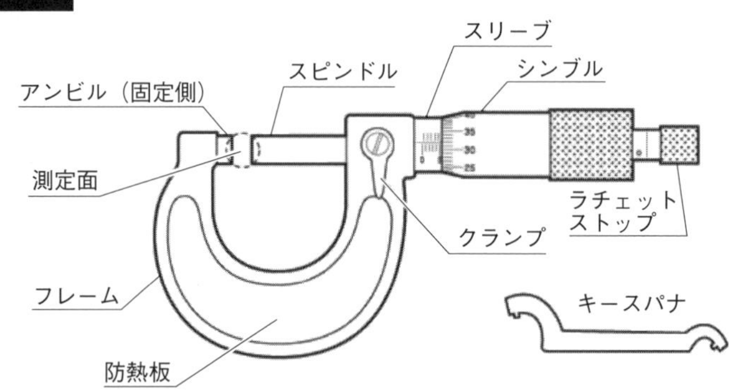

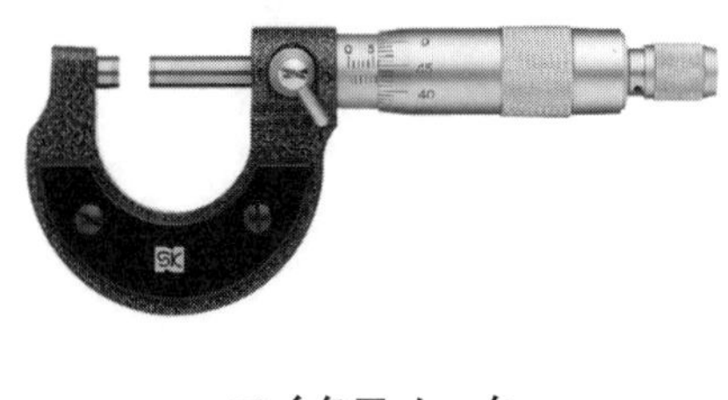

マイクロメータ

《参考》

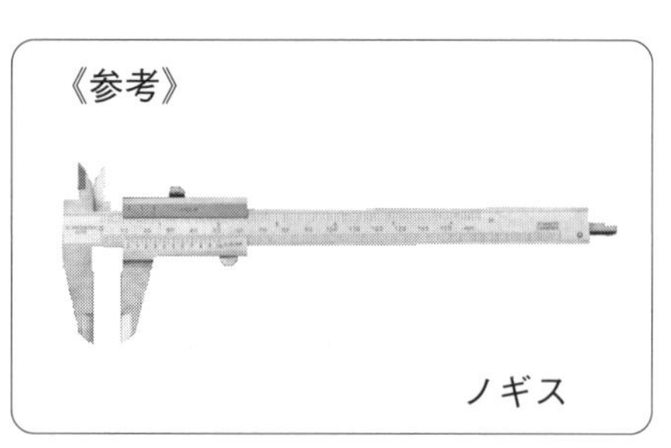

ノギス

図1－6－17　マイクロメータ

7. サーキット・テスタ

（1） 概要と構成

サーキット・テスタは，電圧，電流，抵抗を測定するとき使用する計測器である。図に示すアナログ式サーキット・テスタは，表示部，指針，ゼロ点調整ネジ，ゼロΩ調整つまみ，赤プローブ接続口，黒プローブ接続口，ファンクション・スイッチで構成されている。他に，赤のプローブと黒のプローブを使用する。（※プローブとは，測定箇所に接触させる電極，探針のこと）

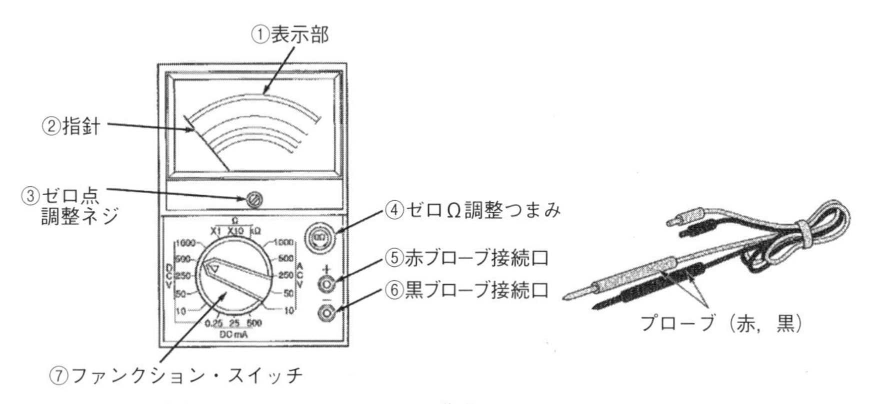

図1－6－18　アナログ式サーキット・テスタ

① 表示部	数字が記入されている。
② 指針	測定したときに指針が動いて一定の所で停止する。
③ ゼロ点調整ネジ	測定しないときに，指針がゼロ点を示すように調整するネジ。
④ ゼロΩ調整つまみ	抵抗値を測定する前にゼロΩになるように調整するつまみ。
⑤ 赤プローブ接続口	赤プローブを接続する部分。
⑥ 黒プローブ接続口	黒プローブを接続する部分。
⑦ ファンクション・スイッチ	測定する目的によってスイッチ（電圧，電流，抵抗）を変える。

（2）　直流電圧測定

サーキット・テスタのプローブ接続口に，赤と黒のプローブをそれぞれ挿入する。

測定する最高電圧が読み取れるように，ファンクション・スイッチを変える。

図のように測定部品にプローブを当て，スイッチをオンにすると，指針が振れる。この時の数値が測定する電圧である。この時，電圧の高い方に赤のプローブ，電圧の低い方に黒のプローブを当てる（測定部品と並列接続）。

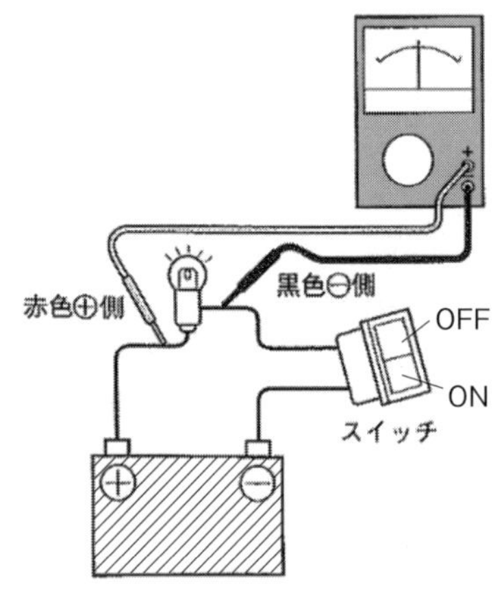

図1－6－19　直流電圧測定

（3）　直流電流測定

サーキット・テスタのプローブ接続口に，赤と黒のプローブをそれぞれ挿入する。

測定する最高電流が読み取れるように，ファンクション・スイッチを変える。

図のように，電源側電線と部品を切り離し，赤プローブを電源側に，黒プローブを部品側に接続（**直列接続**）して，スイッチをオンにすると測定開始する。

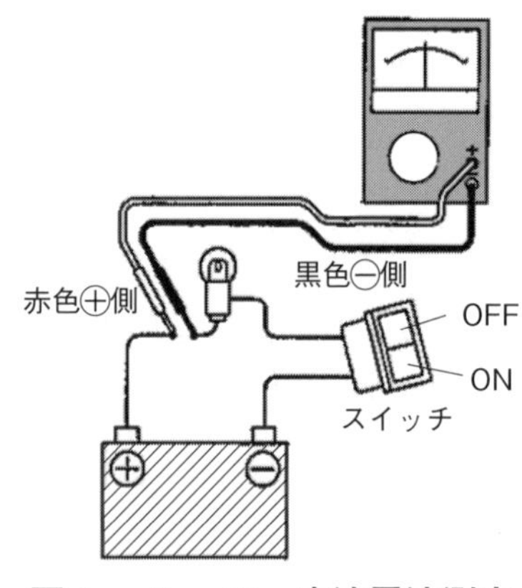

図1－6－20　直流電流測定

（４）　抵抗測定と導通測定

サーキット・テスタのプローブ接続口に，赤と黒のプローブをそれぞれ挿入する。

測定する最高抵抗が読み取れるように，ファンクション・スイッチを変える。

抵抗値又は導通を測定するときは，図のように赤と黒のプローブを接触させ指針がゼロΩになるようにゼロΩ調整つまみで合わせる。

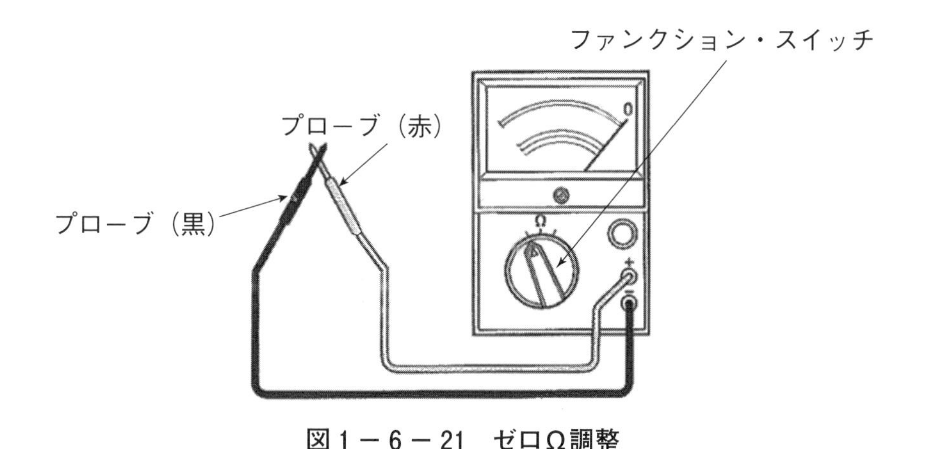

図１－６－21　ゼロΩ調整

抵抗測定は，部品を切り離して，両端子にプローブを当てると指針の示す目盛を読み取る。

導通測定は，部品を切り離して，両端子にプローブを当てると，導通しているときは指針が振れ，不導通のときは指針が振れない。

（５）　電気回路の電圧測定

図のように，リレーとライトのある回路でスイッチがOFFの時，電気回路の電圧を測定するときは，図のようにサーキット・テスタの黒プローブはアース側，赤プローブは電圧側に接続する。

バッテリ（12Ｖ）両端の電圧は，12Ｖである。

リレーのａ点とスイッチのアースの点の電圧は，12Ｖである。

リレーのａ点とｂ点間の電圧は，０Ｖ。（スイッチOFFの為，電流が流れていない。）

ライトの両端の電圧は，０Ｖ。（リレーがOFFの為，電流が流れていない。）

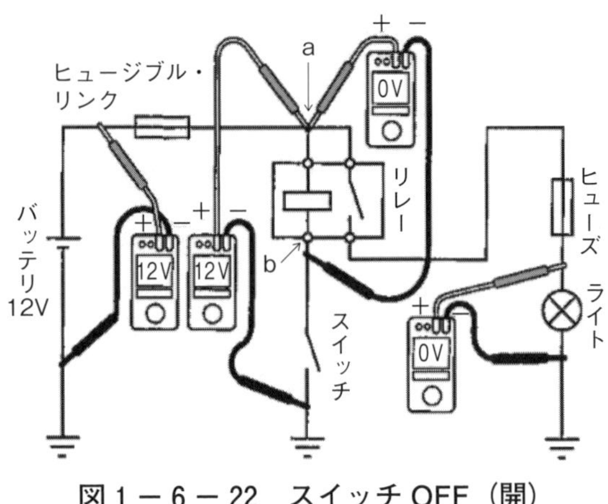

図1－6－22　スイッチOFF（開）

8．ダイヤル・ゲージ

ダイヤル・ゲージは比較測定器で凹凸，振れの変化などを読み取る。

平行度，平面度，同芯度などの変化を読み取る測定器である。

ダイヤル・ゲージは，測定子が1mm移動すると長針は1周（100目盛）動く。目盛板の1目盛（0.01mm）まで測定する。

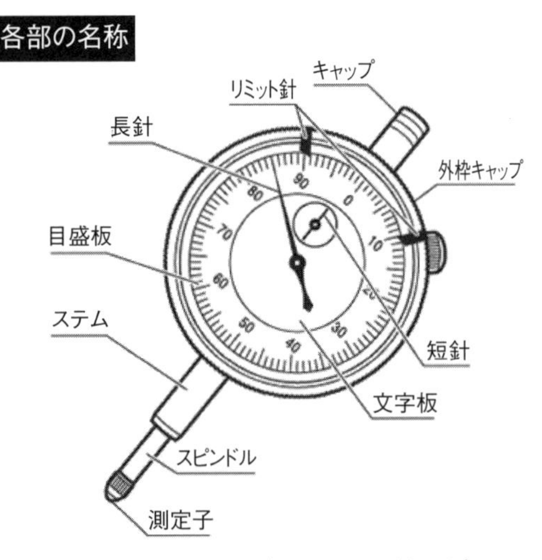

図1－6－23　ダイヤル・ゲージ

ダイヤルゲージの測定は測定物に測定子を当て，長針がリミット針の範囲になっていることを確認する。

測定物を移動させると凹凸によって長針が動くので，この時の数値を目盛板上で読み取る。

図 1 − 6 − 24　ダイヤルゲージ測定の例

よく出る問題〔第６章・基礎的整備作業〕

工具類

【例題１】 重要

ドライバの種類と構造・機能に関する記述として，**不適切なもの**は次のうちどれか。

（１）　貫通形は，軸が柄の途中まで入っており，柄は一般に木又はプラスチックで作られている。
（２）　角軸形は，軸が四角形で大きな力に耐えられるようになっている。
（３）　スタッビ形は，短いドライバであるが，柄が太く強い力を与えることができる。
（４）　ショック・ドライバは，強く締め付けられたねじなどを衝撃を与えながら緩めるときに用いる。

【例題２】

自動車整備等に用いるリーマに関する記述として，**適切なもの**は次のうちどれか。

（１）　おねじのねじ立てに使用する。
（２）　ベアリングやブシュなどの脱着に使用する。
（３）　ギヤやプーリなどのシャフトからの抜き取りに使用する。
（４）　金属材料の穴の内面仕上げに使用する。

【例題３】

ダイスに関する記述として，**適切なもの**は次のうちどれか。

（１）　金属材料の穴の内面仕上げに使用する。
（２）　工作物の固定に使用する。
（３）　めねじのねじ立てに使用する。
（４）　おねじのねじ立てに使用する。

【例題 4】

図に示すマイクロメーターのＡの名称として，**適切なもの**は次のうちどれか。

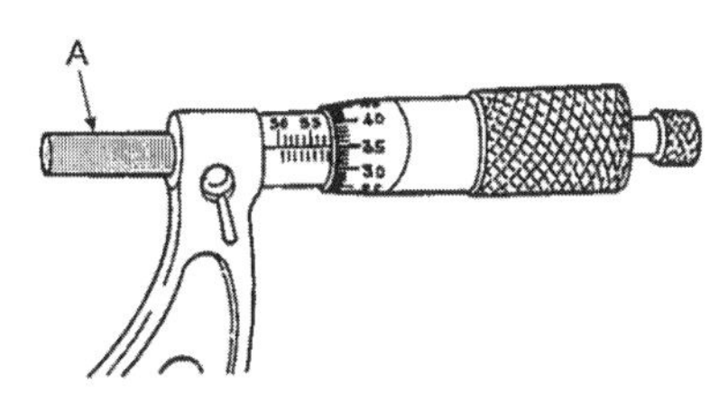

（１）　シンブル
（２）　スピンドル
（３）　アンビル
（４）　ラチェット・ストップ

アナログ式サーキット・テスタ

【例題 5】

図に示すアナログ式サーキット・テスタの取り扱いに関する次の文章の（　　）に当てはまるものとして，**適切なもの**は次のうちどれか。

（　　）を測定する場合は，測定回路に対し，サーキット・テスタが直列になるようにプローブを接続する。

（１）　交流電圧
（２）　直流電圧
（３）　直流電流
（４）　スイッチの単体抵抗

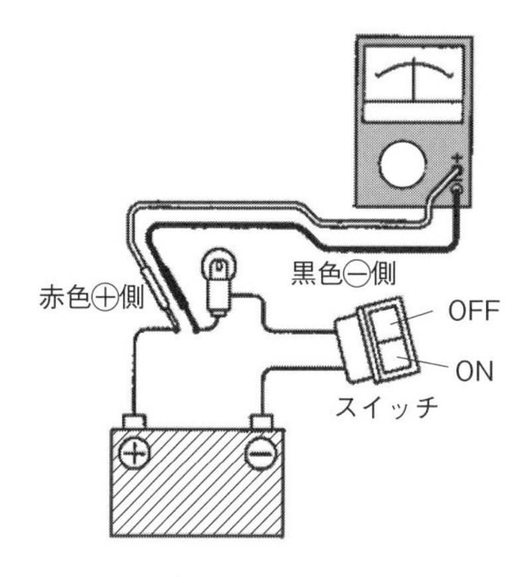

【例題 6】

図に示すアナログ式サーキット・テスタの使用上の注意に関する次の文章の(　　)に当てはまるものとして，**適切なもの**は次のうちどれか。

測定時にレンジを選択する場合は，(　　)の測定では表示部の中央に指針が落ち着くレンジを選ぶ。

（1）　直流電圧

（2）　交流電圧

（3）　抵抗

（4）　直流電流

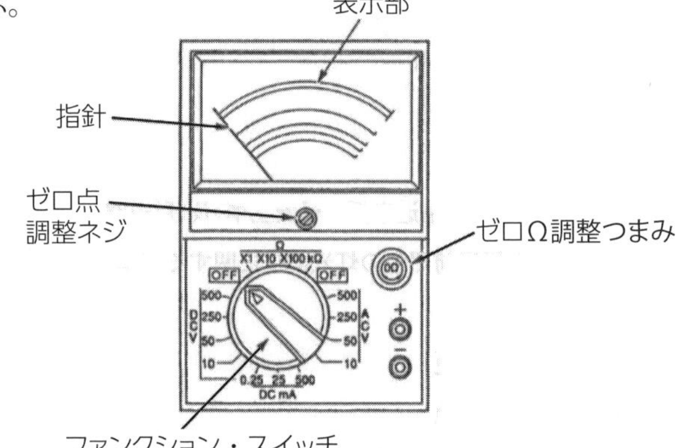

【例題 7】

図に示す電気回路の電圧測定において，接続されている電圧計A，B，C，Dが示す電圧値として，**不適切なもの**は次のうちどれか。ただし，回路中のスイッチはOFF（開）で，バッテリ及び配線の抵抗はないものとする。

（1）　電圧計Aは0 Vを表示する。

（2）　電圧計Bは12 Vを表示する。

（3）　電圧計Cは12 Vを表示する。

（4）　電圧計Dは12 Vを表示する。

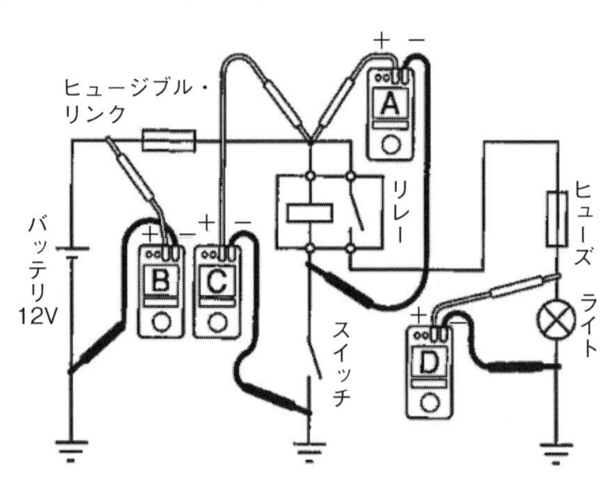

⊿解答と解説◸

工具類

【例題1】（1）

⊿解説◸

（1）　軸が柄（グリップ）の途中で止まっているのは**非貫通形**のドライバである。

（2）　適切。軸が四角形になっていることで，ねじれに強く，スパナなどをかけて強く締め付けできる。

（3）　適切。スタッビ形ドライバは，全長が短くずんぐりとした形状をしており，通常のドライバが入らないような狭い場所での作業に適したドライバである。

（4）　適切。ショック・ドライバは，ハンマで叩くことによりネジ類を強い力で緩めたりすることができるドライバである。

【例題2】（4）

⊿解説◸

（1）　おねじのねじ立てに使用するのはダイスである。

（2）　ベアリングやブシュなどの脱着に使用するのは，プレスである。

（3）　ギヤやプーリなどのシャフトからの抜き取りに使用するのは，ギヤ・プーラである（下記イラスト参照）。

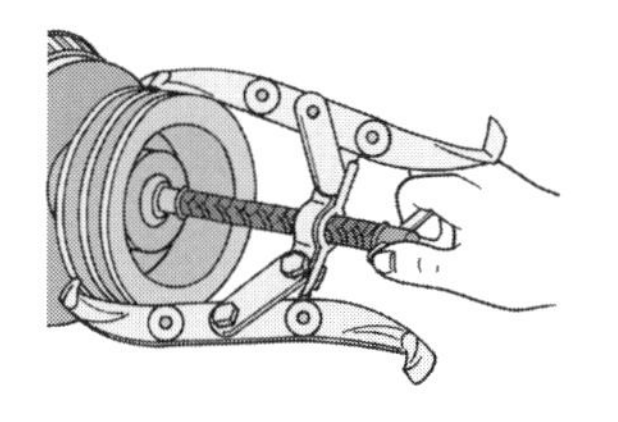

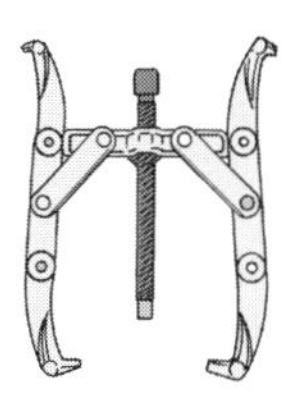

【例題3】（4）

⊿解説◸

（1）　金属材料の穴の内面仕上げに使用するのは，リーマである。

（2）　工作物の固定に使用するのは万力（バイス）である。

（3），（4）　めねじのねじ立てに使用するのがタップであり，おねじのねじ立て使に使用するのがダイスである。

【例題4】（2）

⊿解説◸

解説

本問は単純に図から部位名称を解答させる問題である。なお，マイクロメーターに関しては目盛りの読み方にも注意しておこう！

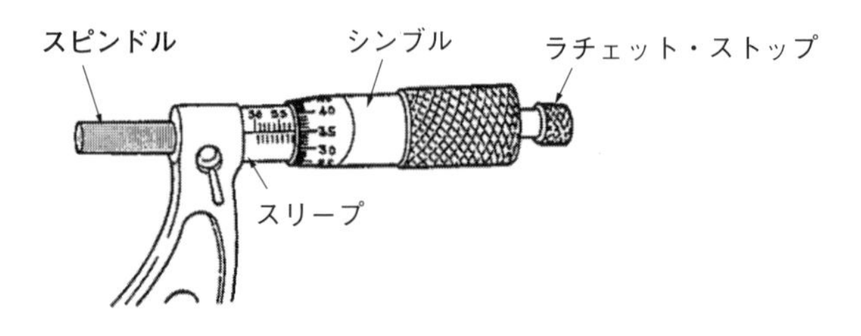

アナログ式サーキット・テスタ

【例題5】（3）

⊿解説◸

サーキット・テスタのプローブが直列接続になっているので，直流電流測定である。

【例題6】（3）

⊿解説◸

サーキット・テスタとは，電圧，電流，抵抗値を測定する計器である。**抵抗**の測定では，表示部の中央に指針が落ち着くレンジを選ぶ。電圧，電流の測定では，表示部の右側に指針が落ち着くレンジを選ぶ。

【例題7】（4）

⊿解説◸

スイッチ OFF の時は，リレーは作動していないので，リレーとライトには電流は流れない。したがって，電圧計 A と電圧計 D は 0 V。電圧計 B と電圧計 C は，スイッチに関係ないので 12 V。

第2編

シャシ

第1章　動力伝達装置

1. 概要

動力伝達装置とは，自動車が「走る・曲がる・止まる」という機能を構成する部品を総称したものである（図2－1－1）。エンジンで発生した回転エネルギーは，クラッチ，トランスミッション，ユニバーサル・ジョイント，プロペラシャフト，ファイナル・ギヤ，ディファレンシャル・ギヤを通り，ホイールに伝えられる。

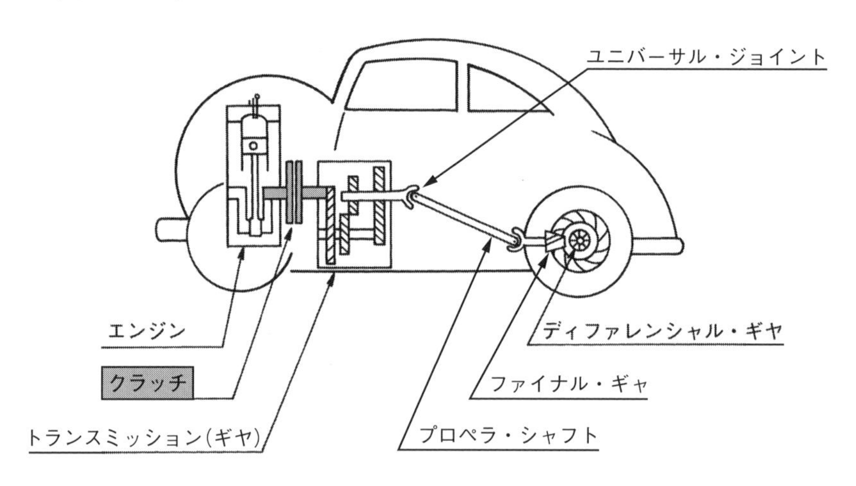

図2－1－1　動力伝達の図

2. クラッチ

（1） 概要

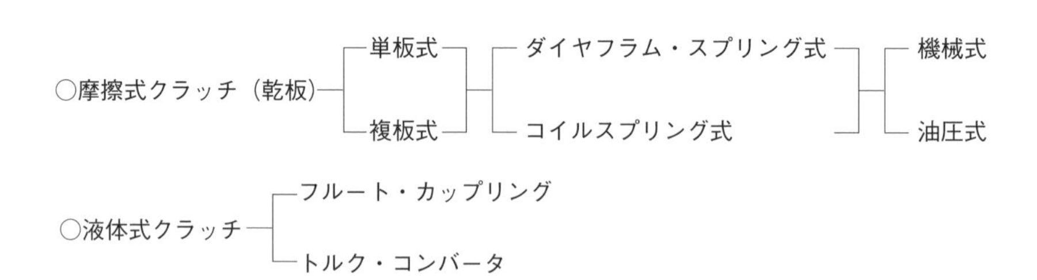

クラッチは，エンジンとトランスミッション（変速機）の間に設置されており（図２－１－１），エンジンの動力をトランスミッションに伝えたり，切り離したりする役目をする。操作機構（機械式と油圧式）とクラッチ本体から構成されており，構造により摩擦式，流体式にわかれる。

（2）　油圧式クラッチ

油圧式は図２－１－２のように　ⓐクラッチ・ペダルを踏むとⓑマスタ・シリンダが作動し，マスタ・シリンダ内の油圧が高くなる。この油圧は，パイプを通りⓒレリーズ・シリンダに送られ，ⓓレリーズ・フォークを作動させ，ⓔレリーズ・ベアリングを介して動力を遮断する。

クラッチ・ペダルを離すと，リターン・スプリングなどのバネの力で元の位置に戻り，動力が伝達できる。

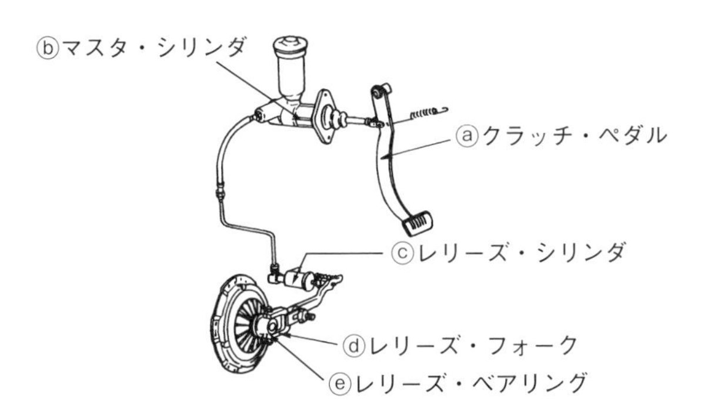

図２－１－２　油圧式クラッチの図

①　マスタ・シリンダ

クラッチ・ペダルを踏んだとき油圧を発生させる装置である。

②　レリーズ・シリンダ

油圧式のクラッチにおいて，マスタ・シリンダで発生した油圧をクラッチに伝達する装置である。調整式と無調整式があり，前者にはクラッチの遊びを調整する機構がついており，後者には自動調整機構がついている。

（3） ダイヤフラム・スプリング式クラッチ

ダイヤフラム・スプリング（皿ばね）を用いた摩擦式のクラッチである。

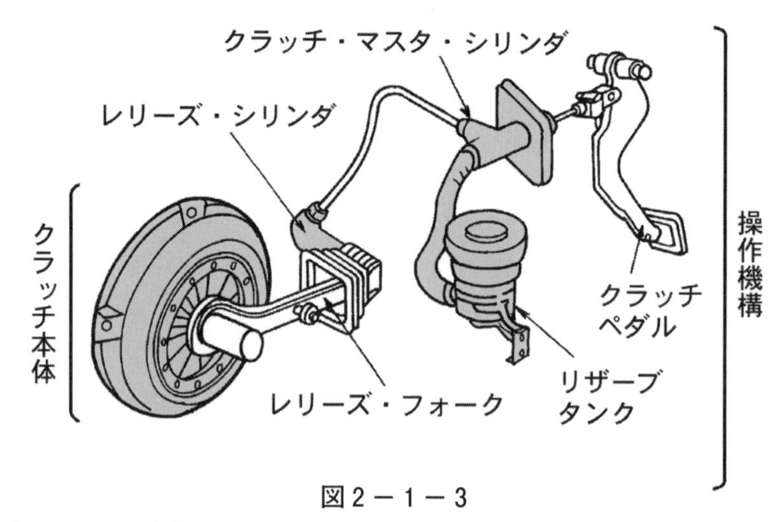

図2－1－3

① クラッチ本体

クラッチは，クラッチ・ディスク，プレッシャ・プレート，ダイヤフラム・スプリングなどで構成されている。

クラッチ・ディスクは，単板式より複板式の方が伝達トルク容量を大きくできる。プレッシャ・プレートは**鋳鉄製**で，回転に対してバランスが取られている。

ダイヤフラム・スプリングは，ばね鋼板をプレス成形後，熱処理されて造られる。簡単な構造をとっており，圧力が周囲に均一に働くことから，クラッチ・ディスクが摩耗しても，ばね力が低下しない等の特徴がある。

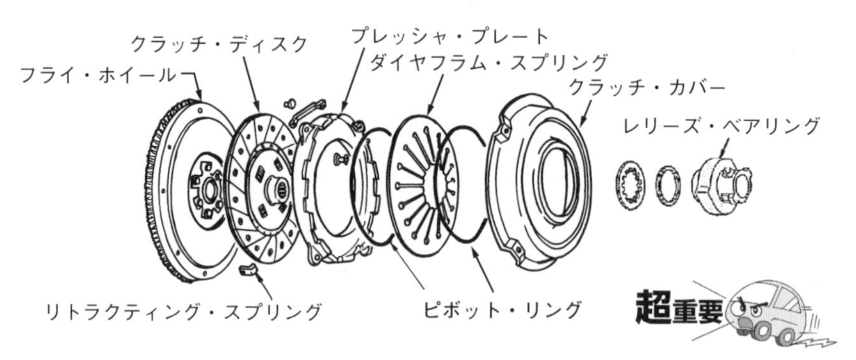

図2－1－4　クラッチ本体の構成部品

② クラッチの作動

ⓐ クラッチの接続時

クラッチ・ペダルを踏まない時は，図２－１－５－（１）のように，クラッチ・ディスクは，フライホイールとプレッシャ・プレートの間に大きな圧力で押し付けられており，エンジンの回転エネルギーはフライホイールを介してトランスミッションに伝えられている。

ⓑ クラッチの遮断時

クラッチ・ペダルを踏むと，図２－１－５－（２）のように，レリーズ・フォークが作動し，レリーズ・ベアリングが押され，ダイヤフラム・スプリングを介して，プレッシャ・プレートが引き上げられる。すると，強力な圧力で押されていたクラッチ・ディスクの画面に“すき間”ができ，フライホイールの回転が伝わらなくなり，動力は遮断される。

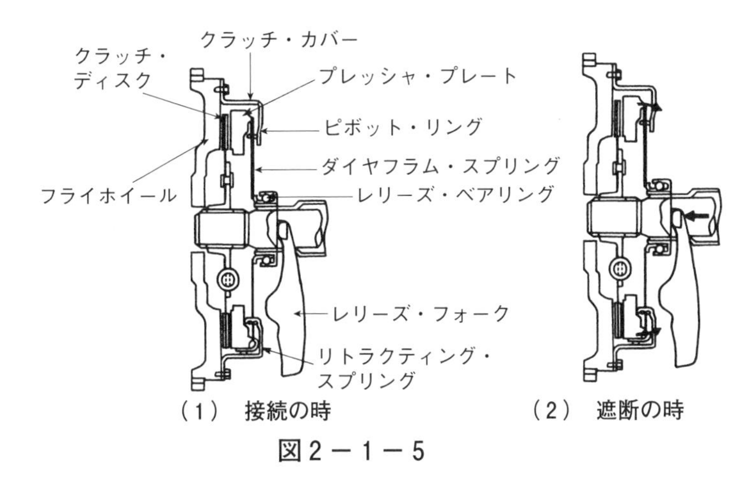

図２－１－５

③ クラッチ・ディスク

クラッチ・ディスクは図２－１－６のように，クラッチ・フェーシング，クッション・プレート，クラッチ・プレート，ダンパ・スプリングなどで構成されている。

クラッチ・フェーシングとクッション・プレート，クラッチ・プレートはリベット止めになっている。

ⓐ ダンパ・スプリング

クラッチ・プレート，スプライン・ハブに組み付けられており，エンジンや駆動輪からの動力が急激に伝えられたときに，大きな衝撃を弱くする作用をしている。

ⓑ　クラッチ・フェーシング

適当な摩擦係数をもち，耐摩耗性，温度変化に対しても摩擦係数の変化が少ない。重量当たりの引張り強さが大きい。

クラッチ・フェーシングの材料としては，結合剤にはフェーノール樹脂，基材にはガラス繊維，金属繊維，セラミック繊維，アラミド繊維，フェノール樹脂繊維などが使用されている。

重要

《クラッチ・ディスクの点検》

クラッチ・ディスクの振れは，ダイヤル・ゲージを用いて測定する。もし，振れが規定値を超えているようなら交換する。

また，クラッチ・フェーシングにオイルが付着していると，発進時に異常な振動などが発生することがあるので，次の点に注意する。

- トランスミッション・フロント・オイル・シール部からのオイル漏れの有無を確認する。
- オイル漏れを点検，修正した後はクラッチ・ディスクを交換する。
- クラッチ・フェーシングにオイルが付着してしまっていた場合は原則として交換する。

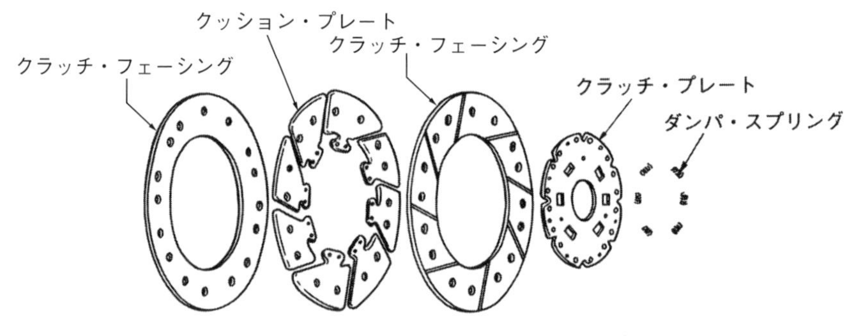

図2－1－6　クラッチ・ディスク

④　レリーズ・ベアリング

クラッチ・ペダルからの力を回転体のクラッチに伝達する働きをするのがレリーズ・ベアリングである。アンギュラ式ボール・ベアリングが用いられており，ベアリング・カラーに圧入されている。

（4）　クラッチの滑り

※滑りの兆候

　クラッチの滑りの兆候は，エンジンの故障と間違えやすい。この滑り状態のまま使用すると，フェーシングの摩耗，焼損が発生する。クラッチの滑りの兆候として，次のような項目がある。

ⓐ　スピードが出なくなる。燃料消費量が多く感じる。

ⓑ　走行中に加速しても，エンジンの回転速度に比べて加速が遅い。

ⓒ　登坂のときに，エンジンの回転は速いがスピードが出ない。

ⓓ　エンジンがオーバーヒートになりやすい。

重要

《クラッチの滑りの原因》

　a　クラッチ・ペダルの遊びがない。
☆ b　クラッチ・フェーシングへのオイルの付着。
☆ c　クラッチ・フェーシングの摩耗。
　d　プレッシャ・プレート，フライホイールのひずみ。
☆ e　クラッチ・スプリングの衰損。

（5）　クラッチの切れ不良

　クラッチ・ペダルを踏んでもクラッチが切れない状態のことをいう。

　原因には次のような項目が挙げられる。

《クラッチの切れ不良の原因》

　a　クラッチ・ペダルの遊びの過大。
　b　パイロット・ベアリングの摩耗，破損あるいは油脂きれ。
☆ c　クラッチ・ディスクの振れの過大。
　d　クラッチ・ディスクのハブ・スプラインの摩耗。
☆ e　クラッチ油圧系統へのエア混入。
☆ f　ダイヤフラム・スプリングの高さの不揃い。
☆ g　クラッチ・ディスクとクラッチ・シャフトのスプライン部のしゅう動※不良。

（※しゅう動：滑らせ動かすこと。）

(6)　クラッチ・ジッダ

半クラッチ状態で自動車を発進させると，びびり振動が発生すること。

※クラッチ・ジッダの原因
a　クラッチ・フェーシングの硬化。
b　ダンパ・スプリングの衰損，破損。
c　クラッチ・フェーシングの当たり不良，ディスクの振れ過大　など。

3．流体式クラッチ

エンジンの回転エネルギーをトランスミッションに伝えるときに，流体（オイル）を仲介して回転エネルギーを伝える装置を，流体クラッチという。流体クラッチの中で，エンジンの回転エネルギーをそのまま伝える構造になっている装置を，フルード・カップリングという。また，エンジンの伝える回転エネルギーよりもトルクを増やして伝える装置を，トルク・コンバータという。

(1)　フルード・カップリングの原理

扇風機を例にして考えてみる。図2－1－7のように2台の扇風機を向かい合わせて置く。扇風機Aには電源を供給し，スイッチを「オン」にする。扇風機Bはスイッチを「オフ」にする。この状態で，扇風機Aの羽根が回転を始め，風を送ると扇風機Bの羽根は回転する。このとき，扇風機Bの羽根は扇風機Aの羽根より大きなエネルギーで回転することはない。これをオイルで行っているのがフルード・カップリングの原理である。

この例だと，扇風機Aがエンジン，扇風機Bがトランスミッション側，風がオイルに相当する。

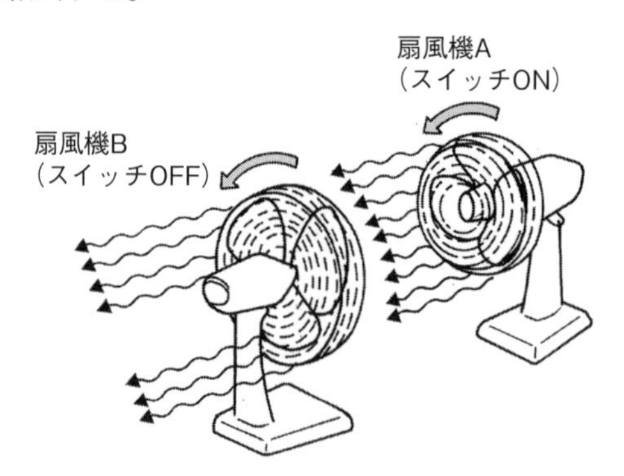

図2－1－7　フルード・カップリングの原理

（2）　トルク・コンバータの原理

再び扇風機を例にして考えてみる。図２－１－８のように２台の扇風機を向かい合わせて置き，扇風機Ａと扇風機Ｂの間に風洞を設ける。扇風機Ａに電源を供給し，スイッチを「オン」にすると，羽根が回転を始め風を送り出す。スイッチを「オフ」にした扇風機Ｂの羽根は送られてくる風により回転を始める。風は扇風機Ｂの羽根を回した後，まだ風圧が残っている。この残っている風圧を残留エネルギーという。この残留エネルギーを，風洞を通し再び扇風機Ａに送ることで，エネルギーを増加させて，扇風機Ｂの羽根を回転させることができる。このように，残留エネルギーを必要に応じて再利用する装置をトルク・コンバータという。

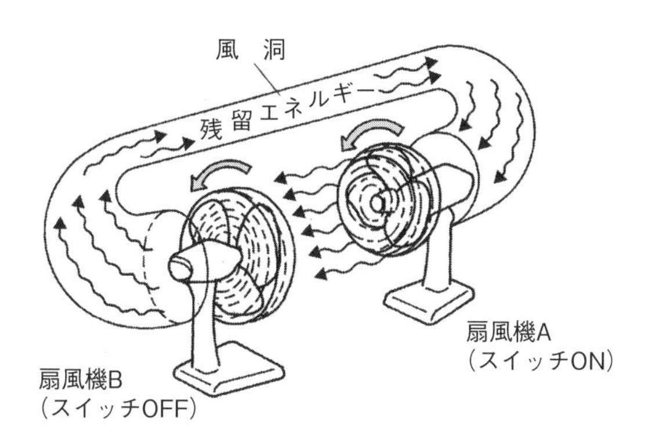

図２－１－８　トルク・コンバータの原理

(3)　トルク・コンバータ

エンジンからのトルク（動力）を変速機に伝える装置である。

各部の名称と位置をしっかり覚えよう！

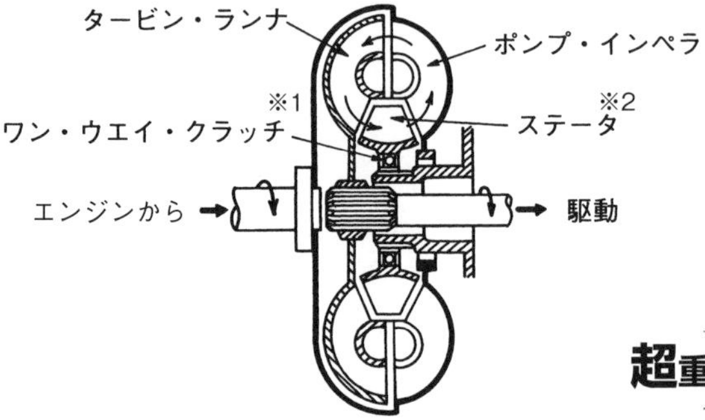

超重要

図2－1－9　トルク・コンバータ

※1　ワン・ウェイ・クラッチ：一方向にだけ回転を伝達するクラッチ。
動力の伝達が一方向のみに伝達し，他方向には空転して動力伝達できない作用をする。

※2　ステータ：ポンプ・インペラから飛び出したオイルが，タービン・ランナを回転させた後の残留エネルギーを再び**ポンプ・インペラ**に戻してトルクを増大させる作用をする。

☆　トルク・コンバータの作動

トルク・コンバータは，エンジンを始動するとエンジンと同期して，**ポンプ・インペラ**を回転させる。**ポンプ・インペラ**内部のオイルが遠心力により加速され，**タービン・ランナ**内に入り，これを回転させ，動力を伝達する。

4. トランスミッション

(1)　概要

自動車は，発進，低速走行，高速走行，後退，その他の路面状態などにより，エンジンの回転を減速して大きなトルクを必要とするときもある。

このような自動車の走行状態に応じて，ギヤの組み合わせを変える装置が**トランスミッション**（変速機）であり，大きく分けて以下の2つがある。

① **マニュアル・トランスミッション（ＭＴ）：**

➡自動車の走行状態を運転手が判断して，ギヤの組み合わせを変える装置。

② **オートマチック・トランスミッション（ＡＴ）：**

➡自動車の走行状態をコンピュータなどで判断して，自動的にギヤの組み合わせを変える装置。

（２） トランスミッションの種類

トランスミッションは，ギヤの組み合わせによりエンジンの回転トルクを変えている。このギヤの組み合わせには次のような方式がある。

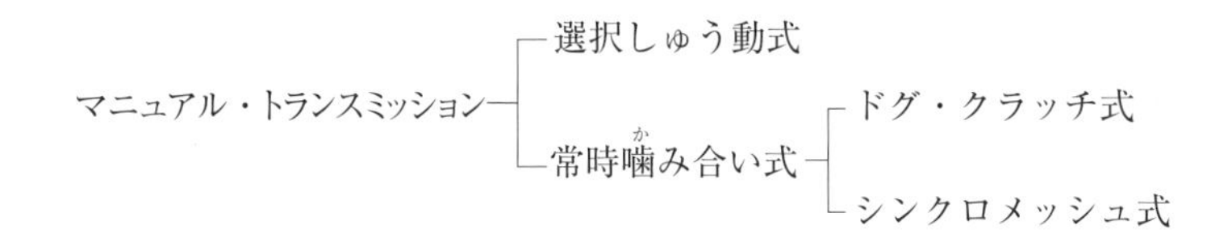

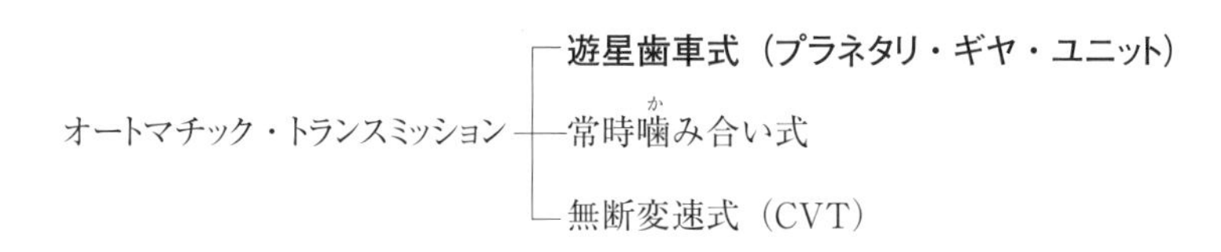

（３） トランスミッションの原理（ギヤ機構）

「トランスミッション」は，小さな歯車から大きな歯車へと回転が伝わると，トルクが大きくなる（一方，速度は遅くなる）というギヤの仕組みを利用している。これは，「てこの原理（＝小さな力で重いものを動かす）」と同様で，元々の力が小さかったとしても，ギヤの組み合わせによって大きな力を作ることが可能となる。

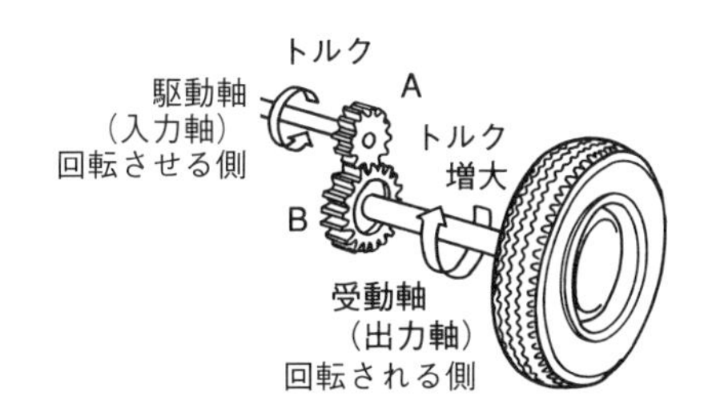

図２－１－10　ギヤＡとギヤＢの関係

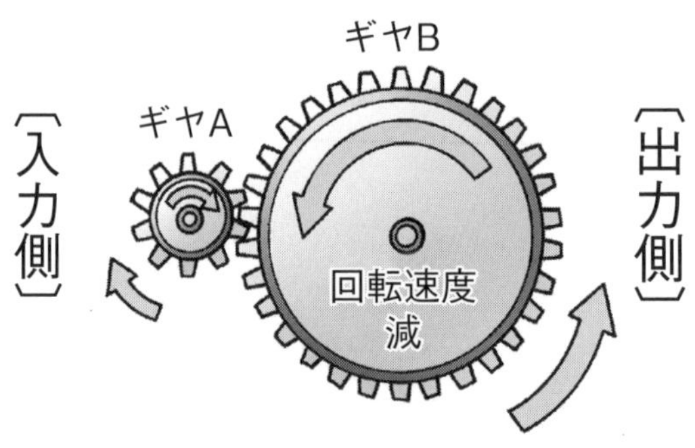

図2－1－11　トランスミッションの原理

図2－1－11のように，ギヤAとギヤBを組み合わせて回転エネルギーを伝える装置がトランスミッションである。歯数の少ないギヤAはエンジン（入力）側（＝駆動軸，回転させる側）になり，歯数の多いギヤBはホイール（出力）側（＝受動軸，回転させられる側）になる。

ギヤAを回転させるとギヤBは減速されて回転が遅くなるが，それに反比例してトルクは増大する。

この場合のギヤAの回転速度とギヤBの回転速度の比率を「**変速比**」という。変速比は，ギヤの回転速度又はギヤの歯数によって，次の式で表すことができる。

重要

◆変速比 ＝ ギヤAの回転速度 ÷ ギヤBの回転速度

又は

変速比 ＝ ギヤBの歯数 ÷ ギヤAの歯数

(4)　トランスミッションのトルクと回転速度

駆動軸（入力軸）の回転方向と受動軸（出力軸）の回転方向を同じにするには，２段階のギヤの噛み合わせが必要になる。駆動側のギヤの噛み合わせは常に一定で，受動側のギヤの噛み合わせを変えることで変速（ロー，セカンド，サード，トップ，バック※など）を行う。

（※バック・ギヤは，３段階の変速をして，受動軸側の回転方向を逆回転させている。）

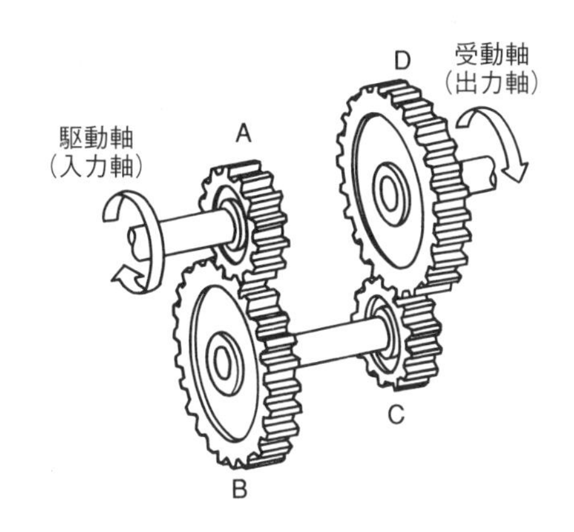

図２－１－12　ギヤの２段組み合わせ

ギヤＡを回すと，ギヤＤは２回減速される。

図２－１－13　ギヤＡ～Ｄの関係

2段の変速比

図2－1－12は，ギヤAとギヤB，ギヤCとギヤDを組み合わせて2回の減速となっている。（**1段目の変速比は，ギヤAとギヤBの噛(か)み合い，2段目の変速比は，ギヤCとギヤDの噛み合いである。**）

ギヤA〜Dを組み合わせた場合の変速比は，次の式で表すことができる。

$$\textbf{総合（2段）変速比} = \frac{\text{ギヤBの歯数}}{\text{ギヤAの歯数}} \times \frac{\text{ギヤDの歯数}}{\text{ギヤCの歯数}}$$

$$= \frac{\text{ギヤBの歯数} \times \text{ギヤDの歯数}}{\text{ギヤAの歯数} \times \text{ギヤCの歯数}}$$

出力側の受信軸トルクと出力側の回転速度は，それぞれ次の式で表すことができる。

☆**受動軸のトルク ＝ 駆動軸のトルク × 変速比**
（出力側トルク）　（入力側トルク）

☆**受動軸の回転速度 ＝ 駆動軸の回転速度 ÷ 変速比**
（出力側回転速度）　（入力側回転速度）

（5） トランスミッションの動力伝達経路

基本的な前進4段トランスミッションの動力伝達経路は次図のとおりで，右から順に1速～4速の並びとなる。

動力は，（エンジン側の）クラッチ・シャフト➡カウンタ・シャフト➡メーン・シャフトの順番で伝わっていく。

◆第1速～第4速までの動力伝達経路◆

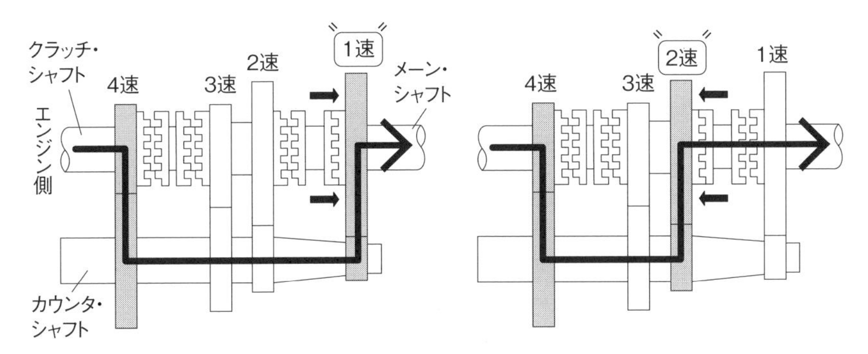

第1速の動力伝達経路

第2速の動力伝達経路

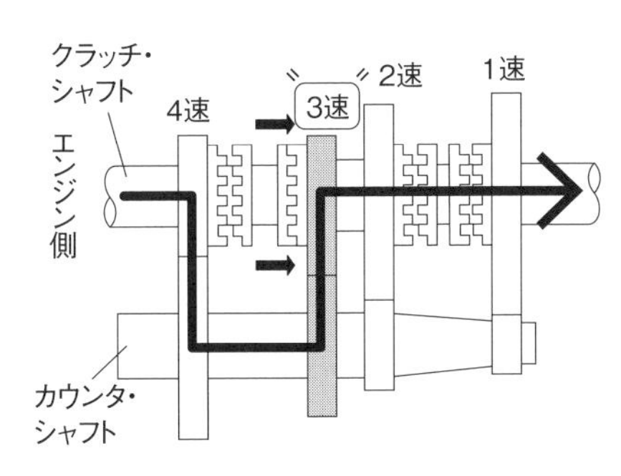

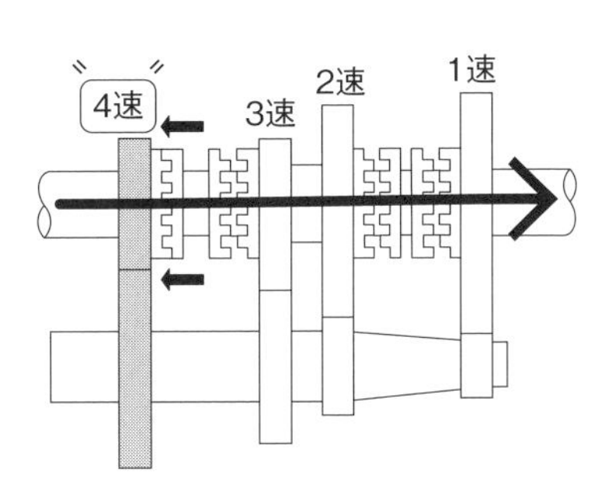

第3速の動力伝達経路

第4速の動力伝達経路

5. マニュアル・トランスミッション（MT）

（1） 概要

自動車の走行状態に応じて運転手がシフト・レバーを操作して，最も良いギヤの組み合わせにする装置であり，円滑，確実に操作される必要がある。

（2） マニュアル・トランスミッション本体

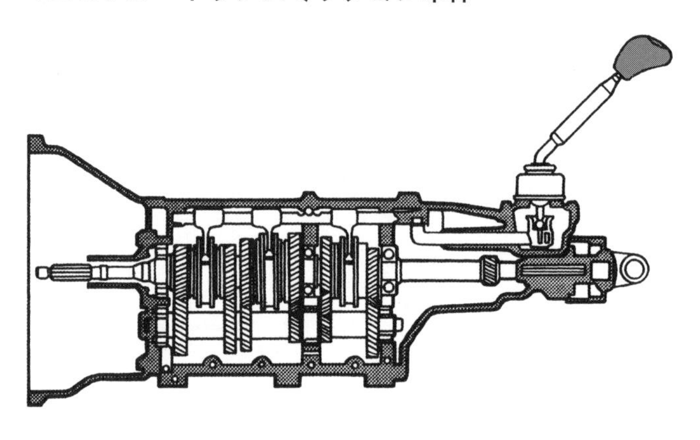

図2－1－14　マニュアル・トラスミッション

上図は，マニュアル・トランスミッションの前進5段，後退1段のシンクロメッシュ式トランスミッションである。このトランスミッションは，ケースの中に多くのギヤが組み付けられており，シフト・レバーを操作することでそれぞれのギヤの組み合わせができるようになっている。ケースは一般にはアルミニウム合金製が使用されているが，鋳鉄製のものもある。

(3)　前進5段のキー式シンクロメッシュ機構

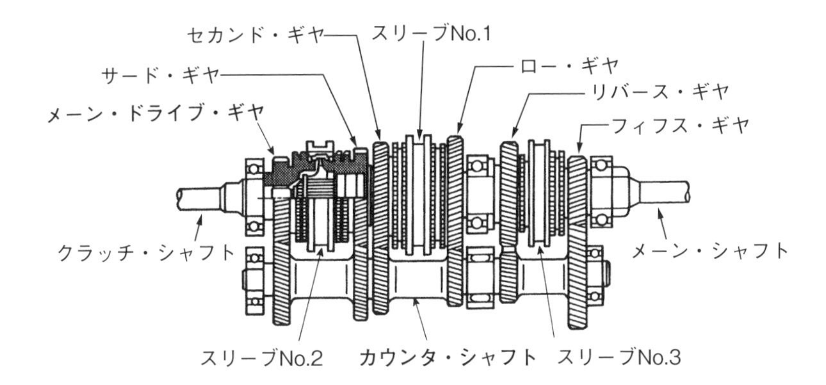

図2－1－15　前段5段のキー式シンクロメッシュ機構

上図は，前進5段のキー式シンクロメッシュ機構である。クラッチ，シャフト，カウンタ・シャフト，メーン・シャフト，スリーブNo.．1～3，その他多くのギヤの組み合わせになっている。

① クラッチ・シャフト

⇒ クラッチから伝えられた動力を受ける最初のシャフトである。

② **カウンタ・シャフト**

⇒ クラッチ・シャフトが受けた回転エネルギーをメーン・シャフトに伝える役目をしている。

③ メーン・シャフト

⇒ メーン・シャフトには，ロー・ギヤ，セカンド・ギヤ，サード・ギヤ，フィフス・ギヤ，リバース・ギヤが取り付けられている。

④ スリーブ

⇒ シフト・レバーを操作するとスリーブが移動して目的のギヤの組み合わせになる。

ⓐ スリーブ No．1

⇒ スリーブ NO．1がメーン・シャフト方向に移動すると，ロー・ギヤに動力が伝えられ，第1速（ロー）になる。

ⓑ スリーブ NO．2

⇒ スリーブ NO．2がメーン・シャフト方向に移動すると，サード・ギヤに動力が伝えられ，第3速（サード）になる。

スリーブ NO. 2がクラッチ・シャフト方向に移動すると，メーン・ドライブ・ギヤに動力が伝えられ，第4速（トップ）になる。

ⓒ　スリーブ NO. 3

⇒　スリーブ NO. 3がメーン・シャフト方向に移動すると，フィフス・ギヤに動力が伝えられ，第5速（ハイ・トップ）になる。

スリーブ NO. 3がクラッチ・シャフト方向に移動すると，リバース・アイドル・ギヤ，リバース・ギヤに動力が伝えられ，後退（バック）になる。

（4）　キー式シンクロメッシュ機構

マニュアル・トランスミッションで変速するとき，回転速度の違う2つの軸をシンクロ（＝同期）させる装置を**シンクロメッシュ機構**という。

キー式シンクロメッシュ機構は，シンクロナイザ・キー（部品）でシンクロナイザ・リングを押してシンクロ（＝同期）させる装置をいい，下図のような部品で構成されている。

各部の名称と位置をしっかり覚えよう！
特に☆印は要注意！

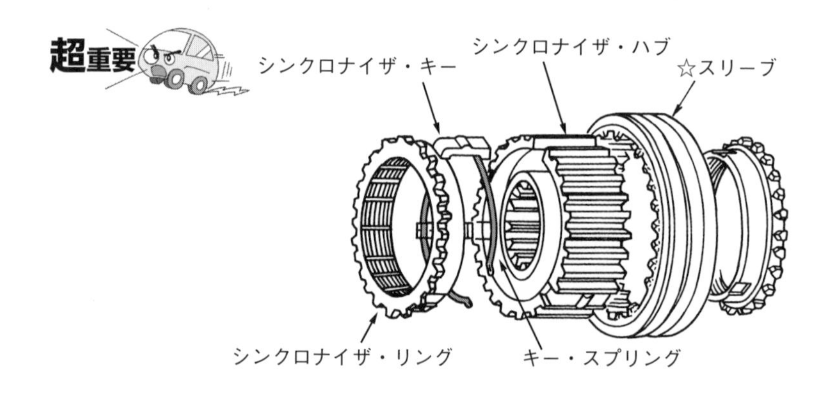

図2－1－16　キー式のシンクロメッシュ機構

ⓐ　**シンクロナイザ・リング**

⇒　各ギヤ（ロー・ギヤ，セカンド・ギヤなど）のコーン部に当たって回転速度を同じにするクラッチ作用をする。

内周には溝が設けられている（油切りと面圧を高めるため）。

ⓑ　シンクロナイザ・キー

⇒　シンクロナイザ・ハブの外周に3つある溝の中をメーン・シャフトの軸方向に動いて，その端面でシンクロナイザ・リングを押す役目をする。図2－1－16より，上部中央に突起があり，スリーブとかみ合うようになった四角い部品である。シンクロナイザ・リングを押す役目をする。

ⓒ　キー・スプリング

⇒　シンクロナイザ・キーをスリーブに押し付ける働きをする。アルファベットの「C」に似た形状をしたリング状のばねである。

ⓓ　**シンクロナイザ・ハブ**　重要

⇒　シンクロナイザ・ハブ内面のスプラインにより，メーン・シャフトにかん合している。動力をプロペラ・シャフトに伝える働きをする。

ⓔ　**スリーブ**

⇒　スプラインによって，シンクロナイザ・ハブの外周にかん合している部品。シフトレバー操作により動かされ，シンクロナイザ・キーを押して目的のギヤとかみ合う。

(5)　シンクロメッシュの作動

図2－1－17は，シンクロメッシュ機構のトランスミッションであり，第4速で走行中，第3速に変速するときの作動を表わしている。

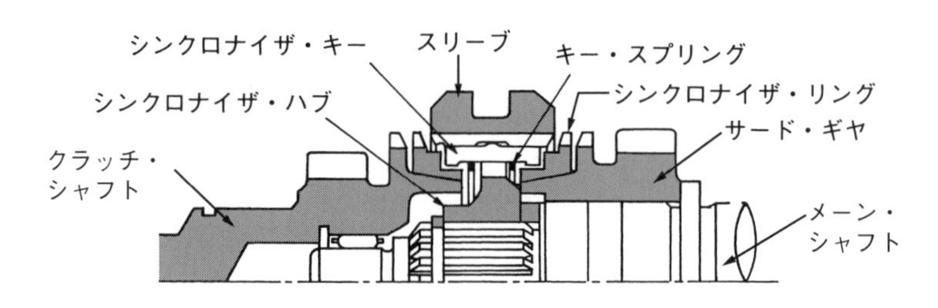

図2－1－17　シンクロメッシュの作動

①　作動1

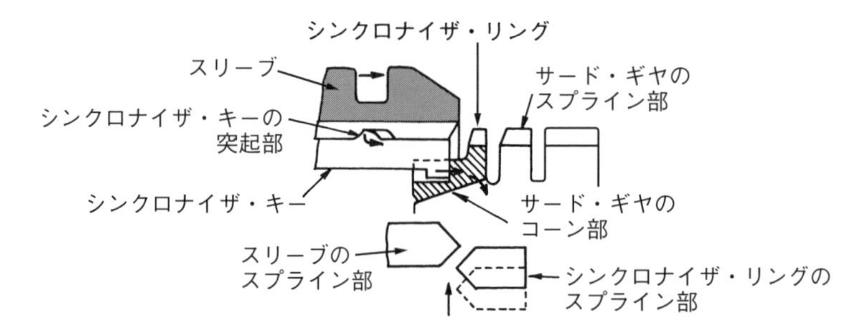

図2－1－18　シンクロメッシュの作動1

シフト・レバーを第4速から第3速に操作すると，図2－1－18のようにスリーブが右方向（メーン・シャフト）に移動する。スリーブが移動すると突起部のあるシンクロナイザ・リングも右方向に押され，サード・ギヤのコーン部に摩擦が発生する。この発生した摩擦により回転速度の違うシンクロナイザ・リングとサード・ギヤが徐々に同じ回転速度に近づいていく。このときは，スリーブのスプライン部とシンクロナイザ・リングのスプライン部はズレている状態である。

② 作動2

作動1より更にスリーブが移動すると，図2－1－19のようにスリーブがシンクロナイザ・キーを超えて直接シンクロナイザ・リングに当たる。これでサード・ギヤのコーン部には大きな摩擦力が発生し，スリーブとサード・ギヤの回転速度を同じにする。このときに，スリーブのスプライン部とシンクロナイザ・リングのスプライン部は一致する。

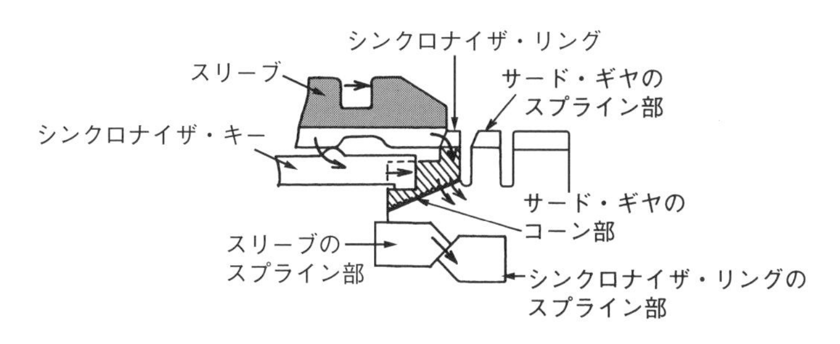

図2－1－19　シンクロメッシュの作動2

③ 作動3

サード・ギヤ，シンクロナイザ・リング，スリーブの3つが同じ回転になると，図2－1－20のようにスリーブが移動して，シンクロナイザ・リングのスプライン部，サード・ギヤのスプライン部に噛み合って同じ回転速度になりシフトが完了する。

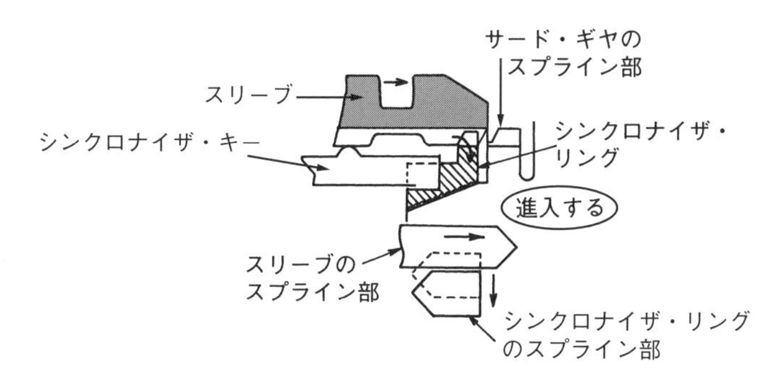

図2－1－20　シンクロメッシュの作動3

☆（6）インタロック機構

ギヤシフトの時に同時に2種類のギヤにシフトされないようにする装置であり，二重かみ合い防止装置ともいう。

☆（7）ギヤ抜け防止装置

シフトしたギヤが振動や衝撃によって，抜けないようにする装置。**ロッキング・ボール**を用いてギヤ抜けを防ぐものなどがある。

試験注意！

インタロック機構とギヤ抜け防止装置の内容説明につき混同に注意！

6．オートマチック・トランスミッション（AT）

（1）概要

スタート，低速，高速などの走行状態やエンジンの回転数に応じて自動的に変速比を切り替える自動変速機のことをオートマチック・トランス・ミッションといい，次のような特徴がある。

① クラッチ・ペダルが不要なため，MTのように走行状態に応じた頻繁な変速をする必要がなく，運転者の負担が軽い。

② 発進，加速などがスムーズに行われる。

（2）オートマチック・トランスミッションの構成

次図のようにトルク・コンバータ※，プラネタリ・ギヤ・ユニット，油圧制御装置で構成されている。

※ トルク・コンバータ
⇒ エンジンの回転エネルギーをプラネタリ・ギヤ・ユニットに伝えるクラッチの役目と，回転エネルギーを増大する作用もある。

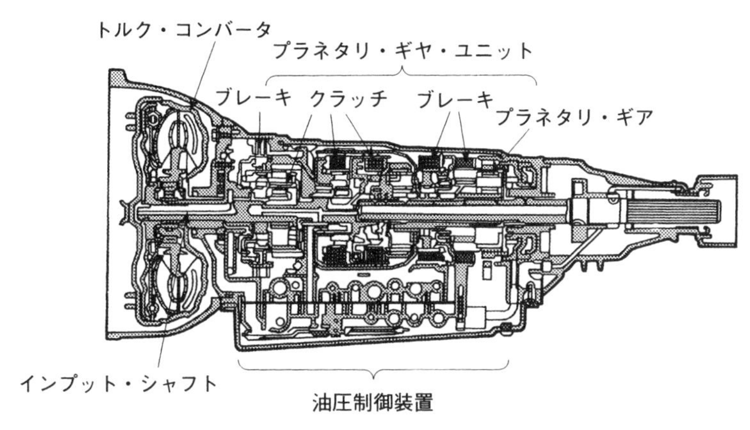

図2－1－21　オートマチック・トランスミッション

(3)　プラネタリ・ギヤ・ユニット（遊星歯車式）

走行状態に応じてクラッチ，ブレーキ，ワンウェイ・クラッチが作動して必要なトルクを発生させる。

①　プラネタリ・ギヤ（遊星歯車）

AT車の変速ギヤとして使用されるのがプラネタリ・ギヤである。「遊星歯車」とも言われる由来としては，中央に太陽に似せた「サン・ギヤ」（Sun＝太陽）を配置して，まるでその周りを回る遊星（planet＝遊星※）のように「プラネタリ・ピニオン（ピニオン・ギヤ）」が見えることによる。

（※遊星＝惑星）

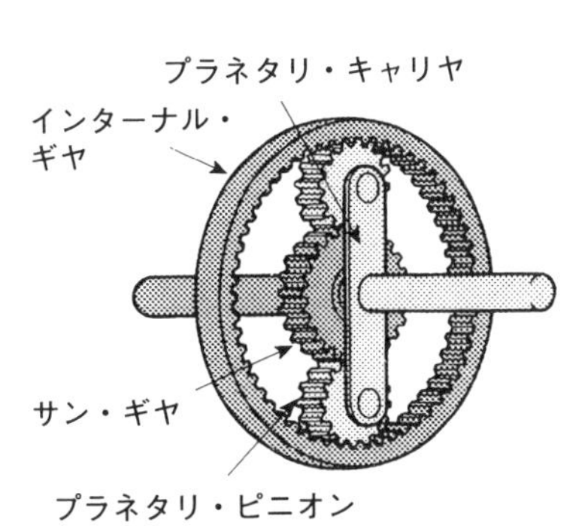

図2－1－22　プラネタリ・ギヤ

②　プラネタリ・ギヤの作動原理

サン・ギヤ，インターナル・ギヤ，プラネタリ・キャリヤのいずれかを入力，出力，固定に設定すると，減速作用，増速作用，逆回転作用となる。

ⓐ　減速作用（＝減速回転）　**重要**

⇒　入力側の回転速度より出力側の回転速度を遅くする作用である。減速作用のときは，スピードは遅くても大きな回転トルクを必要とするときに有効である。

減速作用は，図2－1－23のように入力は**インターナル・ギヤ**，出力は**プラネタリ・キャリヤ**，固定はサン・ギヤに設定する。

この場合，**プラネタリ・キャリヤ**の回転は，**インターナル・ギヤ**の回転に対して**減速回転**となる。

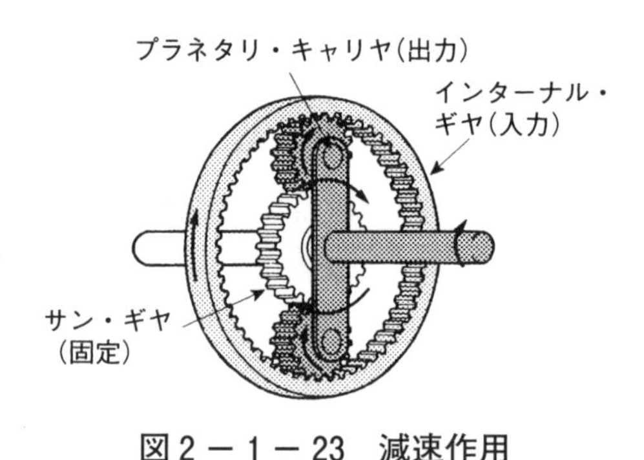

図2－1－23　減速作用

ⓑ　増速作用　**重要**

⇒　入力側の回転速度より出力側の回転速度を早くする作用である。増速作用のときは，回転トルクは弱くても高速回転を必要とするときに有効である。

増速作用は，図2－1－24のように入力は**プラネタリ・キャリヤ**，出力は**インターナル・ギヤ**，固定は**サン・ギヤ**に設定する。

この場合，インターナル・ギヤとサン・ギヤの歯数を加えたものとインターナル・ギヤの歯数との比で**増速回転**となる。

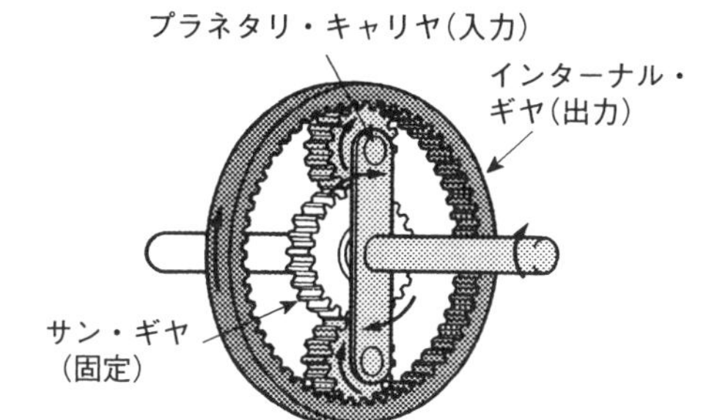

図2－1－24　増速作用

ⓒ　逆回転作用（逆回転の減速回転）

⇒　入力側の回転方向と出力側の回転方向が逆になる作用である。自動車を後退するときに必要となる。

逆回転作用は，図2－1－25のように入力はサン・ギヤ，出力はインターナル・ギヤ，固定はプラネタリ・キャリヤに設定する。

この場合，**インターナル・ギヤ**の回転は，**サン・ギヤ**の回転に対して**逆回転方向の減速回転**となる。

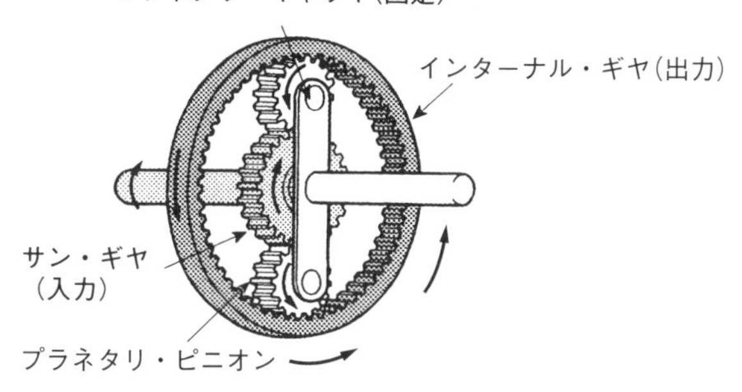

図2－1－25　逆回転作用

（4）　油圧制御装置

⇒　走行状態によって，トランスミッション各部へ圧送する油圧，油量などを制御する装置である。

油圧制御装置は，図２－１－26のようにオイル・ポンプ，トルク・コンバータ，その他多くのバルブなどで構成されている。

オイル・ポンプから送り出される高圧縮された作動油は，レギュレータ・バルブを通過してトルク・コンバータ，プラネタリ・ギヤ・ユニット内の各クラッチや各ブレーキなどに送られ，変速を行う。

油圧制御装置には，オートマチック・トランスミッション・フルード（ＡＴＦ）という油が使用されている。

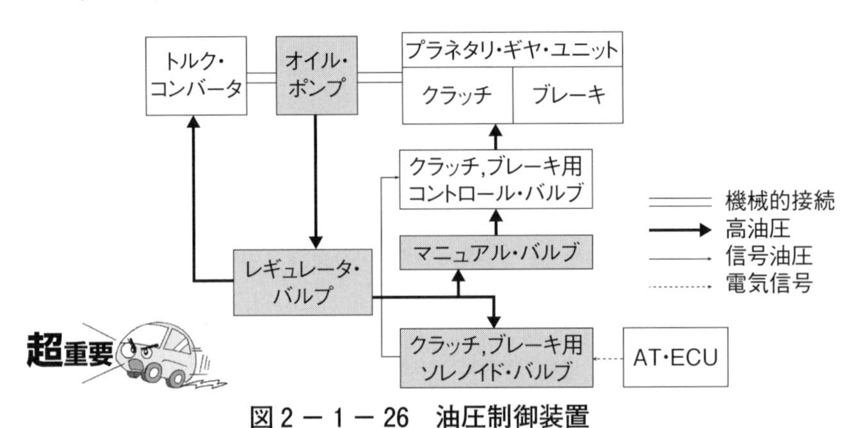

図２－１－26　油圧制御装置

ⓐ　オイル・ポンプと各バルブ

㋑　**オイル・ポンプ**　重要

⇒　**エンジンのトルク・コンバータのポンプ・インペラと共にエンジン（の動力）によって駆動され，**オイルに高い圧力を加えて送り出す装置である。

㋺　レギュレータ・バルブ

⇒　オイル・ポンプから送られてきた高圧のオイルを走行状態に応じた圧力に調整して各装置に送り出すバルブである。

㋩　マニュアル・バルブ

⇒　運転手がシフト・レバーを操作して，Ｐ（パーキング），Ｒ（リバース），Ｎ（ニュートラル），Ｄ（ドライブ），２（セカンド），Ｌ（ロー）などに設定したときに作動するバルブで，各シフト・バルブへの油路を決めている。

7．プロペラ・シャフト

（1）　概要

トランスミッションからの回転動力をリヤ・アクスルに伝える働きをしており，下図のように車体の中央を前後に走る回転軸がプロペラ・シャフトである。一般的に，ＦＲ（フロントエンジン・リヤドライブ）方式に最も多く用いられる。

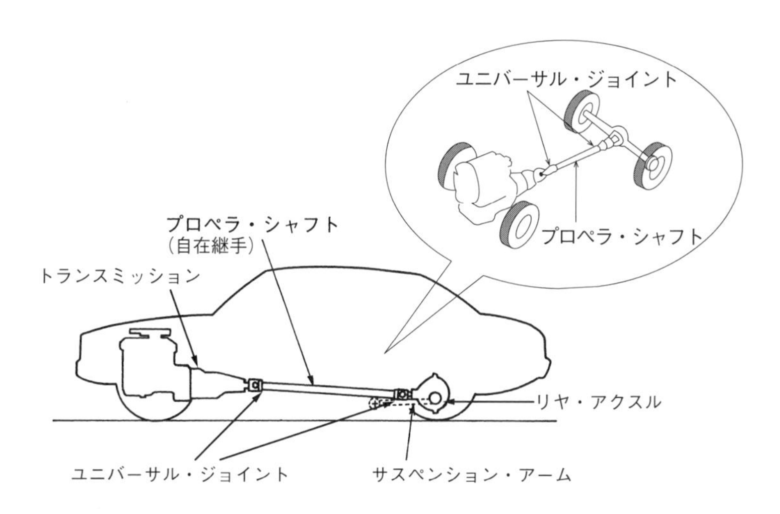

図２－１－27　プロペラ・シャフトとユニバーサル・ジョイント

(2) プロペラ・シャフトの構成

図2－1－28のように両側にユニバーサル・ジョイントが接続される構造になっている。

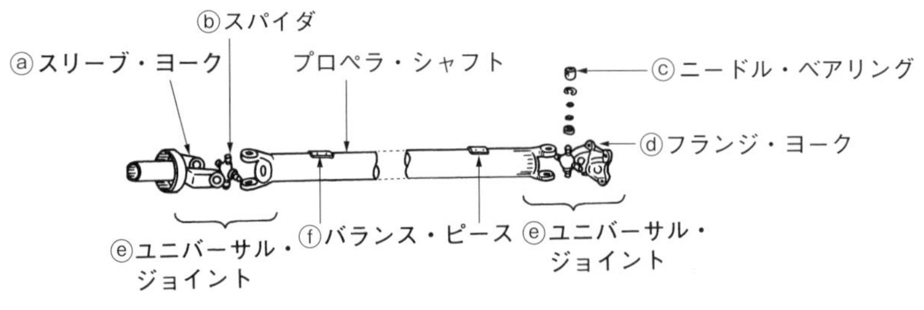

図2－1－28 プロペラ・シャフトの構成

プロペラ・シャフトには，耐久性が求められるため**鋼管**が使用されているが，その他に軽量化のために**カーボン素材**を用いたものも存在する。

ⓐ **スリーブ・ヨーク** ☆

軸方向に移動できる構造で長さの変化に対応する役目もしている。

ⓑ スパイダ

十字（じゅうじ）構造で，スリーブ・ヨークからプロペラ・シャフトへ回転動力を伝える。

ⓒ ニードル・ベアリング

スパイダに取り付けられ，フランジ・ヨークの振動に対応して動きを滑らかにする。

ⓓ フランジ・ヨーク

ホイールを駆動する側に取り付けられ，プロペラ・シャフトの回転動力をホイールに伝える。

ⓔ ユニバーサル・ジョイント

駆動軸と受動軸の取り付け角度が変化しても円滑に回転動力を伝えることができる機構である。

ⓕ **バランス・ピース（バランス・ウェイト）** ☆

プロペラ・シャフトの回転による振動を防止するための重り。

製作時に回転時のバランスを取るために取り付けられる。

(3) プロペラ・シャフトの接続

自動車が走行すると，路面の凹凸によりトランスミッションや駆動輪が変動するため，プロペラ・シャフトも変動する。プロペラ・シャフトは，これらの変動によって取り付け位置や角度が変化しても，伸びたり縮んだり動いたりしながら回転を円滑に伝達できる。

プロペラ・シャフト部が伸びたり縮んだりするときは，スプライン・ジョイントが役目を果たし，軸方向への長さの変化は，スリーブ・ヨークが調整し，伝達角度変化のときはユニバーサル・ジョイントが調整する。

トランスミッションから駆動輪までの距離が長い大型車やロングボディ車などはプロペラ・シャフトが共振することを防ぐため，図2－1－29のようにプロペラ・シャフトを3本または2本に分割して使用する。

分割したプロペラ・シャフトは，センタ・ベアリングで支持している。センタ・ベアリングはプロペラ・シャフトの回転時の振動をフレームに伝えないように，ゴムを介して取り付けられる。

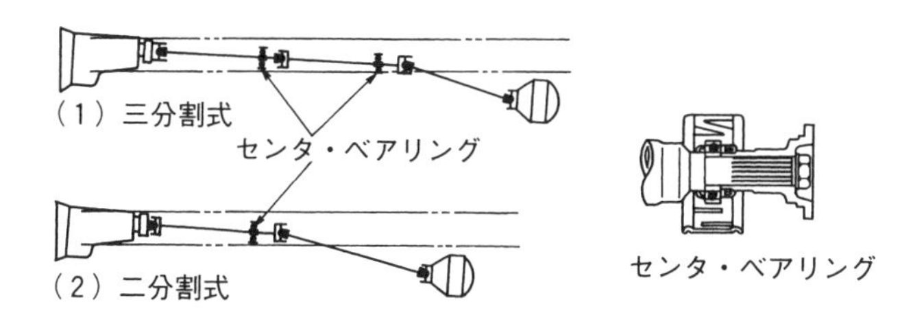

図2－1－29　プロペラ・シャフトの接続

(4) ユニバーサル・ジョイント（自在継手）

取り付け角度が変化しても円滑に回転して動力を伝達することができ，上下左右に滑らかに動く構造となっている軸継手である。フック・ジョイントと等速ジョイントがある。

① フック・ジョイント

構造が簡単で加工が容易，摩擦も少なく小型軽量で負荷能力が大きいという特徴がある。

フック・ジョイントは，図2－1－30のような部品で構成されている。

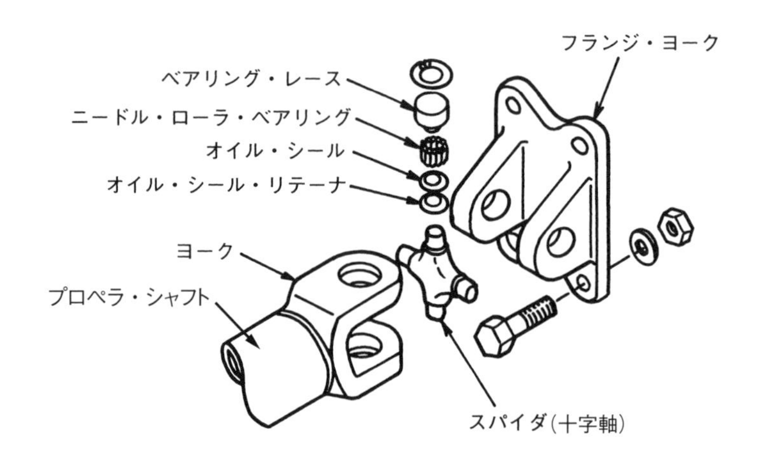

図2－1－30　フック・ジョイント

② フック・ジョイントの取り付け

プロペラ・シャフトは図2－1－31のように，駆動軸（エンジン側）と受動軸（ホイール側）が一直線でない。この角度は常に変動しながら動力を伝達する。

フック・ジョイントは駆動軸が一定速度で回転していても，スパイダの4点で動力を伝達するため，受動軸の角速度は一定にならない。

角速度の変動は，プロペラ・シャフトと駆動軸（または受動軸）の交差する角度によって変化する。

角度変化を吸収するには，フック・ジョイントを2か所設け，フック・ジョイントのヨークの向きを同じにすることで，プロペラ・シャフトに生じる回転速度変動が打ち消され，円滑に動力伝達ができる。

駆動軸とプロペラ・シャフトのなす角度（プロペラ・シャフトと受動軸のなす角度も同じ）が大きくなり過ぎると，ヨークの向きを同じにしても，回転速度変動を吸収することができなくなる。このように駆動軸が一定速度で回転しても，回転速度変動が発生するフック・ジョイントは，不等速ジョイントである。

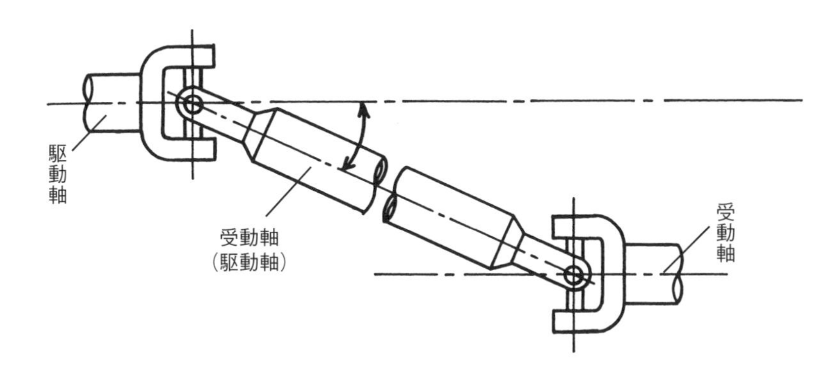

図2－1－31　フック・ジョイントの取り付け

③　等速ジョイント

駆動軸と受動軸の間に速度変化のないジョイントを等速ジョイントという。構造は複雑になるが駆動軸と受動軸のトルク伝達が円滑に行われる。

等速ジョイントには，バーフィールド型ジョイント，トリポート型ジョイントがある。

ⓐ　バーフィールド型ジョイント

図2－1－32のように，**アウタ・レース**（外輪），**インナ・レース**（内輪），**ボール・ケージ**と6個の**ボール**で構成されている。

アウタ・レースとインナ・レースにはボールが移動できるように案内溝が設けられている。

駆動軸と受動軸が一直線状態の場合，ボールは動かないで回転動力を伝達する。

駆動軸と受動軸の二軸間に特定の角度があって回転する場合，アウタ・レース及びインナ・レースの球面は，それぞれの溝方向に滑りながら角度を変え，レース間に挟まれたボールが案内溝の中を転動しながら動力を伝達する。

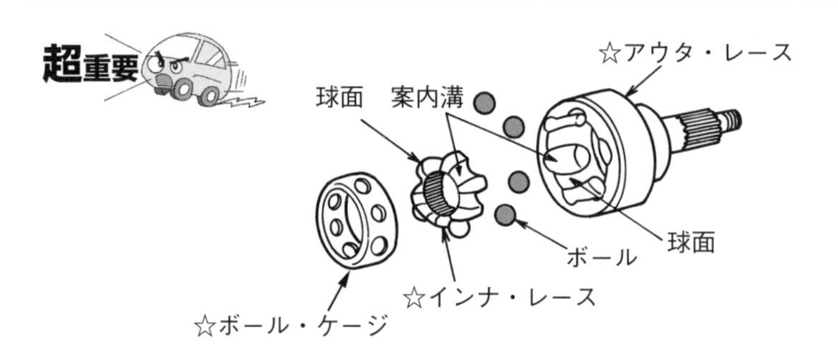

図2－1－32　バーフィールド型ジョイント

ⓑ　トリポード型ジョイント

図2－1－33のように，**ハウジング**，3個の**ローラ**，**スパイダ**などで構成されている。駆動軸と受動軸が1直線状態のときは，ハウジング内に組み込まれているローラは動かないで動力を伝達する。

駆動軸と受動軸の二軸間にある角度があって回転するときは，ハウジング内に設けられた案内溝でローラが転動しながら動力を伝達する。

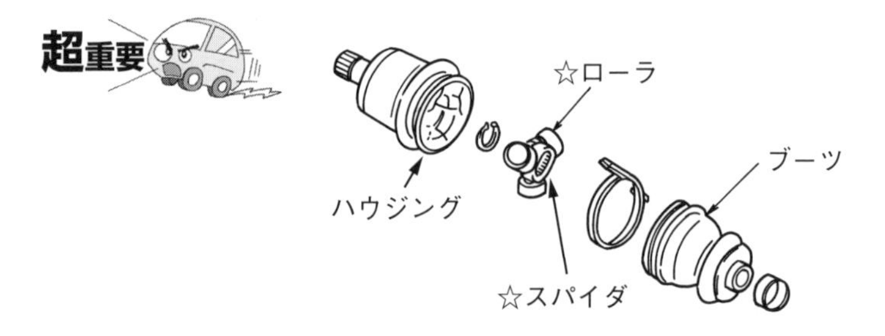

図2－1－33　トリポード型ジョイント

試験注意！
トリポード型とバーフィールド型の構成部品を混同しないようにネ！

8. ファイナル・ギヤとディファレンシャル・ギヤ 重要

（1）概要

ファイナル・ギヤとディファレンシャル・ギヤは一組になってギヤ・キャリアに収納されている。前者は，**最終的な減速を行うことから終減速装置ともいい**，後者は，例えばカーブを曲がる時などに，自動車の内側タイヤと外側タイヤの内輪差が生じた際，この左右タイヤの回転差を吸収し，滑らかに曲がれるようにするといった働きをする装置の事をいい，差動装置とも呼ばれている。

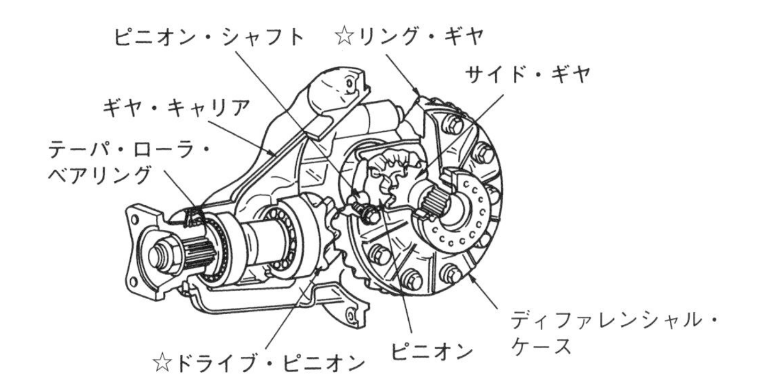

図２－１－34　ファイナル・ギヤとディファレンシャル・ギヤ

ドライブ・ピニオン 重要

☆ リング・ギヤ（という歯車）と噛み合って，プロペラ・シャフトからの回転動力をリング・ギヤに伝える歯車。

☆ **ドライブ・ピニオンは，ギヤ・キャリヤに対し，前と後ろからテーパ・ローラ・ベアリングで支えられている。**

（2）ファイナル・ギヤ

最終減速歯車のことを**ファイナル・ギヤ**といい，プロペラ・シャフトの回転動力を直角方向に変える作用および，最終的に減速して駆動輪のトルク（回転力）を増加する作用がある。

プロペラ・シャフト側のドライブ・ピニオンとリヤ・シャフト側のリング・ギヤで構成される減速装置である。

☆ **ファイナル・ギヤには，スパイラル・ベベル・ギヤ又はハイポイド・ギヤ**

が用いられている。

試験注意

ファイナル・ギヤを構成する**ドライブピニオン，リング・ギヤ**にも当然，スパイラル・ベベル・ギヤ又はハイポイド・ギヤが用いられる。

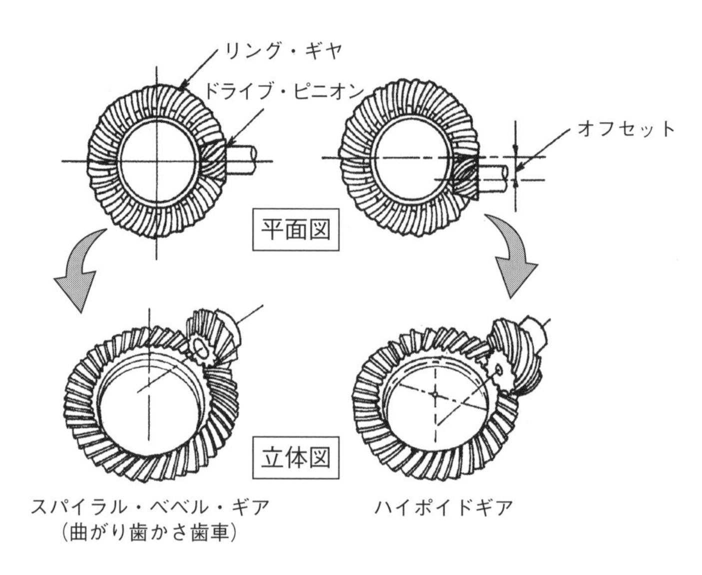

図2－1－35　ファイナル・ギヤ

リング・ギヤの中心とドライブ・ピニオンの中心線が一致するものが**スパイラル・ベベル・ギヤ**である。歯すじを曲線状にすることで，歯と歯の接触面積が大きくなり強度が増す。

リング・ギヤの中心とドライブ・ピニオンの中心線が一致しないものが**ハイポイド・ギヤ**である。こちらは**ドライブ・ピニオンとリング・ギヤの軸中心をオフセットさせて噛み合わせている。**

①　ファイナル・ギヤの減速比

ファイナル・ギヤは，ドライブ・ピニオンの動力をリング・ギヤに伝えることで減速される。ここは最終的な減速をすることから，**終減速比**ともいい，次の式で計算することができる。

$$\text{終減速比} = \frac{\text{ドライブ・ピニオンの回転速度}}{\text{リング・ギヤの回転速度}}$$

$$= \frac{\text{リング・ギヤの歯数}}{\text{ドライブ・ピニオンの歯数}}$$

試験注意！

終減速比は，リング・ギヤの歯数をドライブ・ピニオンの歯数で除した値だよ！

終減速比の値は，乗用車は3～6，バスやトラックは4～8が一般的になっている。

② スパイラル・ベベル・ギヤ

図2－1－35の左側のように，ドライブ・ピニオンの軸中心線とリング・ギヤの中心線が同じものをいう。スパイラル・ベベル・ギヤは，かさ歯車の一種で，それとかみ合う冠歯車の歯すじが曲線になっている。歯と歯の接触面積が大きく強度も大きいうえに，回転が円滑で騒音が少ない。製作も比較的容易であるため，中型，大型トラックに用いられている。

③ ハイポイド・ギヤ

図2－1－35の右側のように，ドライブ・ピニオンの軸中心線とリング・ギヤの中心線がズレているものをいう。この中心線のズレがオフセットである。オフセットは，リング・ギヤ直径の10～20％である。ハイポイド・ギヤにはスパイラル・ベベル・ギヤと比較すると次のような特徴がある。

㋑ ドライブ・ピニオンのオフセットにより，プロペラ・シャフトの位置が低くなり，重心が下がり走行安定性が向上する。

㋺ 減速比と大きさが同じリング・ギヤのときは，スパイラル・ベベル・ギヤと比べてドライブ・ピニオンを大きくできるので，歯の接触面積が増えて強度が増す。

㋩ 潤滑油には，ハイポイド・ギヤ・オイルを使用する。

④ ドライブ・ピニオンとリング・ギヤの歯当たりと調整

図2－1－36のように，リング・ギヤの歯面の3～4箇所に光明丹を薄く塗布し，リング・ギヤを手で押さえ，軽くブレーキを掛けるようにしながら，ドライブ・ピニオンを前進，後退方向に数回動かして（回転させて），歯の当たった部分の状態により判断する。当たり結果より，図2－1－36（2）～（5）のように正しくない歯当たりでは，ドライブ・ピニオンおよびリング・ギヤを矢印の方向に調整する。

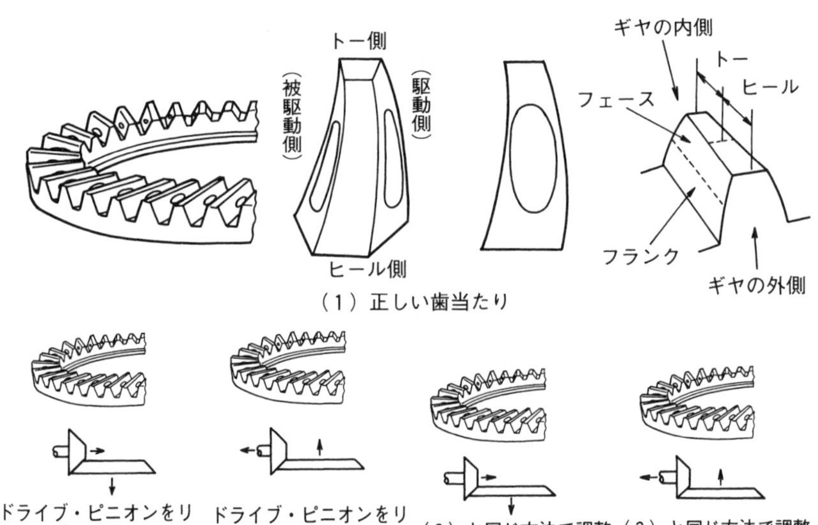

図2－1－36 歯当りと調整

⑤ ファイナル・ギヤの測定，調整など **重要**

・ドライブ・ピニオンとリング・ギヤのバックラッシュ（ギヤ間の遊び部分，つまり，すき間）は，**ダイヤル・ゲージ**（P112参照）を用いて測定する。適切なバックラッシュは，一対の歯車が円滑に回転するにために必要である。

・ドライブ・ピニオンのプレロード[※1]の測定は，**プレロード・ゲージ**を用いて測定する。

また，**塑性スペーサ**[※2]を用いてドライブ・ピニオンのプレロードの調整を行い，プレロードが大き過ぎた場合，スペーサを新品と交換してやり直す必要がある。

プレロードにも適正な値があり，値が大き過ぎればベアリングに負担が過度に掛かり，焼き付きの原因となる。逆に，値が小さ過ぎれば，負荷が掛かった時に騒音やガタが出る原因となる。

図2－1－37　バックラッシュの測定

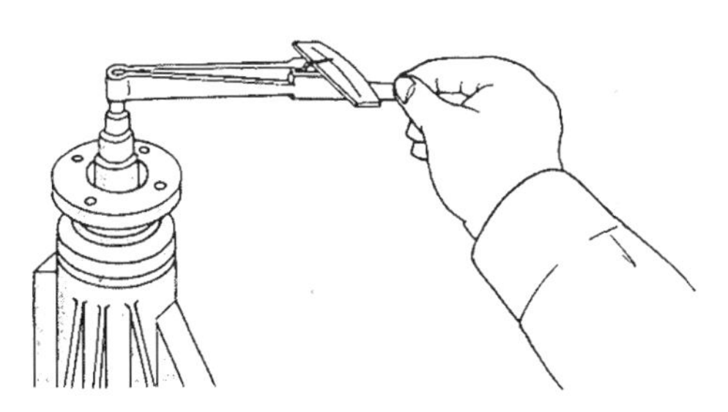

図2－1－38　プレロード・ゲージによるプレロード測定

※1　プレロード（pre-load）：
プレ（pre-）が事前の，ロード（load）が荷重という意味。
あらかじめ機械部品に負荷を与えておく予荷重，予圧のことである。
適切なプレロード調整が加えられていないと，走行中に生じる様々な負荷により，変形やガタが発生する要因となる。

※2　塑性スペーサ：
ドライブ・ピニオンのプレロード調整の際，用いられる円筒形のもので，性質としては外力を加えて変形させると，外力を取り去ってもひずみが残る。
スペーサは，部品と部品の間に挟んで一定の間隔を確保するためのものである。

（3） ディファレンシャル（＝差動装置ともいう，通称デフ）

プロペラ・シャフトから動力を受け，左右の両ホイールに回転差が生じると，均等な駆動力を伝えながら回転差を吸収し，滑らかに曲がれるようにする動力伝達装置の一部である。ディファレンシャルは，自動車がスムーズに旋回するために不可欠な部品の一つである。

構成部品は図2－1－39のようになっており，リング・ギヤはディファレンシャル・ケースに組みつけられる。ディファレンシャル・ケースの中はピニオン・ギヤとサイド・ギヤが噛み合っている。

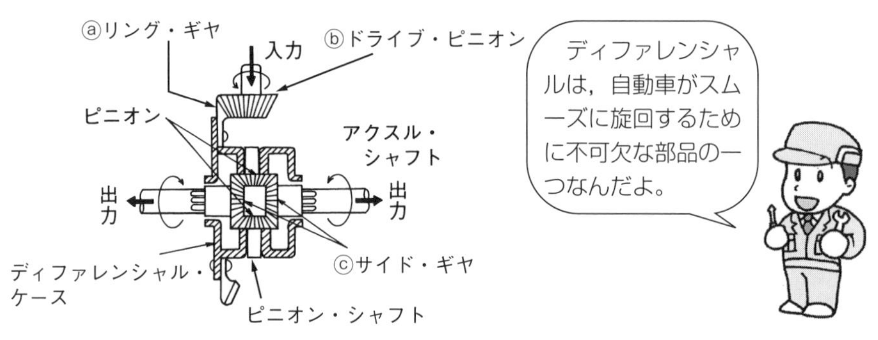

図2－1－39　ディファレンシャル

ⓐ　**リング・ギヤ：**
ドライブ・ピニオンの回転動力を受けてホイールに伝える歯車である。

ⓑ　**ドライブ・ピニオン：**
プロペラ・シャフトの回転をリング・ギヤに伝える歯車である。

☆ⓒ　**サイド・ギヤ**（差動歯車）：
自動車が旋回するときに発生する内輪と外輪の回転速度の違いを調整する装置である。（☆差動作用に関係する部品！）

よく出る問題〔第1章・動力伝達装置〕

クラッチ

【例題1】

油圧式のダイヤフラム・スプリング式クラッチにおいて，クラッチの切れ不良の原因として，**不適切なもの**は次のうちどれか。

（1）　ダイヤフラム・スプリングの高さの不揃い。
（2）　クラッチ・ディスクの振れ
（3）　クラッチ・フェーシング面のオイル付着
（4）　クラッチ油圧系統へのエア混入

【例題2】重要

マニュアル・トランスミッションのクラッチ・ディスクの点検において，オイルが付着している場合に関する記述として，**不適切なもの**は次のうちどれか。

（1）　クラッチ・フェーシングにオイルが付着している場合は，原則として交換する。
（2）　トランスミッション・フロント・オイル・シール部からのオイル漏れを確認する。
（3）　発進時に異常な振動などが発生する場合がある。
（4）　クラッチの切れ不良により，ギヤ鳴りが発生する場合がある。

【例題3】

ダイヤフラム・スプリング式クラッチの構成部品として，**不適切なもの**は次のうちどれか。

（1）　レリーズ・レバー
（2）　ピボット・リング
（3）　プレッシャ・プレート
（4）　リトラクティング・スプリング

【例題4】重要

ダイヤフラム・スプリング式クラッチに関する記述として，**不適切なもの**は次のうちどれか。

（1） ダイヤフラム・スプリングは，ばね鋼板をプレス成型後，熱処理がされている。
（2） ダイヤフラム・スプリングのばね力は，クラッチ・フェーシングが摩耗しても低下しない。
（3） プレッシャ・プレートは，鋳鉄製で回転に対してのバランスが取られている。
（4） レリーズ・ベアリングは，スラスト・ベアリング式のニードル・ローラ型が用いられている。

【例題5】

油圧式クラッチの点検及び整備に関する記述として，**不適切なもの**は次のうちどれか。

（1） クラッチ・ペダルに踏み応えがなく，クラッチの切れが悪い場合は，油圧系統へのエアの混入などが考えられる。
（2） クラッチ液は，ボデーに付着すると塗装面を著しく侵すので，取扱いには十分注意する。
（3） クラッチ・ディスクの振れは，ノギスを用いて測定する。
（4） クラッチ・カバーは，クラッチ・ガイド・ツールを使用してクラッチ・ディスクの中心を出したのちに取り付け作業を行う。

トルク・コンバータ

【例題6】超重要

図に示すトルク・コンバータに関する次の文章の（イ）～（ロ）に当てはまるものとして，下の組み合わせのうち**適切なもの**はどれか。

エンジンが回転すると，（イ）内のオイルが遠心力によって加速され，（ロ）内に入り，これを回転させて動力を伝達する。

	（イ）	（ロ）
（1）	タービン・ランナ	ポンプ・インペラ

（２）　ワンウェイ・クラッチ　　　ステータ
（３）　ポンプ・インペラ　　　　　タービン・ランナ
（４）　ステータ　　　　　　　　　ワンウエェイ・クラッチ

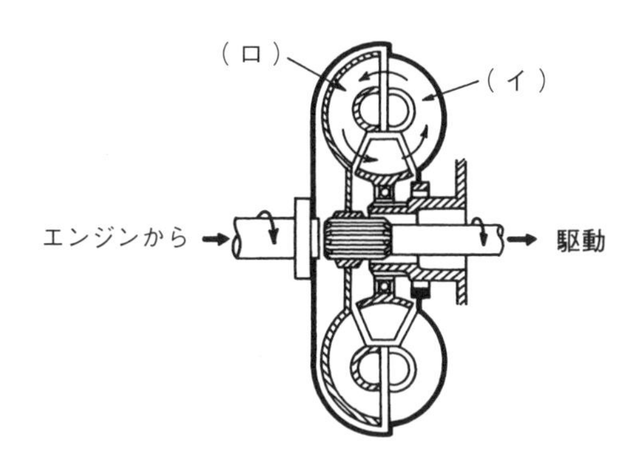

【例題７】 

図に示すトルク・コンバータに関する次の文章の（イ）～（ロ）に当てはまるものとして，下の組み合わせのうち**適切なもの**はどれか。

（イ）は，ポンプ・インペラから飛び出したオイルがタービン・ランナを回転させた後の残留エネルギーを再び（ロ）に戻して，トルクを増大させる作用をする。

	（イ）	（ロ）
（１）	タービン・ランナ	ステータ
（２）	ワンウェイ・クラッチ	タービン・ランナ
（３）	ポンプ・インペラ	ワンウェイ・クラッチ
（４）	ステータ	ポンプ・インペラ

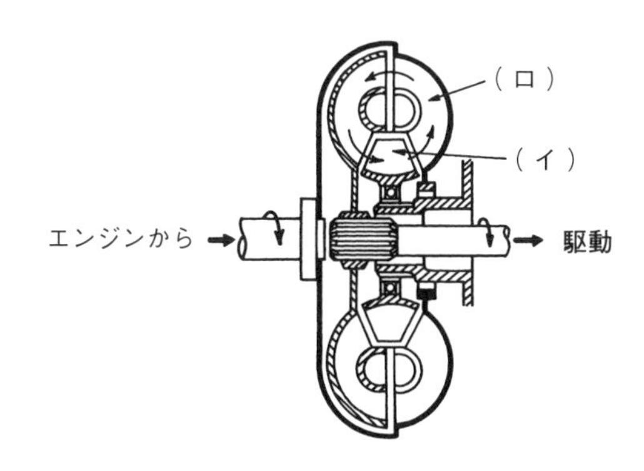

【例題8】

図に示すトルク・コンバータに関する次の文章の（イ）～（ロ）に当てはまるものとして，下の組み合わせのうち**適切なもの**はどれか。

図に示すトルク・コンバータのAの部品名称は（イ），この部品の動力伝達は（ロ）に伝達する。

	（イ）	（ロ）
（1）	ワンウェイ・クラッチ	両方向
（2）	ワンウェイ・クラッチ	一方向
（3）	ステータ	両方向
（4）	ステータ	一方向

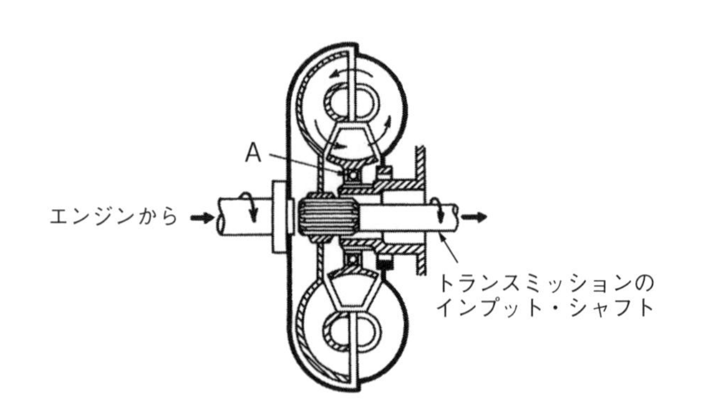

トランスミッション

【例題9】 重要

図に示すトランスミッションの原理に関する記述として，**適切なもの**は次のうちどれか。ただし，図中のギヤAはギヤBより歯数は少ない。

（1）　変速比は，ギヤAの歯数 ÷ ギヤBの歯数で求められる。

（2）　変速比は，ギヤBの回転速度 ÷ ギヤAの回転速度で求められる。

（3）　受動軸（出力軸）のは，駆動軸（入力軸）のトルク ÷ 変速比で求められる。

（4）　受動軸の回転速度は，駆動軸の回転速度÷変速比で求められる。

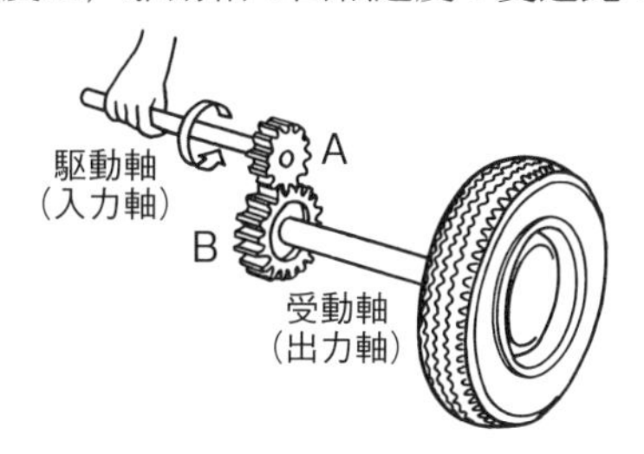

【例題10】

図のようにかみ合ったギヤA，B，C，DのギヤAをトルク140 N・mで回転させたときのギヤDのトルクとして，**適切なもの**は次のうちどれか。

ただし，伝達による損失はないものとし，ギヤBとギヤCは同一の軸に固定されている。なお，図中の（　）内の数値はギヤの歯数を示す。

（1）　420 N・m

（2）　280 N・m

（3）　140 N・m

（4）　70 N・m

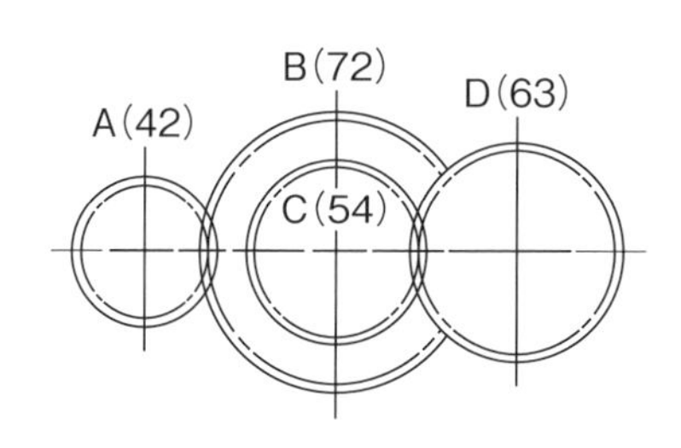

【例題 11】 

図に示す前進 4 段のトランスミッションの変速比として，**不適切なもの**は次のうちどれか。ただし，図中の（　）内の数値はギヤの歯数を示す。

（1）　1 速は 3.75
（2）　2 速は 2.25
（3）　3 速は 1.50
（4）　4 速は 1.00

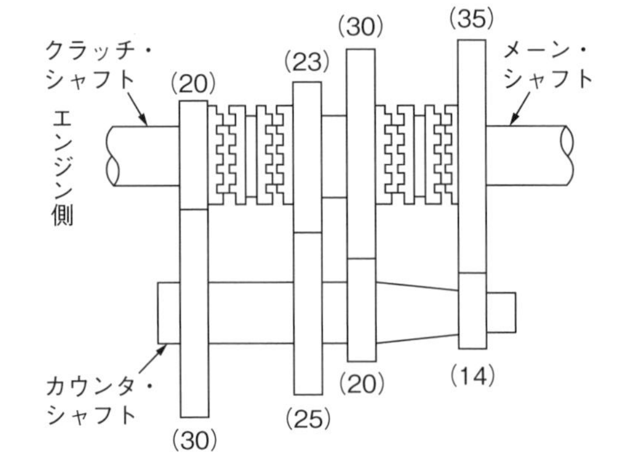

【例題 12】

図に示す前進 4 段のトランスミッションで第 2 速のときの変速比として，**適切なもの**は次のうちどれか。ただし，図中の（　）内の数値はギヤの歯数を示す。

（1）　1.38
（2）　1.5
（3）　2.25
（4）　3.75

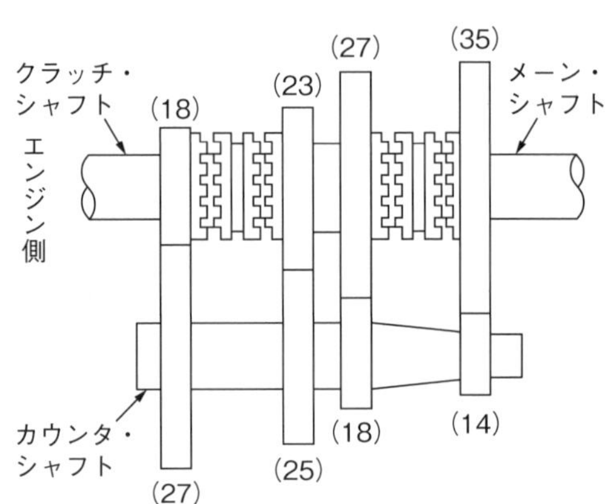

マニュアル・トランスミッション

【例題 13】 重要

図に示すキー式シンクロメッシュ機構のAの部品名称として，**適切なもの**は次のうちどれか。

（1）　シンクロナイザ・リング

（2）　スリーブ

（3）　シンクロナイザ・ハブ

（4）　シンクロナイザ・キー

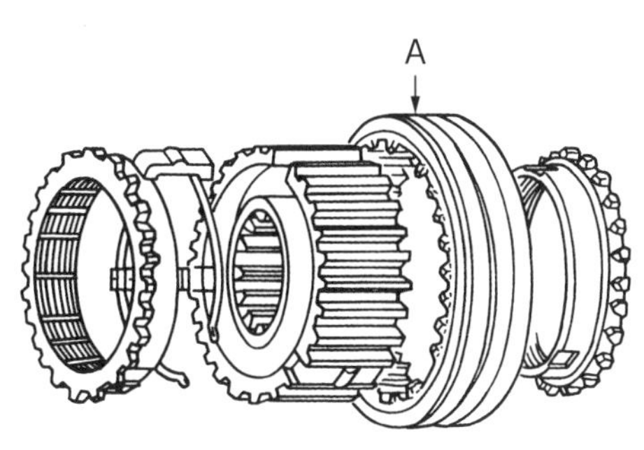

【例題 14】

（※本問は問題数を5肢に増やしております）

FR車のシンクロメッシュ式マニュアル・トランスミッションに関する記述として，**適切なもの**は次のうちどれか。

（1）　シンクロナイザ・ハブ内面のスプラインは，メーン・シャフトとかん合している。

（2）　インタロック機構は，走行中にギヤ抜けを防止する働きをする。

（3）　ロッキング・ボールは，ギヤ・シフトの際，ギヤ鳴りを防止する働きをする。

（4）　カウンタ・シャフトは，常時，プロペラ・シャフトと同じ速度で回転している。

（5）　一般に，スピードメータ・ドライブ・ギヤは，カウンタ・シャフトに組み付けられている。

オートマチック・トランスミッション

【例題 15】 超重要

図に示すプラネタリ・ギヤに関する記述として，**不適切なもの**は次のうちどれか。

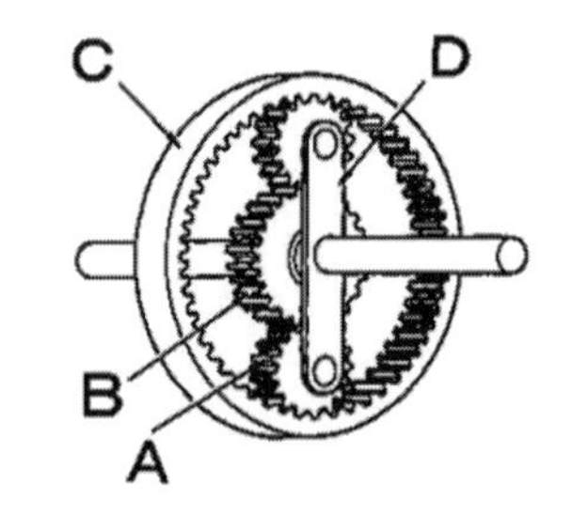

（1）　Aはプラネタリ・ピニオンで，Dはプラネタリ・キャリヤである。

（2）　Cはインターナル・ギヤで，Bはサン・ギヤである。

（3）　入力をB，出力をCとしてDを固定した場合，Cの回転はBの回転に対して逆方向となる。

（4）　入力をC，出力をDとしてBを固定した場合，Dの回転は増速される。

【例題 16】

図に示すオートマチック・トランスミッションの油圧制御装置に関する記述として，**適切なもの**は次のうちどれか。

（1）　Aはマニュアル・バルブである。

（2）　Bはオイル・ポンプである。

（3）　Cはレギュレータ・バルブである。

（4）　Dはクラッチ，ブレーキ用ソレノイド・バルブである。

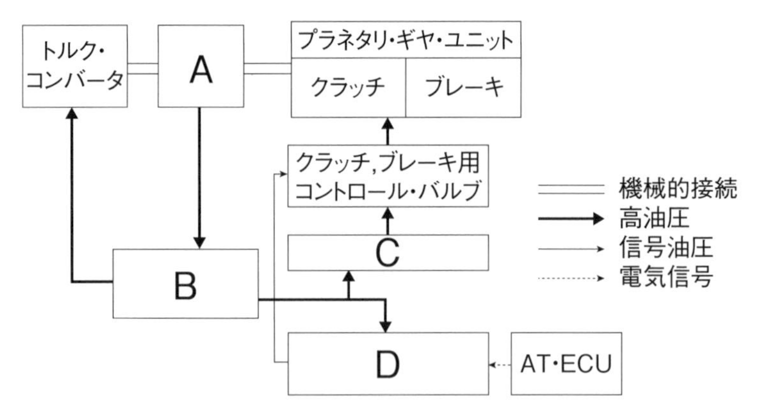

【例題 17】

図に示すプラネタリ・ギヤに関する次の文章の（イ）～（ハ）に当てはまるものとして，下の組み合わせのうち**適切なもの**はどれか。

入力を（イ），出力を（ロ）としてプラネタリ・キャリヤを固定した場合，（ロ）の回転は，（イ）の回転に対して（ハ）となる。

	（イ）	（ロ）	（ハ）
（1）	サン・ギヤ	インターナル・ギヤ	逆回転方向の増速回転
（2）	インターナル・ギヤ	サン・ギヤ	同回転方向の増速回転
（3）	インターナル・ギヤ	サン・ギヤ	逆回転方向の減速回転
（4）	サン・ギヤ	インターナル・ギヤ	逆回転方向の減速回転

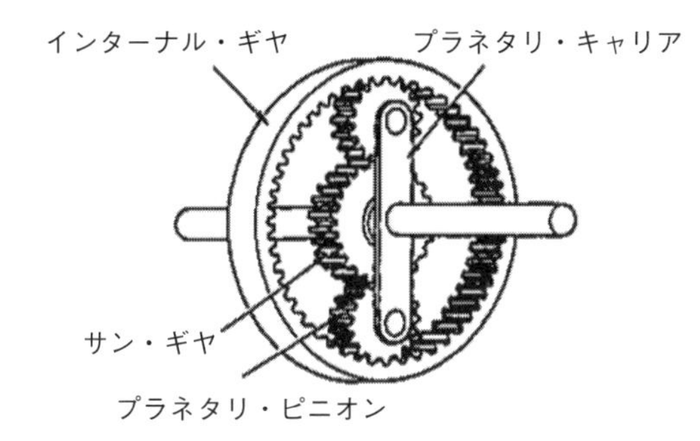

プロペラ・シャフト／ドライブ・シャフト

【例題 18】

プロペラ・シャフト及びユニバーサル・ジョイントの構成部品として，**不適切なもの**は次のうちどれか。

（1）　ピニオン・シャフト

（2）　スパイダ

（3）　スリーブ・ヨーク

（4）　フランジ・ヨーク

【例題 19】

FR 車に用いられているプロペラ・シャフト及びユニバーサル・ジョイントに関する記述として，**不適切なもの**は次のうちどれか。

（1）　プロペラ・シャフトは，一般的に鋳鉄管が用いられている。

（2）　プロペラ・シャフトは，トランスミッションの動力をリヤ・アクスルへ伝える役目をしている。

（3）　スリーブ・ヨークは，軸方向に移動できる構造で長さの変化に対応する役目もしている。

（4）　プロペラ・シャフトには，製作時に回転時のバランスを取るためのバランス・ピースが取り付けられている。

【例題 20】 **超重要**

図に示すドライブ・シャフトの固定式等速ジョイントに用いられている，バーフィールド型ジョイントの構成部品として，**適切なもの**は次のうちどれか。

（1）　スリーブ・ヨーク

（2）　インナ・レース

（3）　スパイダ

（4）　ローラ

【例題 21】 **超重要**

図に示すドライブ・シャフトのスライド式等速ジョイントに用いられている，トリポード型ジョイントの構成部品として，**不適切なもの**は次のうちどれか。

（1）　ローラ

（2）　スパイダ

（3）　ハウジング

（4）　フランジ・ヨーク

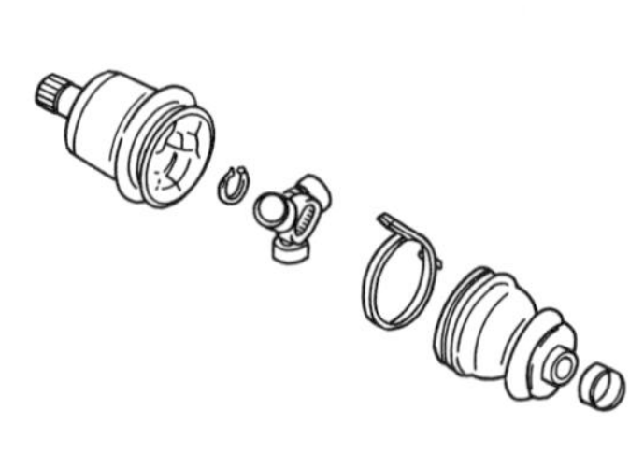

ファイナル・ギヤとディファレンシャル

【例題 22】 重要

ＦＲ車に用いられているファイナル・ギヤに関する記述として，**不適切なもの**は次のうちどれか。

（1）　ファイナル・ギヤには，スパイラル・ベベル・ギヤ又はハイポイド・ギヤが用いられている。

（2）　ファイナル・ギヤの減速比は，最終的な減速をすることから，終減速比という。

（3）　ハイポイド・ギヤは，ドライブ・ピニオンとリング・ギヤの軸中心をオフセットさせて噛み合わせている。

（4）　ドライブ・ピニオンは，ギヤ・キャリヤに対してニードル・ローラ・ベアリングで支持されている。

【例題 23】 重要

ＦＲ車に用いられているファイナル・ギヤに関する記述として，**不適切なもの**は次のうちどれか。

（1）　リング・ギヤの歯数をドライブ・ピニオンの歯数で除した値を終減速比という。

（2）　ドライブ・ピニオンには，ヘリカル・ギヤが用いられている。

（3）　ドライブ・ピニオンのプレロードの調整方法には，塑性スペーサを用いているものもある。

（4）　ドライブ・ピニオンとリング・ギヤのバック・ラッシュは，ダイヤル・ゲージを用いて測定する。

【例題 24】

ＦＲ式ファイナル・ギヤ及びディファレンシャルの構成部品のうち，差動作用を行う部品として，**適切なもの**は次のうちどれか。

（1）　ドライブ・ピニオン
（2）　リング・ギヤ
（3）　ギヤ・キャリヤ
（4）　サイド・ギヤ

【例題 25】

ファイナル・ギヤ及びディファレンシャルについて，リング・ギヤとかみ合っている部品として，**適切なもの**は次のうちどれか。

（1）　ピニオン
（2）　ディファレンシャル・ケース
（3）　サイド・ギヤ
（4）　ドライブ・ピニオン

クラッチの復習問題

問題演習後，答え合わせが済んで 10 分ほど休憩したら挑戦してみよう！

【復習問題】 超重要

油圧式のダイヤフラム・スプリング式クラッチにおいて，クラッチの切れ不良の原因として，**不適切なもの**は次のうちどれか。

（1）　クラッチ・フェーシングの当たり不良
（2）　クラッチ・ディスクとクラッチ・シャフトのスプライン部のしゅう動不良
（3）　クラッチ油圧系統へのエア混入
（4）　ダイヤフラム・スプリングの高さの不揃い

⊿復習問題の解説◸

クラッチ・フェーシングの当たり不良は，クラッチ・ジッダの原因である。

解答（1）

⊿解答と解説◸ 第１章　動力伝達装置

【例題１】 解答（３）

⊿解説◸

（１） ダイヤフラム・スプリングの高さの不揃いは均一に力が作用しなくなるため，切れ不良の原因となる。

（２） クラッチ・ディスクの振れは，フライホイールに部分的接触となり，切れ不良の原因となる。

（３） クラッチ・フェーシング面へのオイル付着は，滑りが発生して動力伝達が悪くなる（⇒これは滑りの原因）。

（４） 油圧系統へのエアの混入は，エアが圧縮されて圧力が伝わりにくくなり，切れ不良の原因となる。

【例題２】 解答（４）

⊿解説◸

（１） オイルが付着しているときは，部品を交換する。（滑りの原因になる）。

（２） オイル・シール破損は，オイル漏れの原因となるので，確認が必要。

（３） 部分的なオイル付着によって，滑りやすい部分が振動の原因となる。

（４） ギヤ鳴りは，ギヤとギヤの噛み合わせによって発生する。

【例題３】 解答（１）

⊿解説◸

レリーズ・レバーは，コイル・スプリング式クラッチの構成部品である。（ピボット・リング，プレッシャ・プレート，リトラクティング・スプリングについてはP123の図２－１－５を参照。）

【例題４】 解答（４）

⊿解説◸

（１） ダイヤフラム・スプリングは，一体物でプレス成型と熱処理をしている。

（２） クラッチ・フェーシングが摩耗しても，ばね力には関係しない。

（３） プレッシャ・プレートは鋳鉄製であり，摩擦面が滑らかに平面仕上げされ，回転に対するバランスが取られている。

（４） レリーズ・ベアリングには，耐熱性グリースを封入した無給油式の**アンギュラ式**ボール・ベアリングが用いられている。

【例題５】 解答（３）

⊿解説◸

（１） 適切。油圧系統にエアが混入すると，クラッチ・ペダルの踏み応えがなくなり，クラッチの切れが悪くなる。（⇒P 125，クラッチ切れ不良の原因参照）

（２） 適切。クラッチ液は，酸化防止剤，防錆剤など添加しているので塗装面を侵しやすい。

（３） クラッチ・ディスクの振れは，**ダイヤル・ゲージ**（⇒P112参照）を用いて測定する。

（４） 適切。位置がずれないように，クラッチ・ディスクの中心を決めてからクラッチ・カバーを取り付ける。

【例題６】 解答（３）

⊿解説◸

エンジンが回転すると，**ポンプ・インペラ**が同期して回転するので内部のオイルは遠心力によって加速されて飛び出して，**タービン・ランナ**に送られるので，タービン・ランナは回転する。

【例題７】 解答（４）

⊿解説◸

タービン・ランナを回転させた後の残留エネルギーを再び**ポンプ・インペラ**に戻す役目をするのが**ステータ**である。

【例題８】 解答（２）

⊿解説◸

問題のＡの部品の名称は，「ワンウェイ・クラッチ」である。ワンウェイ・クラッチは，一方向のみ動力を伝える。

【例題９】 解答（４）

⊿解説◸

変速比とは，入力軸のギヤＡの回転速度と出力軸のギヤＢの回転速度の比率をいう。そして，変速比を求めるときには，次の計算式を用いる。

・ギヤの回転速度で求めるときの変速比
　変速比＝（ギヤＡの回転速度）÷（ギヤＢの回転速度）
・ギヤの歯数で求めるときの変速比
　変速比＝（ギヤＢの歯数）÷（ギヤＡの歯数）

（１）　変速比は，ギヤＢの歯数 ÷ ギヤＡの歯数で求められる。
（２）　変速比は，ギヤＡの回転速度 ÷ ギヤＢの回転速度で求められる。
（３）　受動軸（出力軸）のトルクは，駆動軸（入力軸）のトルク × 変速比で求められる。

【例題 10】　解答（２）

⊿解説◸

まず，設問図をイメージしやすいようにアレンジすると下記のようになる。

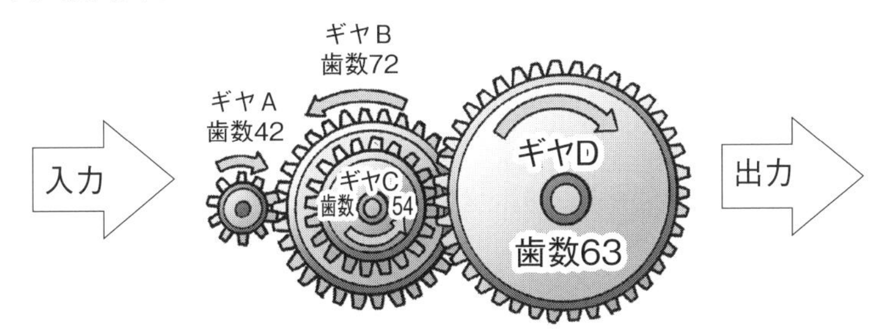

入力側トルクはギヤＡであり，出力側トルクはギヤＤである。
出力トルクを求めるときは次の式を用いる。

（出力側トルク）＝（入力側トルク）×（変速比）

問題文より，ギヤＡ（＝入力側トルク）は 140 N・m なので，次は変速比を求める。

図より，変速比は２つあるので，２つ合わせた総合（２段）変速比を求める。

計算式で表すと

$$\frac{\text{ギヤBの歯数}}{\text{ギヤAの歯数}} \times \frac{\text{ギヤDの歯数}}{\text{ギヤCの歯数}} = \text{総合（2段）変速比}$$

６で約分　$\frac{72}{42} \times \frac{63}{54}$　９で約分

6で約分

$$= \frac{\cancel{12}}{7} \times \frac{7}{\cancel{6}}$$

7で約分

$$= \frac{2}{\cancel{7}} \times \frac{\cancel{7}}{1}$$

$$= 2$$

以上を，（出力側トルク）＝（入力側トルク）×（変速比）の式に当てはめると，140 × 2 ＝ 280 N・m

【例題 11】 解答（3）

⊿解説◸

この問題のポイントは以下の3つ。

> ①　変速比はギヤの歯数で求めること。（歯数は設問で提示されている）
> ②　変速比は2段階になっている。（1段目はクラッチ・シャフトとカウンタ・シャフト，2段目はカウンタ・シャフトとメーン・シャフトの噛み合い）
> ③　第1速～第4速の各動力伝達経路

P133の動力伝達経路についての図を参照しつつ，順に見ていくと，

第1速の変速比

クラッチ・シャフトのギヤ（歯数20）とカウンタ・シャフトのギヤ（歯数30）の噛み合わせ，カウンタ・シャフトのギヤ（歯数14）とメーン・シャフトのギヤ（歯数35）の噛み合いになる。

10と7で約分

$$1速の変速比 = \frac{{}^{3}\cancel{30}}{{}_{2}\cancel{20}} \times \frac{\cancel{35}^{5}}{\cancel{14}_{2}}$$

⇩

$$= \frac{3 \times 5}{2 \times 2} = \frac{15}{4} = 3.75$$

第2速の変速比

クラッチ・シャフトのギヤ（歯数20）とカウンタ・シャフトのギヤ（歯数30）の噛み合わせ，カウンタ・シャフトのギヤ（歯数20）とメーン・

シャフトのギヤ（歯数30）の噛み合いになる。

10で約分

$$2\text{連の変速比} = \frac{\overset{3}{\cancel{30}}}{\underset{2}{\cancel{20}}} \times \frac{\overset{3}{\cancel{30}}}{\underset{2}{\cancel{20}}} = 2.25$$

⇩

$$= \frac{9}{4} = 2.25$$

第3速の変速比

クラッチ・シャフトのギヤ（歯数20）とカウンタ・シャフトのギヤ（歯数30）の噛み合わせ，カウンタ・シャフトのギヤ（歯数25）とメーン・シャフトのギヤ（歯数23）の噛み合いになる。

10で約分

$$3\text{連の変速比} = \frac{\overset{3}{\cancel{30}}}{\underset{2}{\cancel{20}}} \times \frac{23}{25}$$

$$= \frac{69}{50} = 1.38$$（⇒よって（３）が不適切）

第4速の変速比

クラッチ・シャフトとメーン・シャフトが直結なので，変速比は1.00となる。

変速比（４速）＝直結＝1.00

【例題12】（３）

⊿解説◸

P133の動力伝達経路についての図を参照しつつ，順に見ていくと，次のようになる。

第1速の変速比

クラッチ・シャフトのギヤ（歯数18）とカウンタ・シャフトのギヤ（歯数27）の噛み合わせ，カウンタ・シャフトのギヤ（歯数14）とメーン・シャフトのギヤ（歯数35）のかみ合いになる。

9と7で約分

$$1\text{連の変速比} = \frac{\overset{3}{\cancel{27}}}{\underset{2}{\cancel{18}}} \times \frac{\overset{5}{\cancel{35}}}{\underset{2}{\cancel{14}}}$$

⇩

$$= \frac{3 \times 5}{2 \times 2} = \frac{15}{14} = 3.75$$

第2速の変速比

クラッチ・シャフトのギヤ（歯数18）とカウンタ・シャフトのギヤ（歯数27）の噛み合わせ，カウンタ・シャフトのギヤ（歯数18）とギヤ歯数27のかみ合いになる。

9で約分

$$2\text{連の変速比} = \frac{\overset{3}{\cancel{27}}}{\underset{2}{\cancel{18}}} \times \frac{\overset{3}{\cancel{27}}}{\underset{2}{\cancel{18}}}$$

⇩

$$= \frac{3 \times 3}{2 \times 2} = \frac{9}{4} = 2.25$$ （⇒よって（３）が適切）

第3速の変速比

クラッチ・シャフトのギヤ（歯数18）とカウンタ・シャフトのギヤ（歯数27）の噛み合わせ，カウンタ・シャフトのギヤ（歯数25）とギヤ（歯数23）のかみ合いになる。

9で約分

$$3\text{連の変速比} = \frac{\overset{3}{\cancel{27}}}{\underset{2}{\cancel{18}}} \times \frac{23}{25}$$

⇩

$$= \frac{3 \times 23}{2 \times 25} = \frac{69}{50} = 1.38$$

第4速の変速比

クラッチ・シャフトとメーン・シャフトが直結なので，変速比は1.00となる。

変速比（４速）＝直結＝1.00

【例題 13】（２）

⊿解説◸

Ａの部品は「**スリーブ**」である。なお，このタイプの出題においては**シンクロナイザ・リング**，**シンクロナイザ・ハブ**も問われることが多いので名称と位置をしっかり覚えよう！

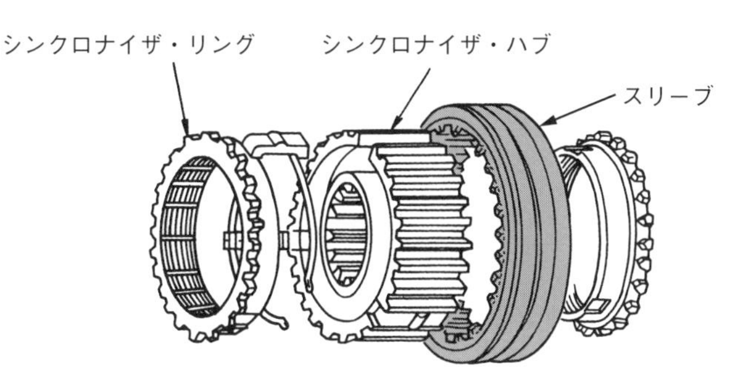

【例題 14】（１）

⊿解説◸

（１）回転の出力部となるメーン・シャフトは，シンクロナイザ・ハブ内面のスプラインとかん合しているので，正しい。

（２）インタロック機構は，ギヤ・シフトのときに，同時に２種類のギヤにシフトされないように作用する，二重かみ合い防止装置である。

（３）ロッキング・ボールは，ギヤ抜け防止装置に組み込まれたボール（球）である。ギヤを変速すると，ボールが所定の凹みに収まることでギヤ抜け防止になる。

（４）カウンタ・シャフトは，メーン・ドライブ・ギヤと噛み合って，常に回転している。また，カウンタ・シャフトは，プロペラ・シャフトと同じ回転速度とは限らない。

（５）スピードメータ・ドライブ・ギヤは速度を計測するもので，メーン・シャフトに組み付けられている。

【例題 15】 （４）

⊿解説◸

Ａ～Ｄの名称は以下のとおりである。

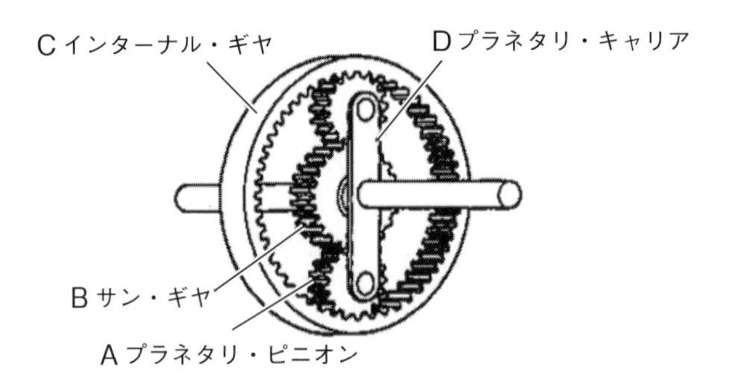

（４）の場合は，増速ではなく，減速される。

【例題 16】 （４）

⊿解説◸

下図より，Ａはオイル・ポンプ，Ｂはレギュレータ・バルブ，Ｃはマニュアル・バルブ，Ｄはクラッチ，ブレーキ用ソレノイド・バルブ　である。

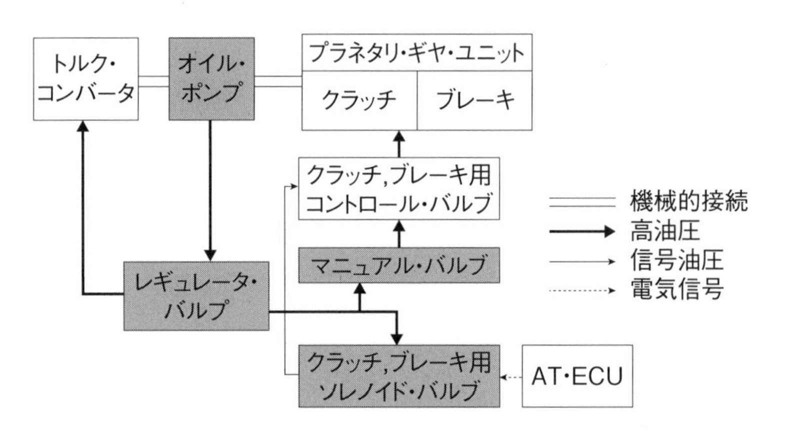

【例題 17】 （４）

⊿解説◸

入力をサン・ギヤ，出力をインターナル・ギヤとしてプラネタリ・キャリヤを固定した場合，インターナル・ギヤの回転は，逆回転方向の減速回転となる。

ワンポイント・アドバイス
「プラネタリ・ギヤ」に関する出題では，**「減速」，「増速」，「逆回転」**といった作動原理の組み合わせが正誤選択や穴埋めの選択式問題で問われやすいので，間違えた人はテキストに戻ってしっかり覚えようね！

【例題 18】（１）

⊿解説◸

（１） ピニオン・シャフトは，ディファレンシャルの構成部品である。（P156参照）

（２），（３），（４）については，P146，プロペラ・シャフトの構成を参照。

【例題 19】（１）

⊿解説◸

（１）（２） プロペラ・シャフトは，トランスミッションの（回転）動力をリヤ・アクスルへ伝える働きをするため，ねじれ強度や曲げ鋼性が大きく，軽量で，高速回転にも優れた特性をもつ**鋼管**や**カーボン・ファイバ**が用いられている。

（３） スリーブ・ヨークは，プロペラ・シャフトに回転を伝えながら軸方向に移動できる構造となっている。

（４） 高速回転するプロペラ・シャフトのバランスが崩れないように，バランス・ピースを取り付ける。

【例題 20】（2）

⊿解説◸

（1）　スリーブ・ヨークは，プロペラ・シャフトの構成部品である。（P146 参照）

（3）　スパイダ，（4）ローラはトリポート型ジョイントの構成部品である。（P150 参照）

【例題 21】（4）

⊿解説◸

（4）　フランジ・ヨークはプロペラ・シャフトの構成部品である。（P146 参照）

ワンポイント・アドバイス

試験では，このようにバーフィールド型とトリポード型の構成部品を混同させた出題が多いので，両者の構成部品をしっかりと区別して覚えておくことが重要だよ！

また，試験本番では設問において不適切なものが問われているのか，それとも適切なものが問われているのかをキチンと確認して解答しよう！（⇒問われているものと逆のものを解答してしまうケアレスミスにくれぐれも注意！）

【例題 22】（4）

⊿解説◸

ドライブ・ピニオンは，ギヤ・キャリヤに対し，前と後ろから**テーパ・ローラ・ベアリング**で支えられている。

【例題 23】（2）

⊿解説◸

（2）　ドライブ・ピニオンには，**スパイラル・ベベル・ギヤ**又は**ハイポイド・ギヤ**（P152 参照）が用いられている。

なお，ヘリカル・ギヤ（はすば歯車）は，トランスミッションなどに用いられている。

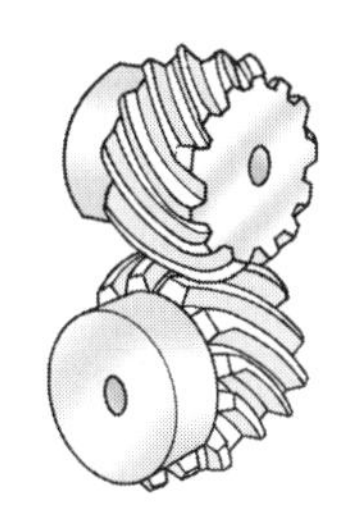

はすば歯車

【例題 24】（４）

⊿解説◸

差動作用とは，自動車が旋回するとき内側ホイールの回転速度と外側ホイールの回転速度の差を調整することをいう。**サイド・ギヤ**が差動作用に関係している。

（１）　ドライブ・ピニオンは，リング・ギヤを回転させる。

（２）　リング・ギヤは，ホイールを回転させる。

（３）　ギヤ・キャリヤは，ファイナル・ギヤ及びディファレンシャルを収納するもの。

【例題 25】（４）

⊿解説◸

ドライブ・ピニオンは，リング・ギヤとかみ合っている小さな歯車である。

第2章　アクスルとサスペンション

1．概要

アクスルとは，車軸または車輪の芯棒のことをいう。アクスルには，ホイールを確実に正しい位置に保持する作用と，自動車の荷重を支える作用がある。

サスペンション（懸架装置）には，掛け載せること，または吊るすという意味がある。サスペンションはアクスルとフレームを接続し，走行中は路面からの振動や衝撃を吸収し，積荷や車体の損傷を防ぎ，乗り心地を良くする。

☆　アクスルとサスペンションは，自動車の構造の違いにより，車軸懸架式（大型車や小型トラックに用いられる）と独立懸架式（主に乗用車などに用いられる）に分類することができる。

2．車軸懸架式のアクスルとサスペンション

車軸懸架式は，自動車の左右車輪が車軸でつながっている構造である。そのため，当然に互いの影響を受ける。

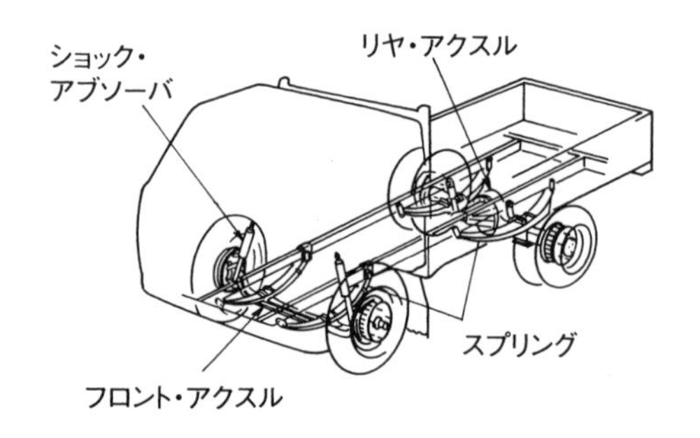

図2－2－1　車軸懸架式のアクスルとサスペンション

（1）　車軸懸架式のアクスル

1本のアクスルの両端にホイールを組み付ける方式で，構造は簡単であるが強度も強いため，一般には，トラックなどに多く使用されている。アクスルは，進路を決めるフロント・アクスルと駆動輪となるリヤ・アクスルに分けることができる。

①　車軸懸架式のフロント・アクスル

フロント・アクスルは図2－2－2のように，I型断面の鋳造品になっており，両端にはキング・ピン，**ナックル・スピンドル**，ハブのほか，多くの部品が組み付けられ，ハブにホイールが取り付けられる。

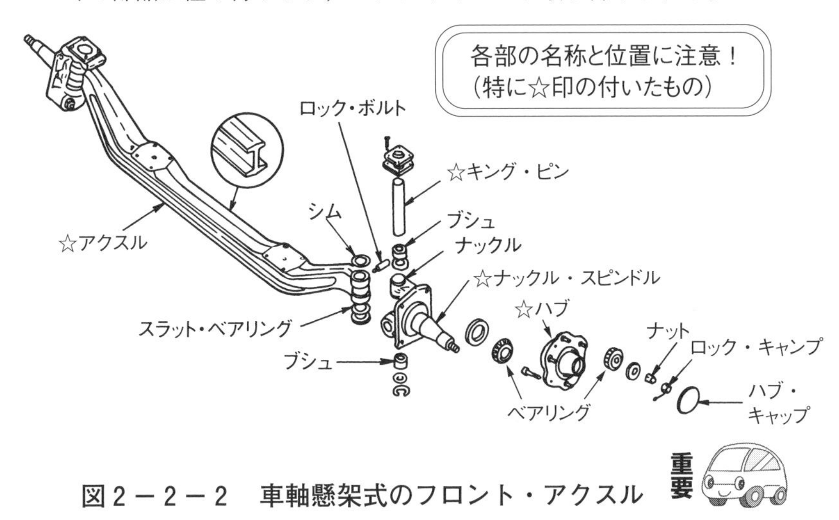

図2－2－2　車軸懸架式のフロント・アクスル　重要

②　車軸懸架式のリヤ・アクスル

FR（フロントエンジン・リヤドライブ）式のリヤ・アクスルは，図2－2－3に示したような部品で構成されている。

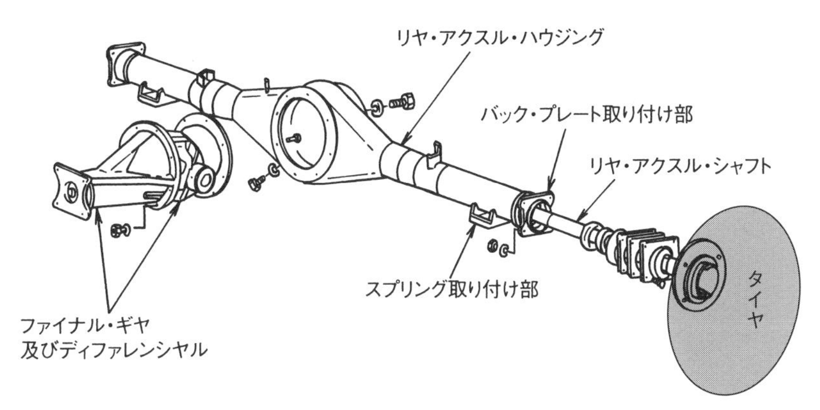

図2－2－3　車軸懸架式のリヤ・アクスル

リヤ・アクスル・ハウジングは，リヤ・アクスル・シャフトを外から包み保護すると同時に，後輪荷重を支持する固定軸である。

また，中央部はファイナル・ギヤ及びディファレンシャルが組み込まれる構造になっている。

③　車軸懸架式のリヤ・アクスル・ハウジングへの部品取り付け

部品取り付けは，ベアリング・リテーナ⇒スペーサ⇒ベアリング⇒ベアリング・カラーの順に取り付ける。

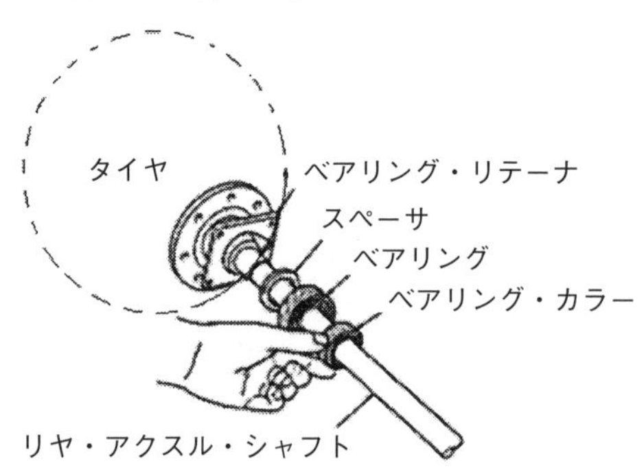

図2－2－4　部品の取り付け

用語解説
・ベアリング・リテーナ：軸受支持装置。
・ベアリング・カラー：ベアリング取り付け用つば付き環で，面取り部分は**ディファレンシャル側**に向けて組み立てる。

④　車軸懸架式のリヤ・アクスル・シャフトの支持方式

リヤ・アクスル・シャフトの外端部は，荷重の支持方式によって，全浮動式と半浮動式に分かれる。

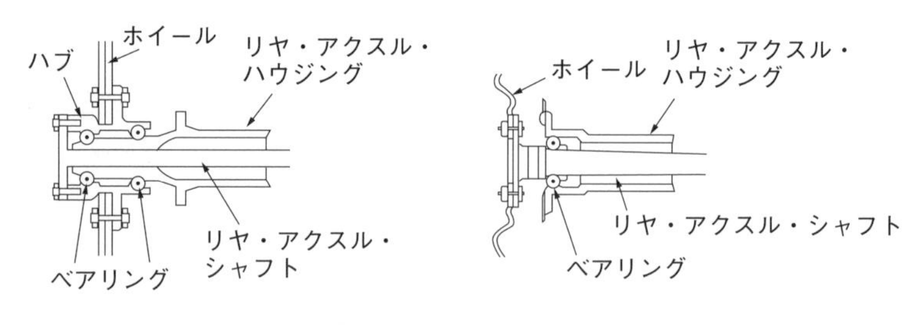

図2－2－5　車軸懸架式のリヤ・アクスル・シャフトの支持方式

ⓐ　全浮動式

図2－2－5－(a) のように，ハブと2個のベアリングにより，リヤ・ホイールは，リヤ・アクスル・ハウジングに取り付けられている。

自動車にかかるすべての荷重をリヤ・アクスル・ハウジングが支えており，リヤ・アクスル・シャフトは動力の伝達のみ行う。

したがって，ホイールが取り付けられたままでも，リヤ・アクスル・シャフトを取り出すことができる。

この全浮動式は，大きな荷重を受けることが出来ることから，伝達トルクの大きいトラックやバスなどに多く用いられる。

ⓑ　半浮動式

図2－2－5－(b) のように，リヤ・アクスル・シャフトとリヤ・アクスル・ハウジングの間に1個のベアリングを介してハブを支えている。

リヤ・アクスル・シャフトは動力の伝達に加え，荷重を受ける構造になっている。

この半浮動式は，あまり大きな荷重を支持することができないものの，構造が簡単かつ軽量なため，小型トラックや乗用車に用いられる。

(2) 車軸懸架式のサスペンション

サスペンションは，フレームとボディの間に接続されるため，ボディを支えて，路面の凹凸(おうとつ)による振動を吸収して，姿勢を常に安定にする作用がある。このほか，ホイールを常に路面に密着させ，加速，旋回，制動の機能が安定して働くように作用する。

車軸懸架式のサスペンションは図2－2－6のように，リーフ・スプリング，コイル・スプリング，エア・スプリングに分けることができる。

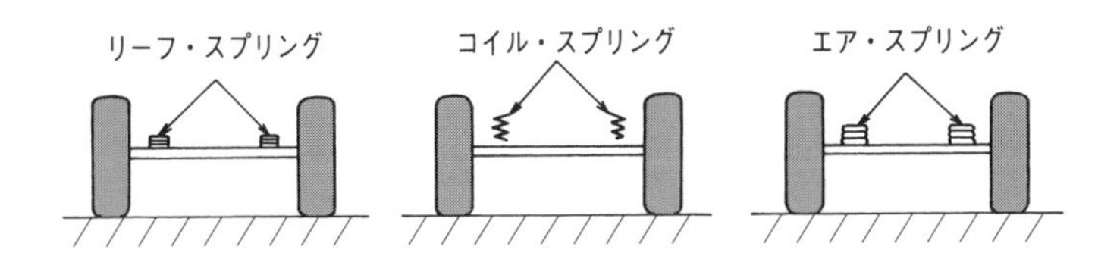

図2－2－6　車軸懸架式のサスペンション

① 平行リーフ・スプリング型サスペンション

ⓐ 平行リーフ・スプリング型フロント・サスペンション

図2－2－7のように，フロント・アクスルの上にリーフ・スプリング※を数枚重ねて使用している。構造が簡単で強度は大きいが，揺れを吸収する作用は強くない。（※リーフ・スプリングについては後述 4 －（1）P191 参照）

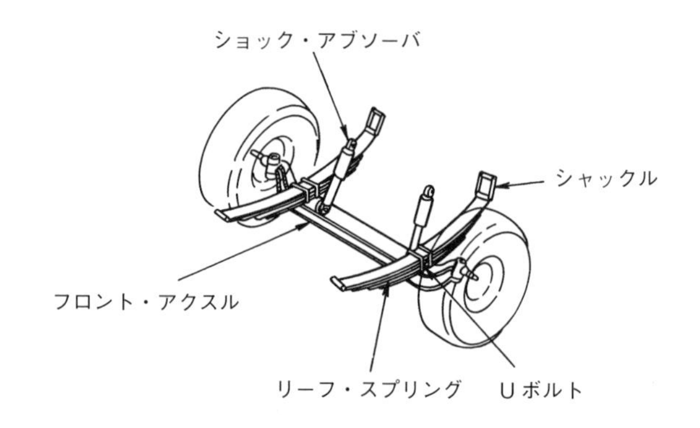

図2－2－7　平行リーフ・スプリング型フロント・サスペンション

ⓑ 平行リーフ・スプリング型リヤ・サスペンション

図2－2－8のように，リヤ・アクスル・ハウジングの下側にUボルトを用いて取り付けられている。このようにするとボデーを低くすることができ，重心が下がるため走行時の安定が良くなる。

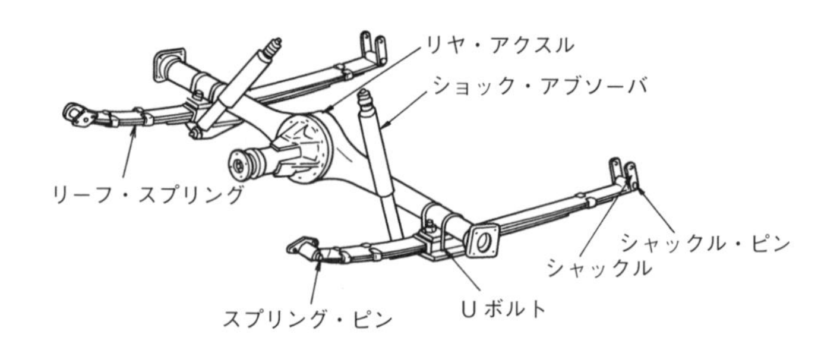

図2－2－8　平行リーフ・スプリング型リヤ・サスペンション

② リンク型サスペンション

コイル・スプリングを用いたサスペンションであり，図2－2－9にリンク型リヤ・サスペンションを示す。コイル・スプリングだけのサスペンションの場合は，路面の凹凸（おうとつ）などによる上下の振動は吸収できるが，前後，左右方向から受ける力の振動などは吸収できない。リンクが前後，左右から受ける力を吸収するのである。

リンクのうち，前後方向に対して作用するものが，アッパ・リンク及びロアー・リンクで，左右方向に対して作用するものが，ラテラル・ロッドである。リンク型リヤ・サスペンションには，アッパ・リンクが2本，ロアー・リンクが2本，ラテラル・ロッドが1本使用されている。

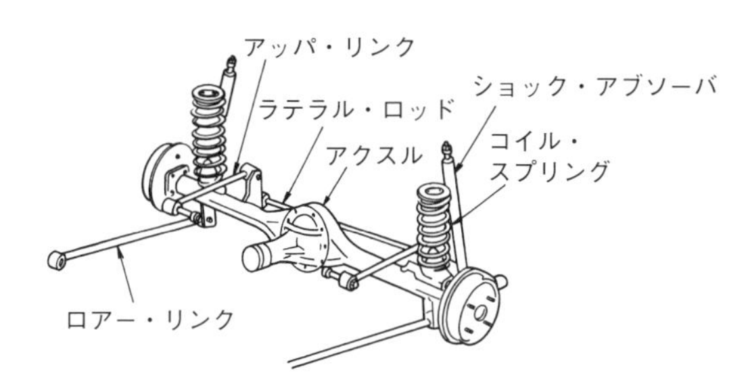

図2－2－9　リンク型リヤ・サスペンション

③ トーション・ビーム型サスペンション

図2－2－10のように，ねじれを吸収する梁（はり）となるトーション・ビームを中心に前後方向に掛かる力はサスペンション・アームが受け，左右方向に掛かる力はラテラル・ロッドが受ける。トーション・ビーム型サスペンションは，フロント・エンジン・フロント・ドライブ方式（FF方式）のリヤ・サスペンションに用いられている。

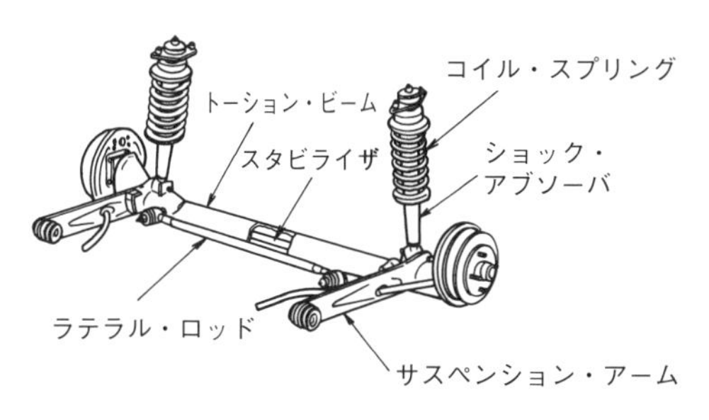

図2－2－10　トーション・ビーム型リヤ・サスペンション

3. 独立懸架式のアクスルとサスペンション

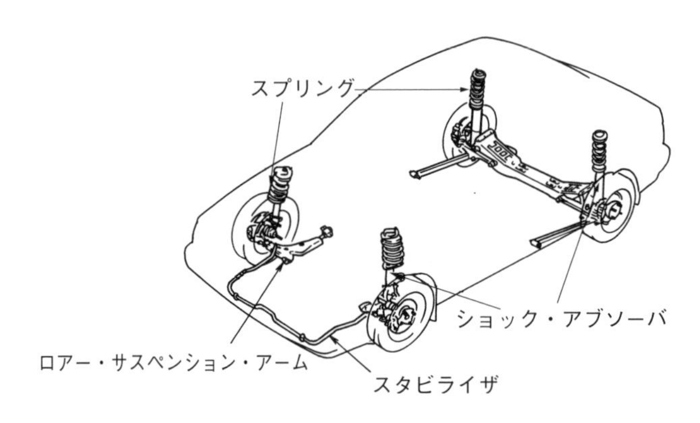

図2－2－11　独立懸架式のアクスルとサスペンション

(1)　独立懸架式のアクスル

⇒　☆路面の凹凸等の状況に応じて左右のホイールが独立して動く構造になっている。独立懸架式は，構造が複雑になりコストは高くなるが，車輪の接地性が良く，操縦安定性も良い。

①　独立懸架式のフロント・アクスル

⇒　車軸懸架式アクスルのように，はっきりした1本のアクスルはなく，各々の部品がアクスルの作用をする。

図2－2－12は，フロント・ドライブ式の独立懸架式フロント・アクスルである。

自動車の旋回運動の時にボディが大きく傾くことを防ぐ作用や，揺れ防止などをするスタビライザ，ハブに取り付けられたホイールが前後に動かない作用をするロアー・サスペンション・アーム，ホイールの上下運動に作用するストラットがアクスルの作用をする。

ドライブ・シャフトは，ホイールに動力を伝える役目をする。フロント・ドライブ式のドライブ・シャフトの両端はスプラインになっており，内端部はディファレンシャルのサイド・ギヤにかん合し，外端部はハブにかん合する。

ハブは，ベアリングを介してナックルに取り付けられている。図2－2－12－(2)参照。

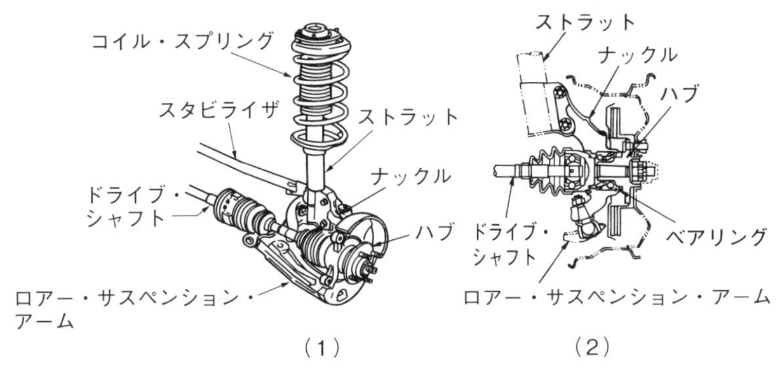

図2－2－12　フロント・ドライブ式の独立懸架式フロント・アクスル

(2)　独立懸架式のサスペンション

乗用車などに多く用いられているのが独立懸架式のサスペンションである。サスペンションとして使用されているスプリングの種類には，コイル・スプリング，トーションバー・スプリング，エア・スプリングなどがあり，これらのスプリングと組み合わせるアームの取り付け方法によって，ストラット型，ウィッシュボーン型に分類することができる。

試験注意！

車軸懸架式と比較して次のような特徴があるよ！
ⓐばね下質量を軽くして乗り心地をよくする。
ⓑ路面の凹凸による車の振動を少なくできる。
ⓒ車高(重心)が低くできる。

① 独立懸架式のフロント・サスペンション

ステアリング（操向）機構が設けられているので機構が複雑になる。

ⓐ ストラット型フロント・サスペンション

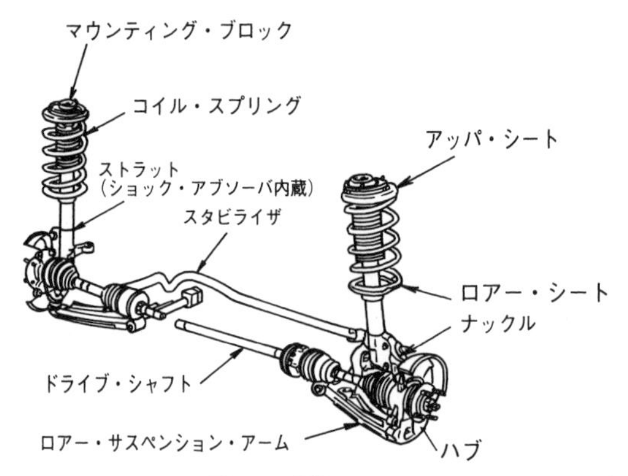

図2－2－13　ストラット型フロント・サスペンション

図2－2－13のようにショック・アブソーバを内蔵したストラットの上部は，マウンティング・ブロックに接続され，ストラット下部はナックルに接続されている。ナックルは，ストラットとロアー・サスペンション・アームと接続して，中央部には，ハブが取り付けられる。

ドライブ・シャフトが駆動することで，ハブと一緒にホイールが回転する。

ⓑ ウィッシュボーン型フロント・サスペンション

形状がウィッシュボーン（＝Y字型をしている鳥の胸の鎖骨）に似ていたことからこのような名称になっている。

アッパ・サスペンション・アーム，ロアー・サスペンション・アーム，ホイールを取り付けるハブの3つの組み合わせがY字型になる。

ウィッシュボーン型に使用されているスプリングの種類には，コイル・スプリング，トーションバー・スプリング，エア・スプリングがある。

図2－2－14に，コイル・スプリングを用いたウィッシュボーン型フロント・サスペンションを示す。

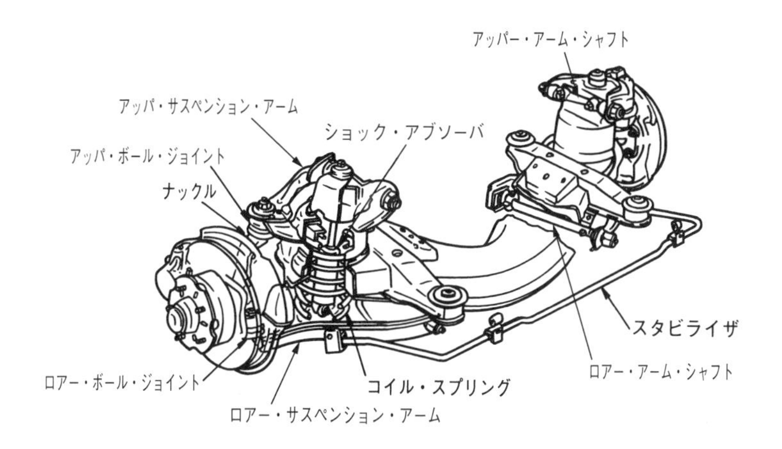

図2－2－14　ウィッシュボーン型フロント・サスペンション

ウィッシュボーン型フロント・サスペンションのホイール取り付けのハブが上下運動をすると，アッパ・サスペンション・アームとロアー・サスペンション・アームも上下運動し，コイル・スプリングとショック・アブソーバで緩衝作用*を行う。

ハブに前後又は左右の力が働いたときは，アッパ・サスペンション・アームとロアー・サスペンション・アームは動かないように働く。

左右のロアー・サスペンション・アームに取り付けられたスタビライザは，両ホイールが別々に動いたときに作用して，走行中のホイールを安定させ，安全走行ができる。

＊　緩衝作用について：

緩衝とは，「和らげる」という意味であり，サスペンションの緩衝作用により，路面の凹凸などでホイール（タイヤ）が上下運動をしたときの衝撃を和らげられる。緩衝作用には，スプリングとショック・アブソーバがセットで作用する。

スプリングは，衝撃を受けた時に作用（コイル・スプリングは圧縮される）し，スプリングが元に戻るときにはショック・アブソーバが作用（圧縮されたスプリングをゆっくり戻る）するという具合である。

もし，スプリングだけなら，「フーワ，フーワ」と長い時間繰り返しながら次第に衝撃が小さくなる。

② 独立懸架式のリヤ・サスペンション

左右のホイールが独立して動くことはフロント・サスペンションと同じであるが，ステアリング機構がないため構造が簡単になる。

ⓐ ストラット型リヤ・サスペンション

図２－２－15のように，上下方向にはコイル・スプリングとショック・アブソーバが緩衝作用を行い，前後，左右方向にはストラット・バー，サスペンション・アームが作用する。

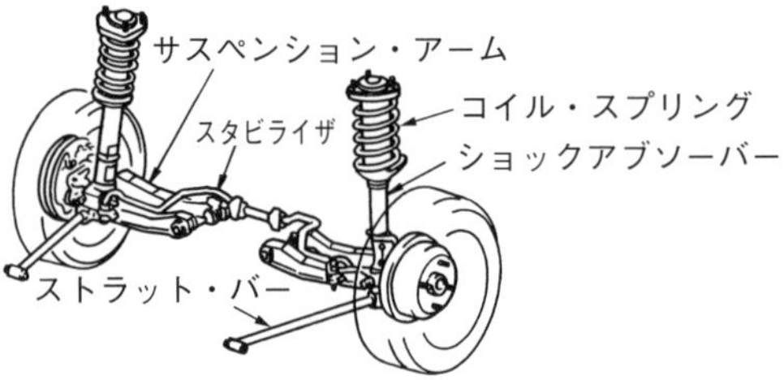

図２－２－15 ストラット型リヤ・サスペンション

ⓑ ウィッシュボーン型リヤ・サスペンション

図２－２－16のように，上下方向には，コイル・スプリングとショック・アブソーバが緩衝作用を行い，前後，左右方向にはストラット・バー，アッパ・サスペンション・アーム，ロアー・サスペンション・アームが作用する。

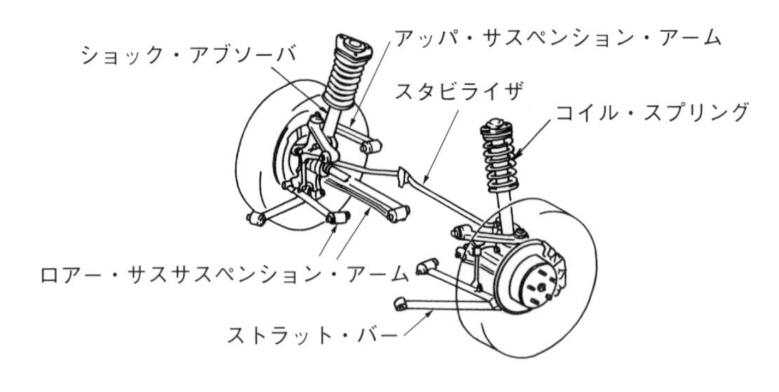

図２－２－16 ウィッシュボーン型リヤ・サスペンション

4．シャシ・スプリング

（1）　リーフ・スプリング（板ばねともいう）重要

車軸懸架式サスペンションに用いられているリーフ・スプリングは，長さの異なるばね鋼を**帯状**に成形したばね板であるリーフを湾曲させ，数枚重ねた簡単な構造である。最も長いメーン・リーフの両端を丸く巻き込んで目玉部にする。

リーフ枚数が多く，ばね定数の大きいものが大型トラックなどに用いられる。

板間摩擦による振動の減衰作用はあるが，きしみ音が発生しやすいという短所もある。

なお，☆リーフ・スプリングの枚数を減らせは，ばね定数も小さくなる。

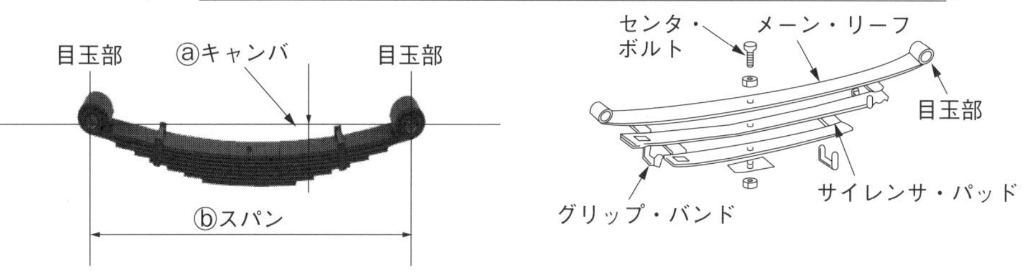

図2－2－17　リーフ・スプリング

〔ⓐ　キャンバ…湾曲の度合い
ⓑ　スパン…両端の目玉部中心間の距離〕

（2）　コイル・スプリング　重要

主に独立懸架式サスペンションに用いられているコイル・スプリングは，ばね鋼の丸棒をコイル状に巻いてつくってある。

板間摩擦がないので，リーフ・スプリングよりも振動の減衰作用が**少ないが**，横方向からの力（荷重）には抵抗力（支え）が弱い。

コイル・スプリングを使用したサスペンションは，☆アクスルを支持するためのリンク機構を必要とするため，その分，構造が複雑化する。

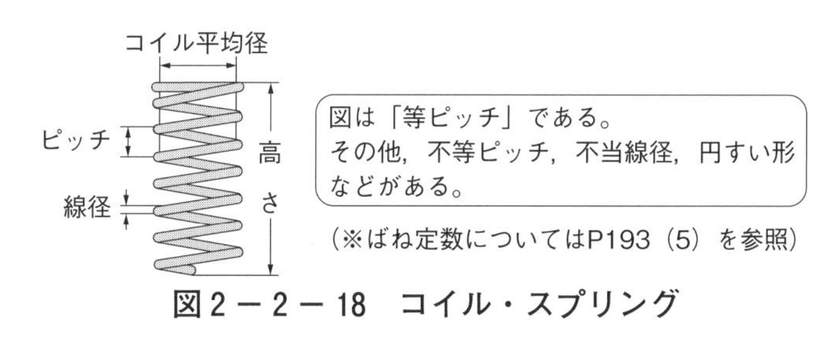

図2－2－18　コイル・スプリング

(3) トーション・バー・スプリング 重要

☆**主に独立懸架式サスペンションに用いられている**トーション・バー・スプリングは，**ばね鋼を棒状**にしたもので，コイル・スプリングと同様，振動の減衰作用が少ない。

一端を固定し，他端をねじると弾性によって元に戻る性質を応用している。性質としては，車両に組み付けた状態において，正規のねじり方向には強いが，反対方向にはもろい。

(4) エア・スプリング 重要

エア・スプリングは，圧縮空気の弾性を利用したばねである。自動車の荷重を空気圧力によって支えている。

従来は主に大型バスや高級車などに用いられてきたが，現在では，中型，大型トラック（主にリヤ・サスペンション）にも用いられるようになっている。(⇒積み荷の損傷を防ぐという目的にかなうため採用が広がった。）なお，近年においては，エア・スプリングも主流は電子制御式のものに変わってきた。

長所

（1） 乗降性の向上（例えばバスなど），荷物の積み降ろしやトレーラの接続や離脱が容易。

（2） 荷重が変化しても車高を一定に保つことができる。

（3） 空車時と積載時の乗り心地の差が少ない。

短所

（1） コンプレッサ（圧縮空気を作り出すことのできる装置）やレベリング・バルブ（荷重が変化したとしても，車高を常に一定に保つ装置）などが必要となり，構造が複雑になる。

（2） アクスルを支持するためのリンク機構が必要。

エア・スプリングはベローズ型とダイヤフラム（ゴム膜）型の2種類に分類される。ベローズ型は，上下にエンドプレートを取り付けることで気密性を保つ。ダイヤフラム型は，伸縮するダイヤフラムの有効直径を変えて有効面積を加減できる。

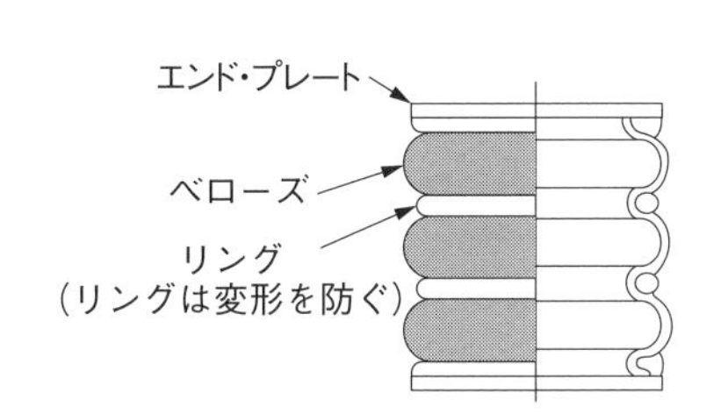

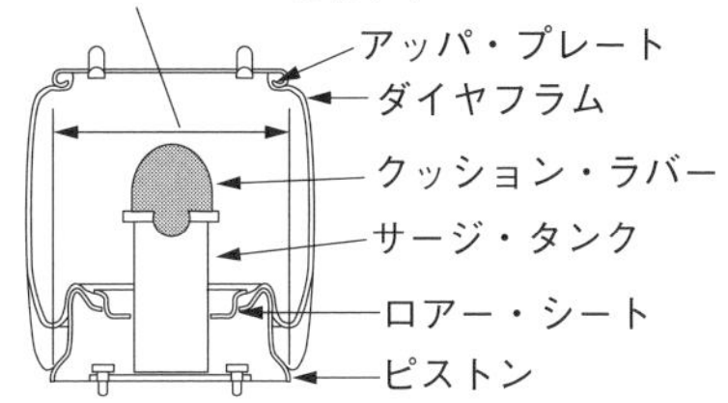

ベローズ型エア・スプリング　　ダイヤフラム型エア・スプリング

図2－2－19

（※なお，現在ではサージ・タンクのないダイヤフラム型エア・スプリングも増えている）

（5） ばね定数　重要

ばね定数とは，ばねを単位長さだけ圧縮又は伸長するときに要する力のことで，単位は〔N/mm〕を用いる。この数値が大きいほど，スプリングは硬くなり，（数値が）小さいほど，スプリングは柔らかくなる。

混同注意

コイル・スプリングのばね定数は，コイルの平均径，巻数，線径，材質などにより決まる。

☆トーション・バー・スプリングのばね定数は，長さ・断面積・寸法・材質により定まる。

〈トーション・バー・スプリングのばね定数の覚え方〉

（裁判官の）**父ちゃんがぁ**　**ばねを定数**
トーション・バー・スプリング

流　すん　断　罪！
長さ　寸法　断面積　材質

5. ショック・アブソーバ

衝撃吸収器のことである。自動車を走行させた時，ホイールが路面から衝撃を受けると，リーフ・スプリング，コイル・スプリング，エア・スプリングなどが作用して衝撃を緩和するが，スプリングの特性として一度衝撃を受けると，元の状態に戻るまで上下の振動を続けようとする作用がある。この衝撃を早く吸収する装置がショック・アブソーバである。

ショック・アブソーバの機能の良否は，走行時の振動や異音などによっても確認できる。

図2－2－20は，ショック・アブソーバなしの時と，ショック・アブソーバ付きの時の振動を表わしたものである。

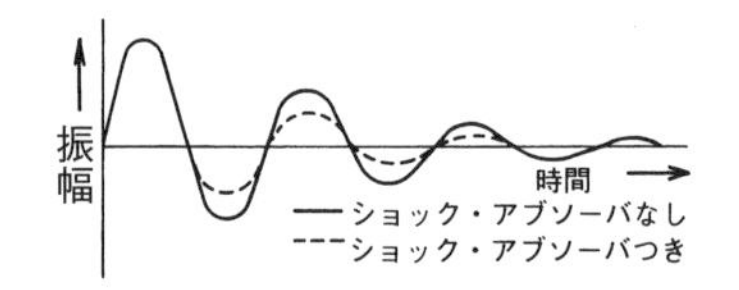

図2－2－20 ショック・アブソーバの作用

ショック・アブソーバは，筒型をしたものが一般的である。

衝撃吸収は，オイルの流れる抵抗を利用したものや，オイルとガスを用いたものがある。

なお，ショック・アブソーバの点検では，外観からオイル漏れ及び損傷のないことを確認する。

(1) 筒型ショック・アブソーバ

図2－2－21－(1)のように，オイルを満たしたシリンダ，ピストン，ピストンロッド，カバーなどで構成されている。

筒形ショック・アブソーバは，下端が直接スプリングまたはサスペンション・アームに取り付けられ，上端はフレーム又はボディ・メンバに取り付けられている。

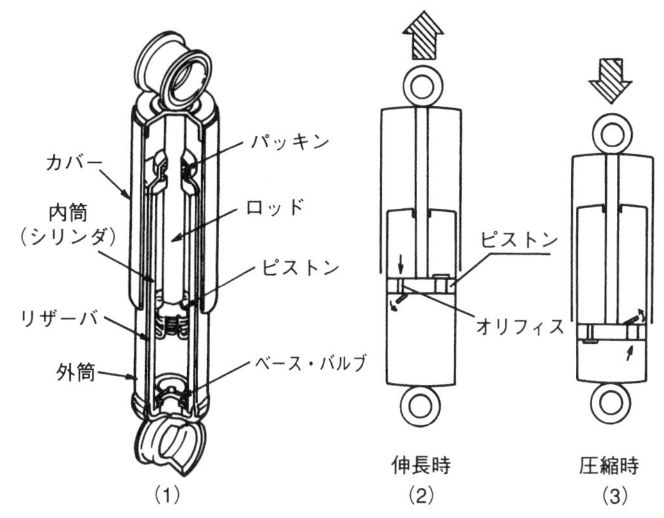

図2－2－21　筒型ショック・アブソーバ

① ショック・アブソーバの作動

自動車が走行中に路面のへこんだ部分を通るとホイールが下がり，図2－2－21－(2)のように，ショック・アブソーバを上下方向に引っ張る作用になる。内部のピストンは上昇し，ピストンの上部にあるオイルはオリフィスを通り，ピストン下部に送り出される。この時のオリフィスは大変小さいため，オイルが通過するとき大きな抵抗となり，各スプリングの受けている衝撃を緩和させる。

自動車が走行中に路面の盛り上がった個所を通るとホイールが上がり，図2－2－21－(3)のように，ショック・アブソーバを中心に向かって圧縮する作用になる。内部のピストンは下降し，ピストンの下部にあるオイルはオリフィスを通り，ピストン上部に送り出される。この圧縮時のオリフィス※は，伸長時のオリフィスより大きいため，衝撃吸収力も少し弱くなる。

(※ オリフィス：ショック・アブソーバで使用しているオイルの通る小さな穴のことをいう。)

ポイント！

筒型ショック・アブソーバの場合は，引っ張り方向で強い減衰力を，圧縮方向ではそれよりも弱い減衰力を感じるようであれば機能は正常である。

(2)　ガス封入式ショック・アブソーバ（複筒式） 超重要

図2－2－22のように，二本の細長い筒状のものを組み合わせた構造である。外筒にはリザーバとガス室を設け，内筒にはオイル室を設けてある。外筒と内筒はベース・バルブによって通じている。

☆乗り心地を良くするため，ショック・アブソーバの減衰作用は，圧縮時よりも伸長時のときを強くしている。☆バルブなどでオイルの流量を変えることにより，減衰作用の強弱の調整を行っている。

☆一般的に封入ガスには，窒素ガスが使用されており，オイルの泡立ち防止の作用もある。

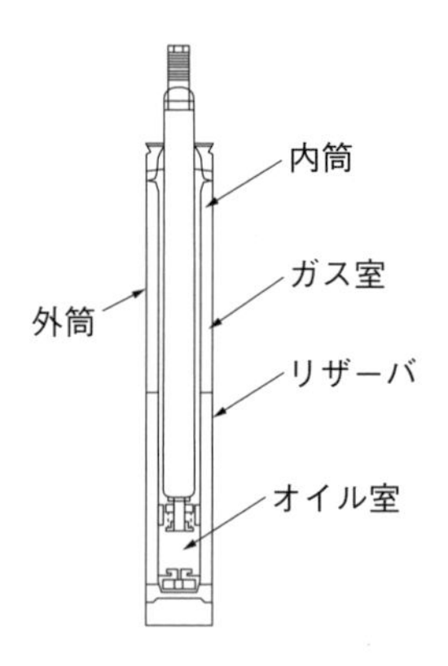

図2－2－22　ガス封入式ショック・アブソーバ（複筒式）

①　ガス封入式・ショック・アブソーバの作動

圧縮時の作動

ロッドを押し下げ始めるとバルブaが開き，下室（オイル室）のオイルは上室へ流れる。さらに，ロッドが押し下げられると下室のオイルはベース・バルブを通りリザーバへ流れ，圧縮時の減衰作用となる。

伸長時の作動

ロッドを引き上げ始めると，上室のオイルはオリフィスとバルブbを通って下室へ流れ，伸長時の減衰作用となる。さらにロッドが引き上げられると，オイルはリザーバからベース・バルブを通り下室（オイル室）へ流れる。このように，オリフィス，バルブなどでのオイルの流量によって減衰作用の強弱が決まってくる。

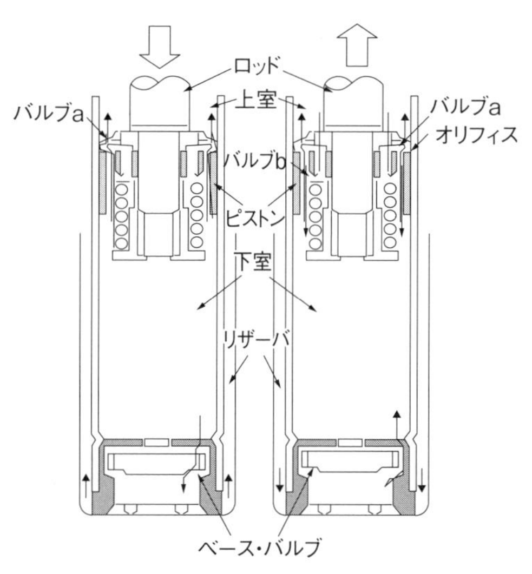

図2－2－23　ガス封入式ショック・アブソーバ（複筒式）の圧縮時（左側の図）と伸長時（右側の図）

よく出る問題〔第2章・アクスルとサスペンション〕

スプリング

【例題1】 超重要

シャシ・スプリングに関する記述として，**適切なもの**は次のうちどれか。
（1） リーフ・スプリングのキャンバ（反り）とは，両端の目玉部中心間の距離をいう。
（2） コイル・スプリングを使用したサスペンションは，アクスルを支持するためのリンク機構を必要とする。
（3） ばね定数の単位には N/mm を用い，その値が大きいほどスプリングは軟らかくなる。
（4） トーション・バー・スプリングは，車軸懸架式のサスペンションに用いられている。

【例題2】

シャシ・スプリングに用いられているコイル・スプリングに関する記述として，**不適切なもの**は次のうちどれか。
（1） ばね定数は，コイルの平均径，巻数，線径，材質などによって定まる。
（2） 主に独立懸架式サスペンションに用いられている。
（3） 振動の減衰作用はリーフ・スプリングより多い。
（4） アクスルを支持するためのリンク機構を必要とする。

【例題3】 超重要

リーフ・スプリングに関する記述として，**適切なもの**は次のうちどれか。
（1） 構造が簡単で，きしみ音が発生しにくい。
（2） ばね鋼を棒状にしたもので，振動の減衰作用が少ない。
（3） ばね定数は，一般にリーフ・スプリングの枚数を減らすと小さくなる。
（4） 独立懸架式サスペンションに用いられている。

アクスル及びサスペンション

【例題４】

図に示す車軸懸架式フロント・アクスルのＡの部品名称として，**適切なもの**は次のうちどれか。

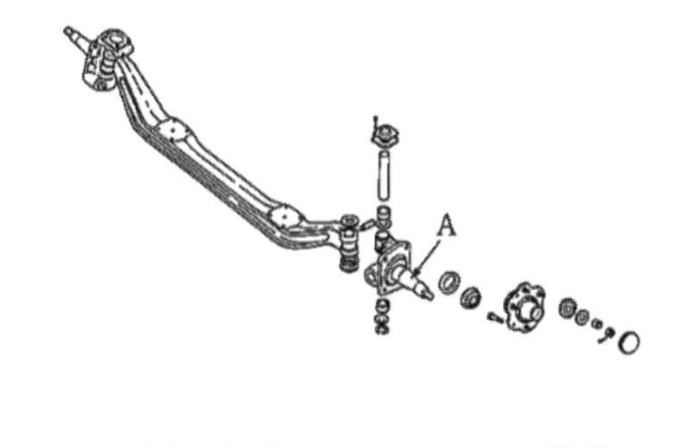

（１）　アクスル
（２）　キング・ピン
（３）　ナックル・スピンドル
（４）　ハブ

【例題５】 超重要

車軸懸架式サスペンションと比較して，独立懸架式サスペンションの特徴に関する記述として，**不適切なもの**は次のうちどれか。

（１）　路面の凹凸による車の振動を少なくすることができる。
（２）　主にバス，大型トラックなどのリヤ・サスペンションに用いられている。
（３）　車高（重心）が低くできる。
（４）　ばね下質量を軽くして乗り心地を良くすることができる。

ショック・アブソーバ

【例題６】

筒型のガス封入式ショック・アブソーバ（複筒式）に関する記述として，**不適切なもの**は次のうちどれか。

（１）　減衰作用は，一般に圧縮時の方が伸長時よりも強い。
（２）　内筒と外筒は，ベース・バルブによって通じている。
（３）　減衰作用の強弱は，バルブなどでオイルの流量を変えることによって行われている。
（４）　一般に封入ガスは，窒素ガスが用いられている。

【例題7】

筒型のガス封入式ショック・アブソーバ（複筒式）に関する記述として，**適切なもの**は次のうちどれか。

（1）　内筒と外筒は，ベース・バルブによって通じている。

（2）　ガス封入式ショック・アブソーバには，オイルを使用していない。

（3）　ショック・アブソーバの減衰作用は，一般に伸長時よりも圧縮時の方を強くしてある。

（4）　一般に封入ガスとして，炭酸ガスを用いている。

⊿解答と解説▽ 第2章　アクスルとサスペンション

【例題1】 解答（2）

⊿解説▽

（1）　リーフ・スプリングのスパンとは，両端の目玉部分中心間の距離をいう。なお，キャンバ（反り）とは，湾曲の度合いのことである。

（3）　ばね定数の単位にはN／mmを用い，その値が大きいほどスプリングは硬くなる。

（4）　トーション・バー・スプリングは，主に独立懸架式のサスペンションに用いられている。

【例題2】 解答（3）

⊿解説▽

（3）　リーフ・スプリングのような板間摩擦がないので，振動の減衰作用はリーフ・スプリングより**少ない**。

【例題3】 解答（3）

⊿解説▽

（1）　帯状のばね鋼を複数枚重ねた構造なので，確かに簡単な構造であるが，板間摩擦により，きしみ音が**発生しやすい**。

（2）　ばね鋼を**帯状**に成形して湾曲させて造ったものである。

（4）　リーフ・スプリングは，**車軸懸架式**に用いられる。

【例題4】 解答（3）

⊿解説▽

Aはナックル・スピンドルである。

ナックル・スピンドルとは，ホイールを取り付ける軸をいう。

※ナックル：関節部分，動く部分といった意。

※スピンドル：短い軸，ホイールを取り付ける軸といった意。

【例題5】 解答（2）

⊿解説◸

（1） ホイールごとに独立した構造のため振動を少なくできる。

（2） 大型のバス，トラックには，車軸懸架式のアクスルが適している。
なお，独立懸架式サスペンションは主に乗用車などに用いられている。

（3） 部品を小さくできるので車高（重心）を低くできる。

（4） 小型，軽量のため，ばね下質量も軽くできる。

【例題6】 解答（1）

⊿解説◸

（1） ショック・アブソーバの減衰作用は，**伸長時の方が強い**。

（2） ベース・バルブを介して，内筒のオイル室のオイルは外筒のリザーバへ流れる。

（3） バルブなどにより，オイルの流量を変えることで，減衰作用が変わる。

（4） 一般に封入ガスは，**窒素ガス**が用いられ，オイルの泡立ちを防止している。

【例題7】 解答（1）

⊿解説◸

（1） 前問の選択肢（2）の解説参照。

（2） ガス封入式ショック・アブソーバ（複筒式）は，オイルによる抵抗を利用している。

（3） **伸長時**の方が強い。

（4） **窒素ガス**を用いている。

ひっかけ注意！

【例題7】の選択肢（3）および前問の選択肢（1）のように不適切な場合の選択肢の出題表現に気を付けよう！（慌てているとケアレスミスしやすい）

ポイントは，どちらの方が減衰作用が強いと表現されているのかを把握すること！（次頁一覧参照）

◆適切・不適切な場合の表記一覧（ショック・アブソーバの減衰作用より）

不適　減衰作用は，一般に圧縮時の方が伸長時よりも強い　×（圧縮時＞伸長時）

適　減衰作用は，一般に伸長時の方が圧縮時よりも強い　○（伸長時＞圧縮時）

不適　減衰作用は，一般に伸長時よりも圧縮時の方を強くしてある。　×（伸長時＜圧縮時）

適　減衰作用は，一般に圧縮時よりも伸長時の方を強くしてある。　○（圧縮時＜伸長時）

ワンポイント・アドバイス

選択肢が適切か，不適切かという点とそもそも問題文で適切なものを解答するよう求められているのか，それとも不適切なものを解答するよう求められているのか・・・という点も慌てていると勘違いしやすいのでご用心！！

第3章　ホイールとタイヤ

1．概要

ホイールとタイヤは，自動車が路面を走行する時，自動車の全荷重を分担して支え，路面上を回転する。この他，駆動の時や制動の時のトルクを路面に伝えたり，旋回時の傾き，路面からの衝撃などに対しても十分耐えられるようになっている。

2．ホイール

ホイールには図2－3－1のように鋼製と軽合金製がある。このホイールは，タイヤを保持するリム，リムを保持するディスクなどの組み合わせで構成されている。

（1） ディスク・ホイール

① 鋼製ホイール（図2－3－1－(1)）

鋼板を皿型に型押ししたディスクにリムを接合して造ったホイールである。強度が高く，ハブに対する着脱も簡単である。また，ホイールの軽量化とブレーキ本体の冷却効果を良くするため，穴がいくつか打ち抜かれている。

② 軽合金製ホイール（図2－3－1－(2)）

一般的にアルミニウム合金で鋳造されたホイールである。鋼製に比べて軽量で加工が容易であり，見栄えが良い（デザイン性に優れる）などの特徴がある。

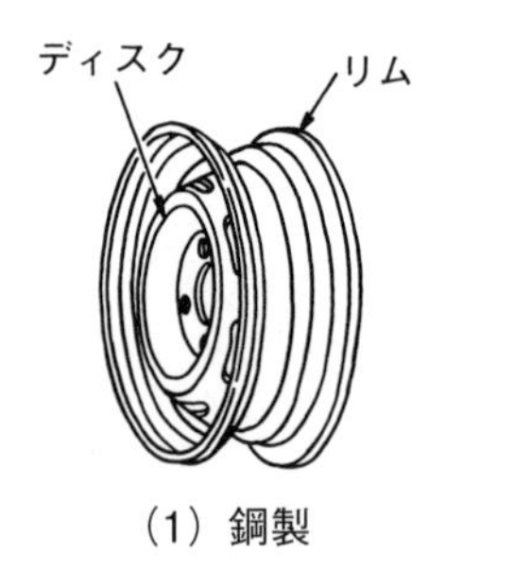

(1) 鋼製

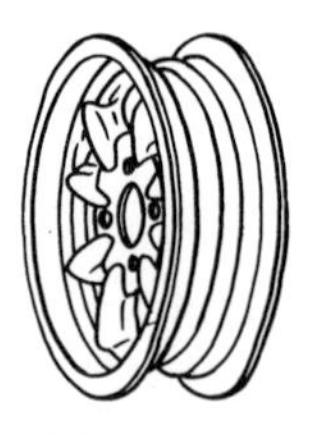
(2) 軽合金製

図2－3－1　ディスク・ホイール

(2)　ホイールの寸法

ホイール各部の寸法の名称には，リムの直径，リム幅，取り付け面直径などがある（図2－3－2参照）。

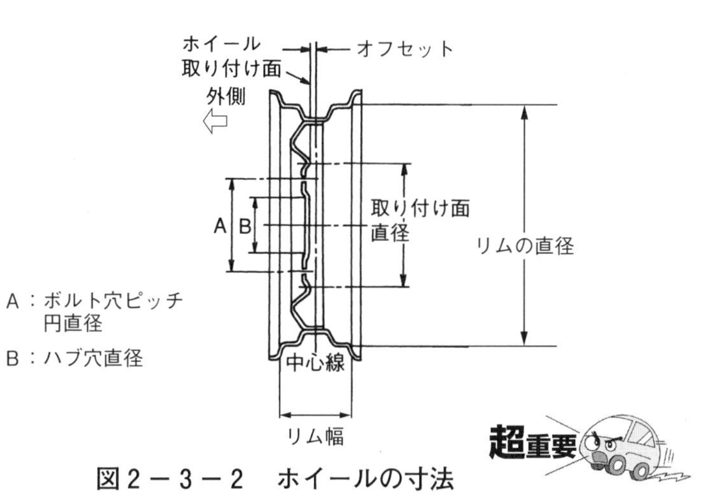

図2－3－2　ホイールの寸法

各直径の位置をしっかり覚えよう！
特にハブ孔直径は重要です！

ホイールの取り付けにおいて，リム幅の中心線からホイール取り付け面までの寸法が重要となってくる。リム幅のちょうど真ん中（同一面）に取り付け面がきていれば，ゼロ・オフセットで，リム幅中心線よりも外側にある場合はプラス・オフセット，リム幅より内側にあればマイナス・オフセットになる。

インセットが大きくなる
　⇒　タイヤは内側に寄る

アウトセットが大きくなる
　⇒　タイヤは外側に出る

(3) リムの呼称

リムの呼称は下記のように，リムの直径，リムの幅，リム・フランジの形状で表わす。

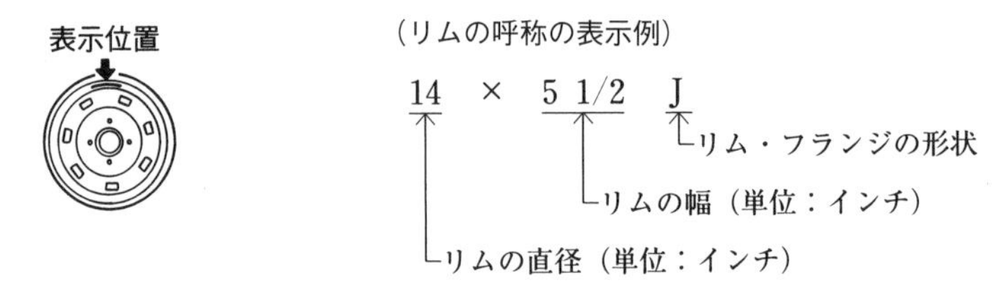

図2－3－3　リムの呼称

(4) リムの種類

リムは，タイヤを保持する輪っかのことで，タイヤを確実に保持してタイヤと共に回転する。リムには下の図で挙げたように深底リム，広幅平底リムがある。

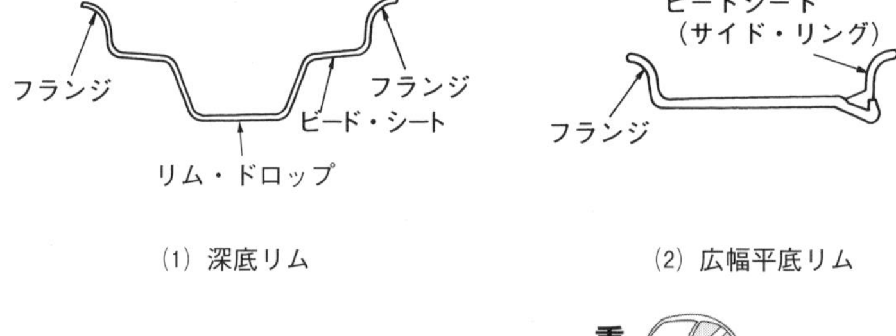

図2－3－4　リムの種類　重要

㋑ 深底（ふかぞこ）リム　☆

図2－3－4－(1)のように中央部をビード・シートより深くして，窪（くぼ）み（**リム・ドロップ**）を設けた構造になっている。タイヤを着脱するとき，タイヤのビードを中央の深い窪み（リム・ドロップ）に落とし込むことで，ビードが緩くなり**タイヤの着脱が容易になる**。この深底リムは，**小型トラック**や**乗用車**に多く使用されている。

㋺　**広幅平底**（ひろはばひらぞこ）**リム**　☆

図２－３－４－（２）のように中央部は平らになっており，フランジと**ビード・シート**で構成されている。片側のビード・シートが着脱できるようになっており，これによってタイヤの着脱は容易になる。着脱できるビード・シートをサイド・リングという。

この**広幅平底リムは，バスや大型トラックに多く使用されている。**

ひっかけ注意！

次の肢の正誤を判断してみよう！

ホイールの広幅平底リムは，タイヤの脱着を容易にするため中央部にくぼみを設けている。

⇒これは深底リムの説明なので混同に要注意！！よって，誤り。

㋩　広幅深底（ひろはばふかぞこ）リム

低圧タイヤ用にリム幅をタイヤ幅に対して広くとったリムで，中央部にタイヤの着脱を行う際にタイヤのビードを逃がすウェルと呼ばれる窪みを設けたものである。構造は深底リムと類似している。

（５）　ホイールの取り付け

ホイールを取り付けるときは，ホイール・ナットを用いる。

乗用車や小型トラックなどの単輪車には，テーパ・ナットが使用され，トラックやバスなどの複輪車には，二重ナットが用いられることが多い。

ホイール・ナットは，一般には**右ねじ**であるが，トラックやバスの左側ホイールには，左ねじが使用されている。

左ねじ使用の理由は，ホイールの回転による遠心力でホイール・ナットが緩まない回転方向だからである。

◆補足◆　**重要**

ホイール・ナット（ボルト）の締め付けは，対角線順に２～３回に分けて行い，最後にトルク・レンチで確認を行う。

3．タイヤ

タイヤは，ドーナツ形状をした弾力性を有するゴム製の製品である。自動車の全荷重を分担して支え，常に路面と接触しながら路面からの衝撃を吸収したり，駆動力，制動力を伝えている。

(1)　タイヤの構成

タイヤは図2－3－5のようにⓐビード部，ⓑサイド・ウォール部，ⓒショルダ部，ⓓトレッド部などで構成されている。

ワンポイントアドバイス

タイヤの構造図では，図2－3－5に示したⓐ～ⓓ各部の名称と位置を押さえよう！

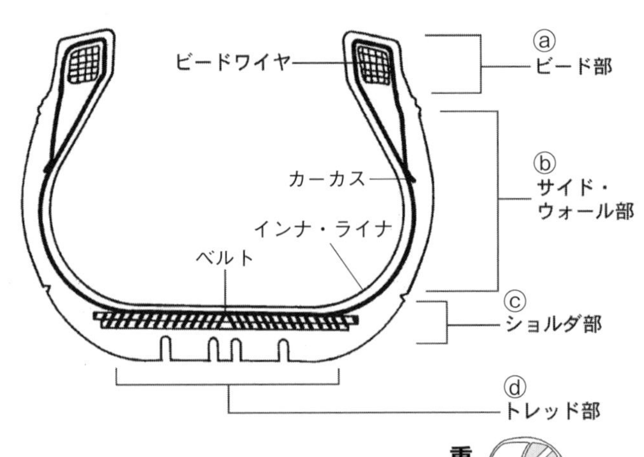

図2－3－5　タイヤの構造　重要

（※ビード：リムと接続する部分でタイヤをリム上に安定させる役目をする。）

①　トレッド

タイヤのトレッドは常に路面と接触する部分で，路面の摩擦や路面の凹凸による衝撃などを直接受ける部分である。

トレッドの内側には，ベルト，カーカスなどの構成部品が組み込まれており，これらの保護をする役目がある。

(A)　トレッド（輪距）という場合は，

図2－3－6－(A) のように左右タイヤの路面との接触面の中心距離のことをいう。

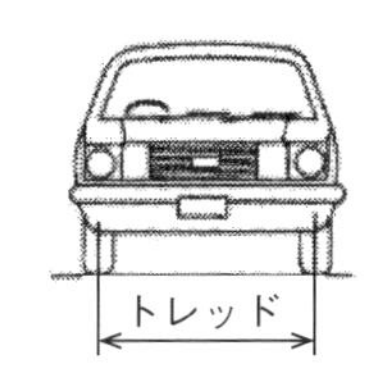

図2－3－6－(A)　トレッド（輪距）

(B)　トレッド（パターン）という場合は，

タイヤの地面と接する面に刻まれた溝のことで，トレッド（パターン）の形状は，図2－3－6－(B) に示すように，リブ型，ラグ型，リブ・ラグ型，ブロック型がある。

走行することで発生する熱の放散や滑り止めに各種の溝を設けてある。これらの溝の種類によって性能も変化するので，路面状態に応じてタイヤを変えると良い。

(1) リブ型　(2) ラグ型　(3) リブ・ラグ併用型　(4) ブロック型

図2－3－6－(B)　トレッド（パターン）

(2)　タイヤの種類

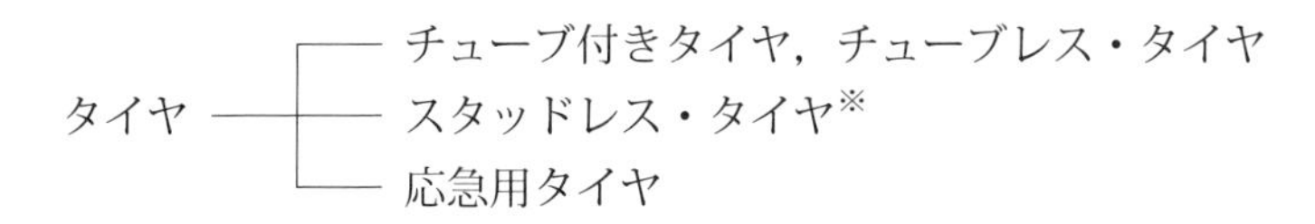

※スタッドレス・タイヤ

特殊なゴムによって，トレッドが0℃以下の低温になっても柔軟性を失わないで硬化しにくく，金属スパイクをもたなくても，氷雪路面の微小な凹凸を包み込むグリップ力をもっており，駆動力や制動力を高めることができる。

(3)　タイヤの呼び

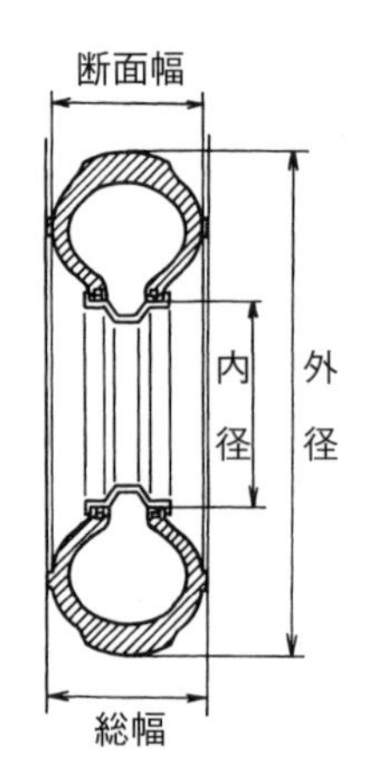

図2－3－7　タイヤの大きさ

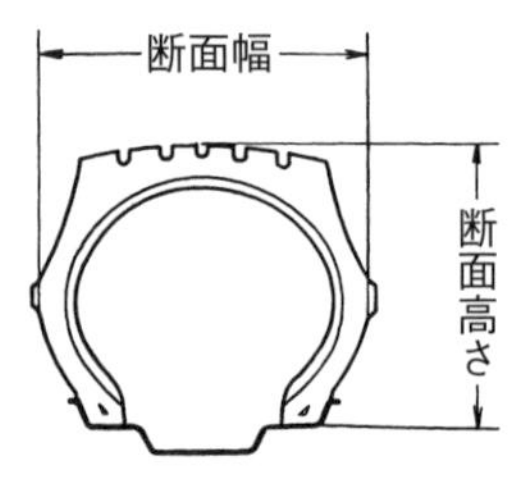

図2－3－8　タイヤの偏平率

① タイヤの大きさ

図2－3－7のように内径（タイヤ内側のビード部），外径（タイヤ外側のトレッド部の間），断面幅（タイヤ幅）がある。

② 偏平率

偏平率が小さくなると，車高が低くなり接地面積が増えることで安定性が良くなり，高速走行時の操縦が安定する。

偏平率の計算は次式で求める。

$$偏平率（\%）= \frac{面断高さ}{断面幅} \times 100$$

(4)　ホイールとタイヤの現象

① ホイール・バランス

ホイールは，タイヤを組み付けた状態で使用する。このとき，重い場所や軽い場所があるなど，ホイールの重さにアンバランスがあると，回転に伴う遠心力の作用で，ホイールに振動が発生する。

ホイール・バランスの性質から，スタティック（静的）・バランスとダイナミック（動的）・バランスに区分されている。

ⓐ　スタティック・バランス

ホイールを自由に回転できるようにして軽く回した後の停止位置が，バランスが取れている場合には，どの位置でも停止するのに対し，アンバランスがある場合には，重たい部分を真下にして停止する。

スタティック・バランスにアンバランスがあると，**縦揺れ**を起こす恐れがある。

ⓑ　ダイナミック・バランス

ダイナミック・バランスは，ホイールを回転させて確認を行う。ダイナミック・バランスにアンバランスがあると，**横揺れ**を起こす恐れがある。

②　スタンディング・ウェーブ（波打ち現象）

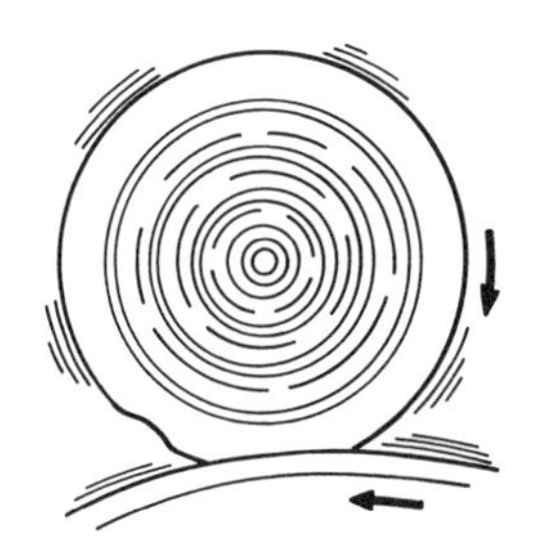

図2－3－9　スタンディング・ウェーブ

タイヤの空気圧が不足したまま（低い状態のまま）で高速走行した際，図2－3－9のようにタイヤに波打ち現象（走行中のタイヤが波形に変形する現象）が起こりやすい。

空気圧が低ければ低いほど，それに加えて，高速走行になればなるほど，スタンディング・ウェーブの変形はひどくなり，ついには，急激にタイヤが破裂する。

スタンディング・ウエーブの防止対策として，重要なのはタイヤの空気圧管理を確実に行うことである。

③　ハイドロ・プレーニング

水のたまった路面を高速走行する際，タイヤの排水作用が悪化し，水の上を滑走する状態となり，水がクサビの作用をして，操縦や制動も効かなくなる現象をいう。

摩耗により，トレッドの溝が浅くなるほど，ハイドロ・プレーニング現象が起こりやすくなる。

（5）　ホイールとタイヤの点検

ホイールは，錆，変形などを点検する。**ホイールのリムの振れの点検には，ダイヤル・ゲージを用いる。**（⇒ P112 参照）

タイヤは，空気圧，トレッド部の摩耗，損傷など点検する。タイヤの空気圧が適切であってこそ，車の走行は安定し，快適な乗り心地が実現する。空気圧が低過ぎれば，破裂（バースト）の恐れや燃費悪化があり，逆に空気圧が高すぎると，ブレーキが利きにくくなってしまう。

タイヤの空気圧点検は，タイヤが冷えているときに行うのが原則である。（タイヤの温度が高いと熱膨張により，空気圧も高くなっているため）。

タイヤ・トレッド部の溝の深さ測定は，デプス・ゲージを用いる。そして，溝の深さが 1.6 mm 未満のときは，タイヤを交換する。

よく出る問題〔第3章・タイヤとホイール〕

タイヤとホイール

【問題1】 超重要

タイヤとホイール（ＪＩＳ方式）に関する記述として，**不適切なもの**は次のうちどれか。

（1） ホイールのオフセットは，リム幅の中心線からホイール取り付け面までの寸法をいう。

（2） ホイールの深底リムは，タイヤの脱着を容易にするため中央部に深いくぼみを設けている。

（3） ホイールの深底リムは，主として乗用車及び小型トラックのディスク・ホイールに用いられている。

（4） ホイールのリムの振れの点検は，デプス・ゲージを用いて行う。

【例題2】 重要

図に示すディスク・ホイールで，ハブ穴直径を表すものとして，**適切なもの**は次のうちどれか。

（1） A

（2） B

（3） C

（4） D

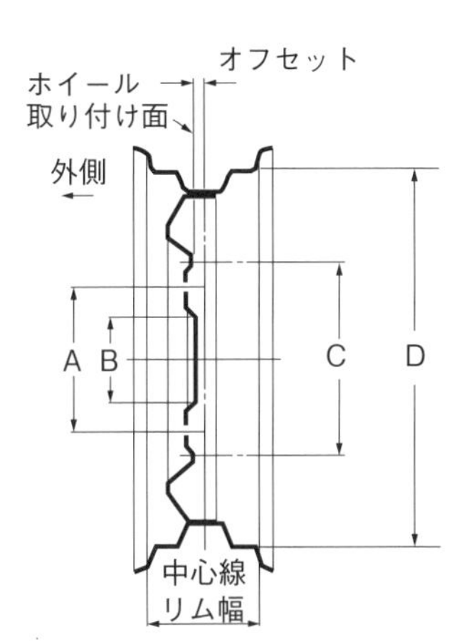

【例題3】 超重要

タイヤとホイール（JIS方式）に関する記述として，**適切なもの**は次のうちどれか。

（1） タイヤの空気圧の点検は，タイヤが冷えている状態で行う。

（2） 右側ホイール・ナットには，一般に左ねじが使用されている。

（3） ホイール・ナットの締め付けは，対角線順に1回で行い，最後にトルク・レンチで確認する。

（4） ホイールの広幅平底リムは，乗用車及び小型トラックに用いられている。

⊿解答と解説◸ 第３章　タイヤとホイール

【例題１】 解答（４）

⊿解説◸

（２）　タイヤのビードを中央の深い窪み（リム・ドロップ）に落とし込むことで，ビードが緩くなりタイヤの着脱が容易になる。

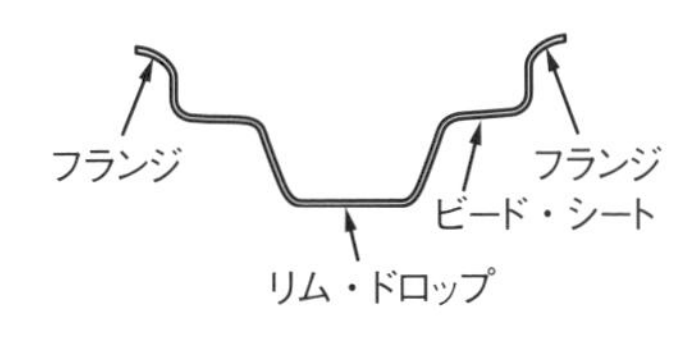

深底リム

（３）　混同注意

ホイールの広幅平底リムと間違えないように！

・**広幅平底リム**は，バスや大型トラックに用いられている。

・**深底リム**は，乗用車及び小型トラックに用いられている。

それぞれのリムについては P206，図２－３－４　リムの種類参照。

（４）　ホイールのリムの振れの点検は，**ダイヤル・ゲージ**を用いて行う。よって，不適切。

なお，デプス・ゲージ（下図参照）は，タイヤの溝の深さの測定に用いる。

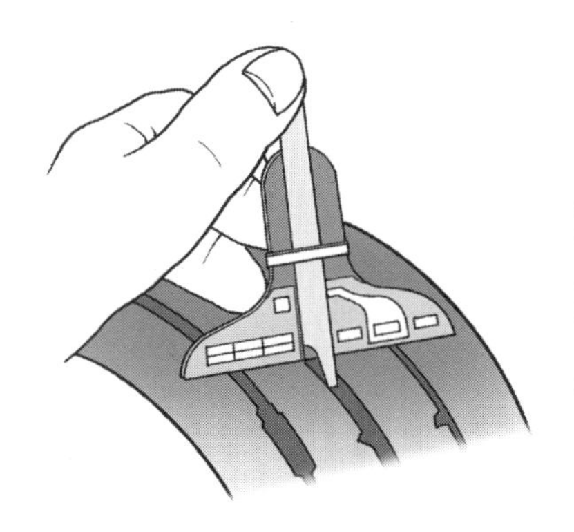

デプス・ゲージでの測定

英語のdepth（デプス）（＝深さ，深度）の意味より，タイヤの深さ（＝タイヤのデプス）⇒デプス・ゲージと英語の意味と絡めて覚えておけば，パッと思い出しやすいよ！

【例題2】 解答（2）

⊿解説◸

（1）　Aは，ボルト穴ピッチ円直径（又はナット座ピッチ円直径とも）

（2）　Bは，ハブ穴直径

（3）　Cは，取り付け面直径

（4）　Dは，リムの直径

【例題3】 解答（1）

⊿解説◸

（1）　タイヤの空気圧は，タイヤの温度が高いと空気圧が高く表示されるので，タイヤが冷えているときに点検する。よって，適切。

（2）　一般的には，右ねじを用いる。大型車や小型車の一部には，左側ホイールに限り左ねじを用いている。

（3）　ホイール・ナットの締め付けは，対角線順に2～3回に分けて行い，最後にトルク・レンチで確認する。

（4）　ホイールの広幅平底リムは，バスや大型トラックに用いられている。

混同注意

ホイールの深底リムと間違えないように！

乗用車及び小型トラックに用いられているのは，ホイールの深底リムである。

第4章　ブレーキ装置

1．概要

ブレーキ装置は，走行中の自動車を減速，停止させるために用いる装置である。一般的には摩擦力を利用して制動する摩擦ブレーキが用いられている。ブレーキ装置の条件として，次のような項目が要求される。

- ㋑　作動が確実で，操作が容易であること。
- ㋺　信頼性，耐久性，安定性にすぐれていること。
- ㋩　点検，調整が容易であること。

操作力を油圧や空気圧またはリンクなどを利用して伝達させる操作機構部と，その力を受けて制動力を発生させる本体部でブレーキ装置は構成されている。その他，補助的な装置として，運転者の小さな踏力で大きな制動力を発生する制動倍力装置，制動時に車輪がロックしない作用をするアンチロック装置なども備えている。ブレーキ装置を分類すると，次のようになる。

ブレーキ装置
- →1．フート・ブレーキ（摩擦ブレーキ）
  - イ　油圧式
  - ロ　エア式
  - ハ　エア・油圧式
- →2．パーキング・ブレーキ（摩擦ブレーキ）
  - 手動式（ホイール式，センタ式）
  - 電動式（ホイール式，センタ式）
- →3．補助ブレーキ
  - イ　エキゾースト・ブレーキ
  - ロ　エディ・カレント・リターダ（渦電流式減速装置）
  - ハ　流体式リターダ
  - ニ　エンジン・リターダ

2. 油圧式ブレーキ

ブレーキオイルを使う油圧式のブレーキで，主に足踏み式のものである。一般的に乗用車や小型トラックなどに用いられている。

構成は，図2－4－1のようになっている。

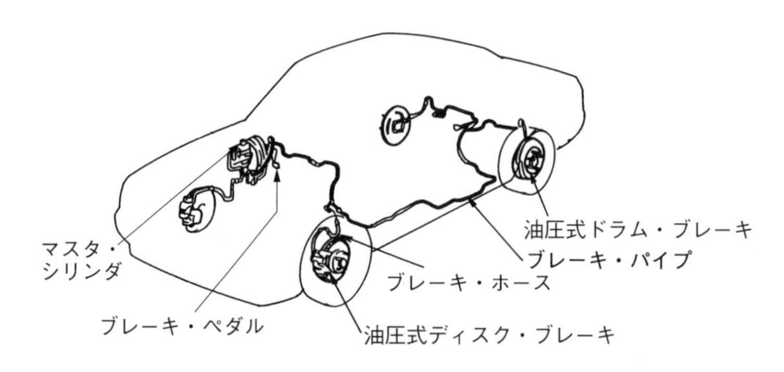

図2－4－1 油圧式ブレーキの構成

(1) ブレーキ・ペダル

真空制動倍力装置を通じて運転者の踏力（とうりょく）をマスタ・シリンダに伝える役目をする。大型車などの制動力は大きな踏力を必要とするが，運転者の小さな踏力でも大きな制動力を得るには図2－4－2のように，真空式制動倍力装置などを設けることで大きな制動力を得ることができる。ブレーキ・ペダルには，ブレーキを踏んだ事がわかるように，ストップ・ランプ・スイッチが設置されている。

ブレーキが引きずりを起こさないためにブレーキ・ペダルの遊びは，必要である。

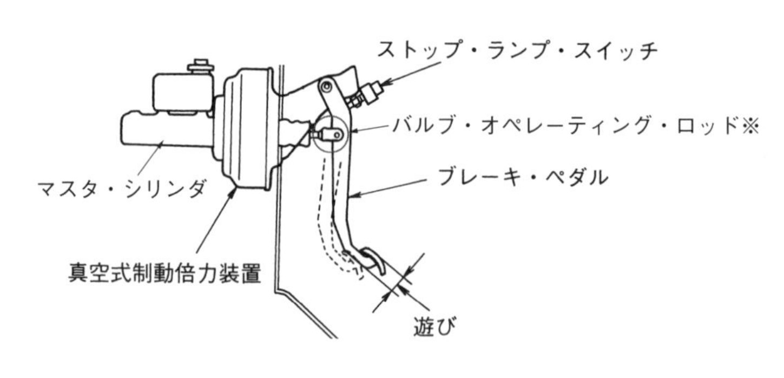

図2－4－2 ブレーキ・ペダル

※バルブ・オペレーティング・ロッド：
　ブレーキ・ペダルと真空制動倍力装置を連結する。

（2）　マスタ・シリンダ

ブレーキ・ペダルを踏んだ時のエネルギーを，油圧エネルギーに変換する装置である。

①　タンデム・マスタ・シリンダ

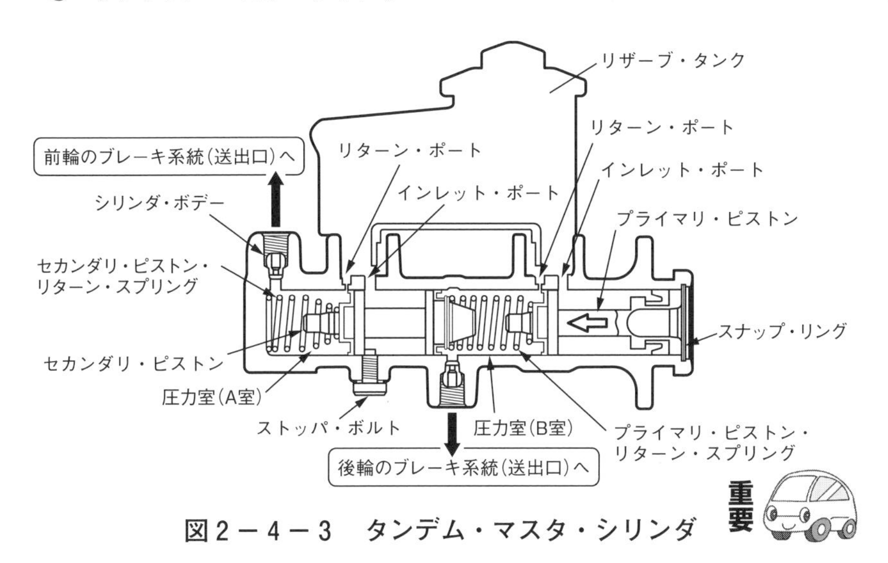

図２－４－３　タンデム・マスタ・シリンダ

タンデム・マスタ・シリンダは，独立した２つの油圧系統（ブレーキ・システム）**をもっている。**そのため，どちらか片方の系統が故障で作動しなくなったとしても，残ったもう片方の系統でブレーキ作用を行うことができる。

この２つの系統は，前輪用と後輪用，または右前輪・左後輪用と左前輪・右後輪用の油圧系統がある。図２－４－３は前輪用と後輪用の２系統にわかれているものである。

一つのシリンダ内には，セカンダリ（前輪用）と**プライマリ**（後輪用）**の計２個のピストンが備えられている。**これらのピストンを支える**リターン・スプリングが収納されている部分は，圧力室を形成**している。

圧力室には，ブレーキ液の送油口およびリターン・ポートが設けられている。

ⓐ　ブレーキの作動前（ブレーキが作動していない静止状態）

B室のプライマリ・ピストンは，プライマリ・ピストン・リターン・スプリングによってスナップ・リングの位置まで押される。

A室のセカンダリ・ピストンは，セカンダリ・ピストン・リターン・スプリングによってストッパ・ボルトの位置まで押される。

このとき，プライマリ・ピストン室内とセカンダリ・ピストン室内にはリザーブ・タンク内のブレーキ液が流入する。

☆ブレーキが作動していない静止状態での ポイント

⇒　セカンダリ・ピストンの位置決めを行うのは**ストッパ・ボルト**である。

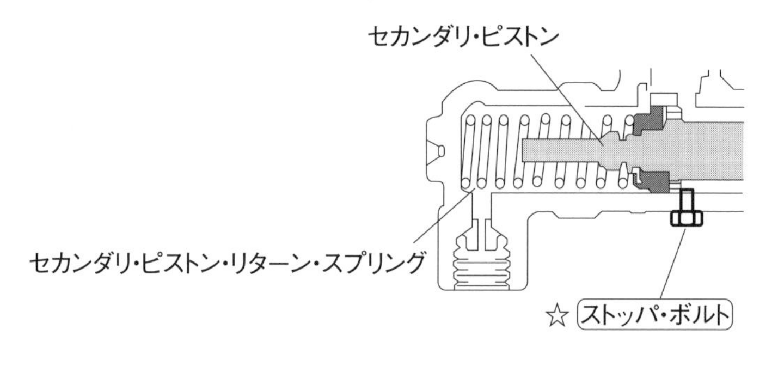

※　なお，プライマリ・ピストンの位置決めを行うのは，スナップ・リングである。

ⓑ　ブレーキの正常作動

ブレーキ・ペダルを踏み込むと，プライマリ・ピストンが前進してピストン・カップがリターン・ポートを過ぎると，後輪ブレーキの油圧を送り出す。後輪のブレーキが作動すると共にセカンダリ・ピストンも作動して前輪のブレーキを作動させる。

ブレーキ・ペダルを離すと，それぞれのリターン・スプリングと油圧によってピストンは戻され，前輪と後輪の油圧は低下する。

このときピストンの前後に圧力差が発生すると，ピストンの小穴，インレット・ポート，リターン・ポートを介してリザーブ・タンクからオイルが流れて油圧が調整される。

ⓒ　後輪のブレーキ系統（ブレーキのリヤ系統）での液漏れ

後輪のブレーキ系統に液漏れがあるときは，図2－4－4を参照しつつ説明すると以下㋑～㋭の通りである。

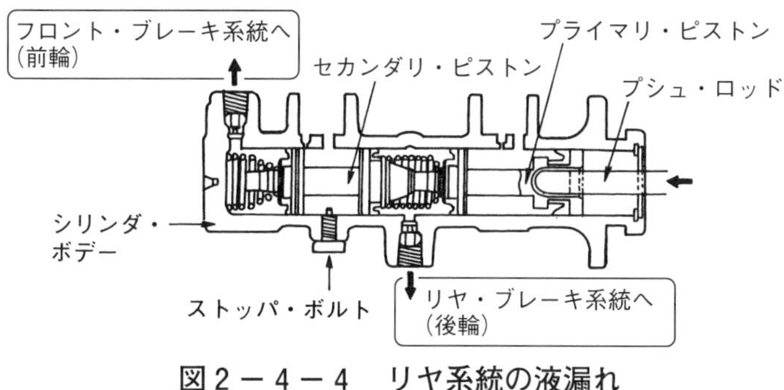

図2－4－4　リヤ系統の液漏れ

㋑　ブレーキ・ペダルを踏むとプシュ・ロッドが前進して，プライマリ・ピストンを押す。

㋺　プライマリ・ピストン・リターン・スプリング室内は，液漏れのため圧力が保持できなくなり，**プライマリ・ピストンの先端が直接セカンダリ・ピストンを押す**。

㋩　セカンダリ・ピストンは，プシュ・ロッドから直接押された状態になり，**前輪のブレーキ系統**（フロント・ブレーキ系統）**だけは正常に作動する**。

㊁　ブレーキ・ペダルを離すと，プシュ・ロッドを押す力がなくなる。

㋭　各リターン・スプリングとフロント側の油圧により，初期位置に戻される。

ⓓ　前輪のブレーキ系統（ブレーキのフロント系統）での液漏れ

前輪のブレーキ系統に液漏れがあるときは，図2－4－5を参照しつつ説明すると以下㋑～㋬の通りである。

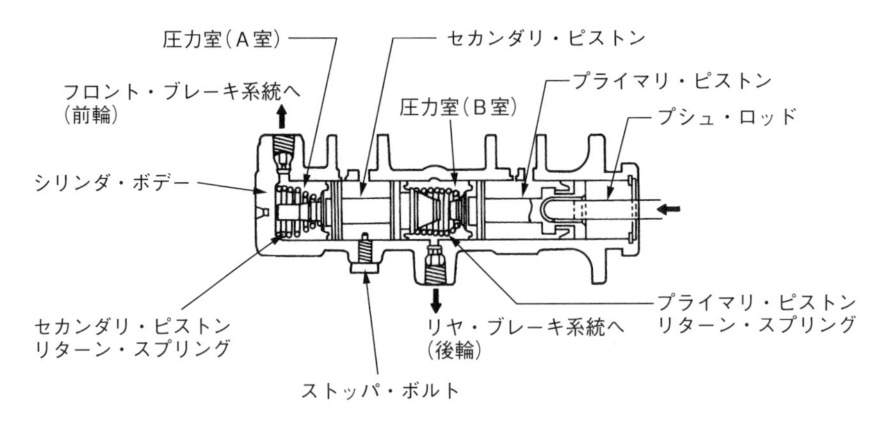

図2－4－5　フロント系統の液漏れ

㋑　ブレーキ・ペダルを踏むとプシュ・ロッドが前進して，プライマリ・ピストンを押す。

㋺　プライマリ・ピストン・リターン・スプリングのあるB室内は，少しの圧力が加わると，セカンダリ・ピストンを押す。

㋩　セカンダリ・ピストン・リターン・スプリングのあるA室に圧力が加わると，フロント系統液漏れのため（A室には油圧が発生しないので）圧力を保持できなくなり，**セカンダリ・ピストンの先端が，シリンダ・ボデーに突き当たる。**

㋥　ブレーキ・ペダルを深く踏むにしたがって，B室の圧力は高くなり（油圧が発生し），**後輪のブレーキ系統**（リヤ・ブレーキ系統）だけ**正常に作動する。**

㋭　ブレーキ・ペダルを離すと，プシュ・ロッドの力はなくなる。

㋬　各リターン・スプリングと，リヤ系統の油圧により初期位置に戻される。

(3)　ドラム・ブレーキ

図2－4－6のようにブレーキ・ドラムとバック・プレートの中に，ホイール・シリンダ，ブレーキ・シューなどを組み付けたものである。

※ブレーキ・ドラムは，一般的に鋳鉄製である。

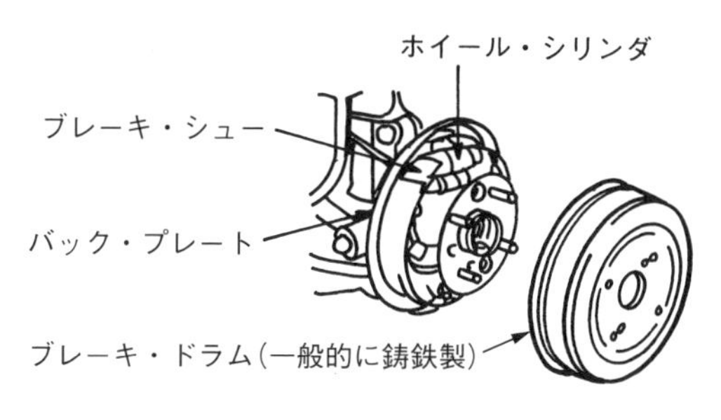

図2－4－6　ドラム・ブレーキ

①　ドラム・ブレーキの構成

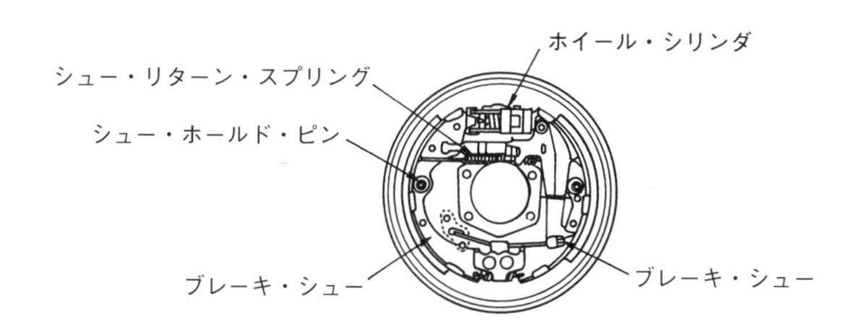

図2－4－7　ドラム・ブレーキの構成

ブレーキ・ペダルを踏むと，その力をマスタ・シリンダで油圧のエネルギーに変えてホイール・シリンダに伝える。ホイール・シリンダは，油圧の作用でピストンを作動させ，ブレーキ・シューをドラムの中で広げると，ブレーキ・シューがドラムに圧着して制動作用を行う。

ブレーキ・ペダルを離すと，マスタ・シリンダ内の油圧が下がり，ホイール・シリンダの油圧も下がる。

ブレーキ・シューは，シュー・リターン・スプリングのばね力により戻され，制動作用は解除される。

ドラム式油圧ブレーキは，ホイール・シリンダとブレーキ・シューの組み合わせによって，リーディング・トレーリング・シュー式，ツー・リーディング・シュー式，デュオサーボ式などに区分される。

② リーディング・トレーリング・シュー式

ブレーキ・ドラムに，両開きのホイール・シリンダ1個と2個のピストンを有する。また，2個のブレーキ・シューのうち，一端はホイール・シリンダに，他端はアンカ・ピンなどで固定されている（図2－4－8の左図参照)。ブレーキが踏まれると，上部にあるピストンが左右に広がって2枚のブレーキ・シューをドラムに押し付け，制動力を発揮する。

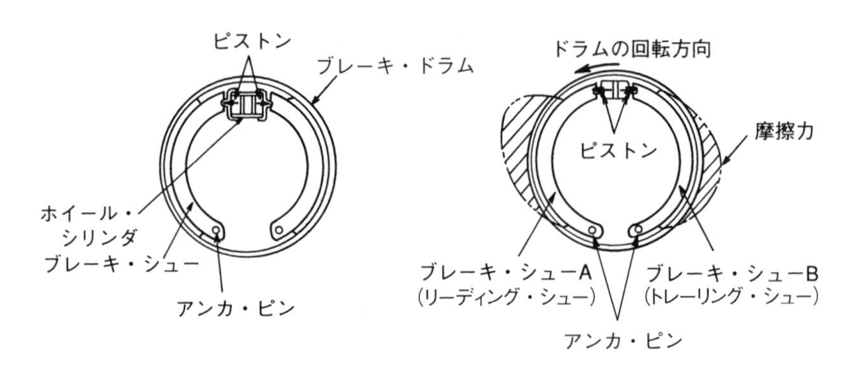

リーディング・トレーリング・シュー式　　ブレーキ・シューの摩擦力

図2－4－8

超重要

ⓐ ブレーキ・シューの摩擦力

図2－4－8の右図は，ドラムが矢印方向に回転しているときに，ブレーキ・ペダルを踏んでブレーキを作動させたとき，2個のブレーキ・シューを両側に押し広げて制動力を発揮したときの摩擦力を示している。

ブレーキ・シューAは，アンカ・ピンを中心に外側に広がる作用が働き，ドラムに食い込んで大きな摩擦力を発揮する。このように制動時にシューがドラムに食い込もうとして，制動力が増大する働きを**自己倍力作用**（セルフ・サーボ作用）といい，この作用を受ける側のシューを，**リーディング・シュー**という。

ブレーキ・シューBは，アンカ・ピンを中心に外側に広がるが，ドラムの回転によって摩擦力を弱める作用が発生する。このようにブレーキ・シューに発生する摩擦力を弱めるように働くシューを，**トレーリング・シュー**という。

このように，リーディング・トレーリング・シュー式では，制動時に必ず一方がリーディング・シューで，他方はトレーディング・シューになるため，**前進する時も後退する時もほぼ等しい制動力が得られる。**

ⓑ　アンカ

ブレーキ・シューの一端はホイール・シリンダで拡張し，他端は支点となり，アンカ・ピン型，アンカ・フローティング型，アジャスタ型がある。

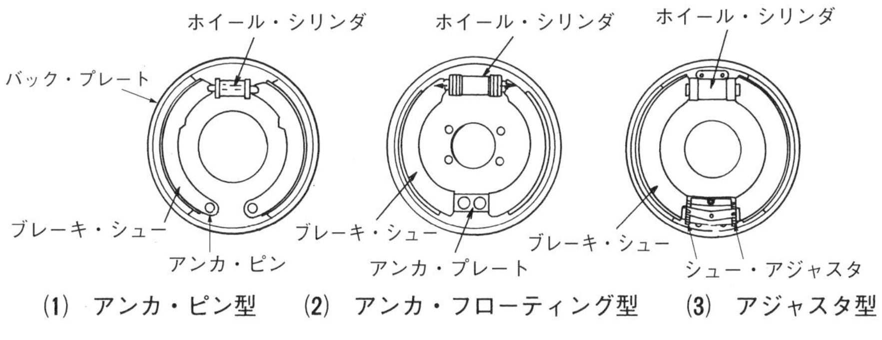

(1)　アンカ・ピン型　(2)　アンカ・フローティング型　(3)　アジャスタ型

図2－4－9　アンカの種類

㋑　アンカ・ピン型（⇒主にバスやトラックに用いられる）

固定部分にアンカ・ピンが使用されているものである。

㋺　アンカ・フローティング型（⇒主に乗用車のリヤ側に用いられる）

左右のブレーキ・シューの一端をアンカ・プレートで支持している。

㋩　アジャスタ型（⇒主に乗用車のリヤ側に用いられる）

固定部分にシュー・アジャスタを設けたものである。シュー・アジャスタを回すことで，ドラムとブレーキ・シューの隙間を調整することができる構造になっている。

③　ツー・リーデング・シュー式

（⇒主にトラックのフロント側に用いられる）

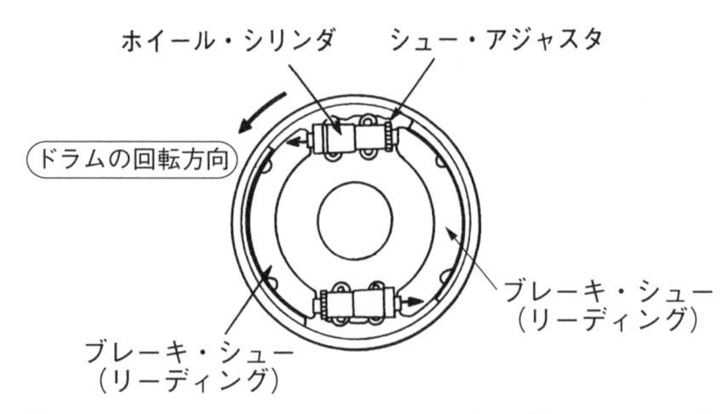

図2－4－10　ツー・リーデング・シュー式

2個のホイール・シリンダは，片方向に作動する単動式ホイール・シリンダである。この2個のホイール・シリンダの向きは，ドラムの回転方向に対して同じ向きに作用するように組み付けられている。

図2－4－10のようにドラムが回転するとき，2個のホイール・シリンダが作動すると，2個のブレーキ・シューには自己倍力作用が働き，シューはリーディング状態となる。

ドラムの回転が図2－4－10と反対方向に回転したとき，ホイール・シリンダが作動すると，両方のシューはトレーリング・シューとなり，制動力は弱くなる。

④　デュアル・ツー・リーデング・シュー式

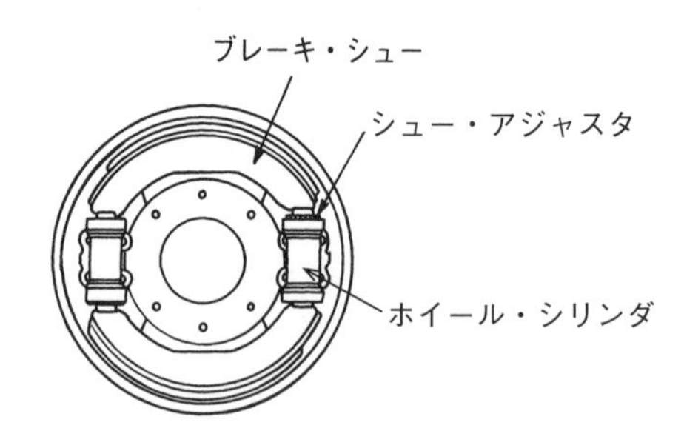

図2－4－11　デュアル・ツー・リーデング・シュー式

2個のホイール・シリンダは，複動式が用いられ両方向に拡張する。このため，ドラムの回転方向に関係なく，常に2個のブレーキ・シューはリーディング・シューとなる。

ツー・リーディング・シュー式はトラックの前輪に多く用いられるが，デュアル・ツー・リーデング・シュー式は，中・大型トラックのリヤ側に用いられる。

⑤　デュオサーボ式（⇒主に小型トラックのリヤ側に用いられる）

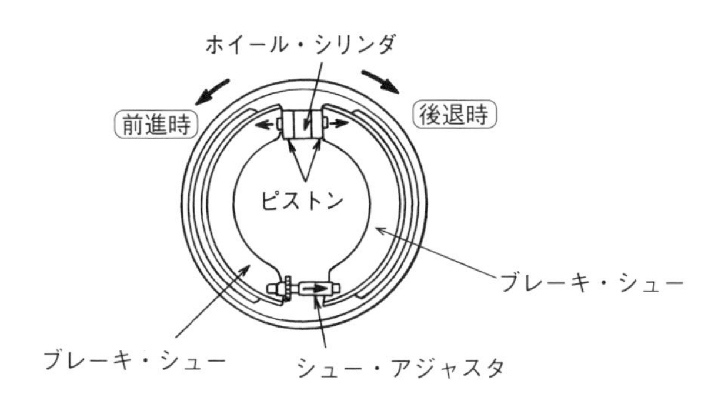

図2－4－12　デュオサーボ式

2個のピストンをもった複動式である。2個のブレーキ・シューのうち，一端はホイール・シリンダに，他端はシュー・アジャスタに組み合わされている。シュー・アジャスタは固定されていないため，左右に動くことができる。

⑥　ホイール・シリンダ

ドラム（油圧式）ブレーキにおいて，マスタ・シリンダからの油圧が掛かると，シューをドラムに押し付ける役割をはたす部品である。

ホイール・シリンダは片側にピストンを1個内蔵した「単ピストン型ホイール・シリンダ」と両側にピストンを2個内蔵した「2ピストン型ホイール・シリンダ」がある。

(4) ディスク・ブレーキ（ディスク式油圧ブレーキ）

回転する円盤状のディスクを両側からパッドで強力に挟んで制動作用を行うブレーキである。

ディスクのほとんどが露出して回転しているため，放熱性に優れている。

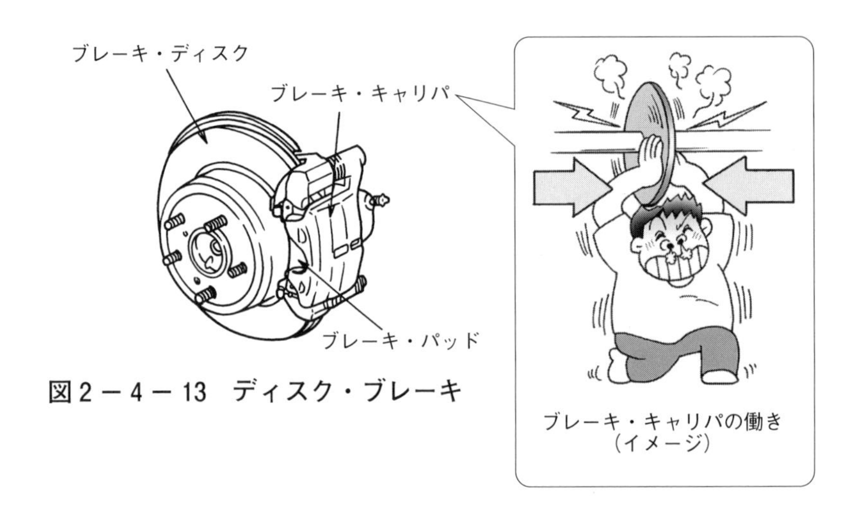

図2－4－13　ディスク・ブレーキ

① ディスク・ブレーキの原理

ブレーキ・ペダルを踏むと，マスタ・シリンダで高圧縮されたブレーキ液が，図2－4－14のようにホイール・シリンダに送られてくる。ホイール・シリンダは，パッドとピストンを押し出してディスクを両側から挟んで，ディスクの回転を減速又は停止させる。

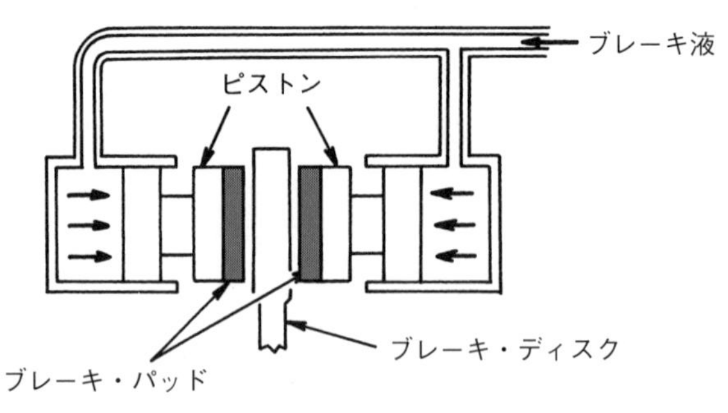

図2－4－14　ディスク・ブレーキの原理

② ディスク・ブレーキの種類

ⓐ 固定型キャリパと ⓑ 浮動型キャリパがある。

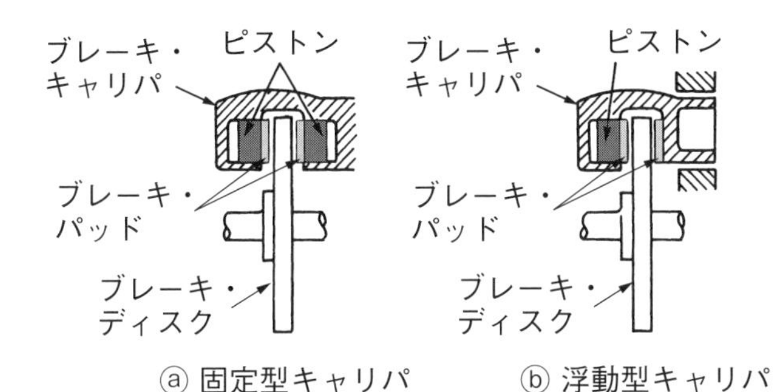

図2－4－15　ディスク・ブレーキの種類

試験注意！

固定型キャリパは，ディスクの両側にピストンがある構造。浮動型キャリパは，ディスクの片側だけにピストンがある構造なんだよ！

ⓐ 固定型キャリパ

ブレーキ・キャリパが動かないように固定されており，回転するディスクを減速又は停止させるときは，2個のピストンが同時に動いて，ディスクを両側から同じ強さの力で挟んで制動する。

固定型キャリパは，両側の2個のピストンが押す圧力は同じである。

2個のピストンに圧力差があると，ブレーキの制動力が悪くなり，ディスクに偏摩耗，変形が発生する原因となる。

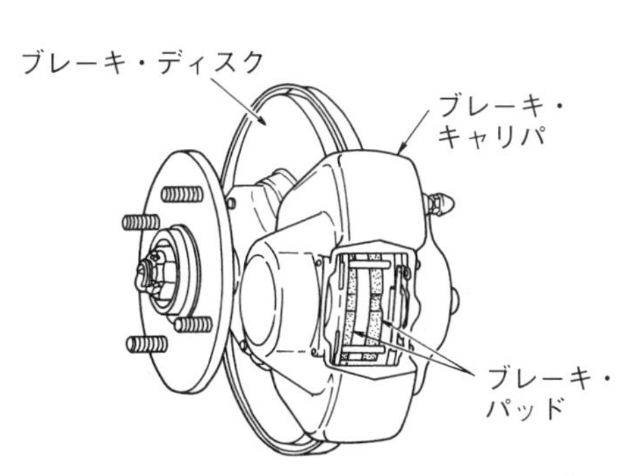

図2－4－16　固定型キャリパ

ⓑ　浮動型キャリパ

ブレーキ・キャリパが動くので，1個のピストンがブレーキ・ディスクの片側に圧力を加え始めると，ブレーキ・キャリパが動いてブレーキ・ディスクの反対（ピストンのない方向）側にも圧力を加えて制動する。

③　ピストン・シール　重要

ディスク・ブレーキにおける自動調節装置の作用は，ゴム製の部品である**ピストン・シール**によって行われる。

どのような作用かというと，ブレーキ・パッドが摩耗すると，フート・ブレーキの作動時及び解除時に，自動的に**パッドとディスクの隙間を一定に保つよう調整する**作用である。

この時の作用を表わしたものが，次の図である。

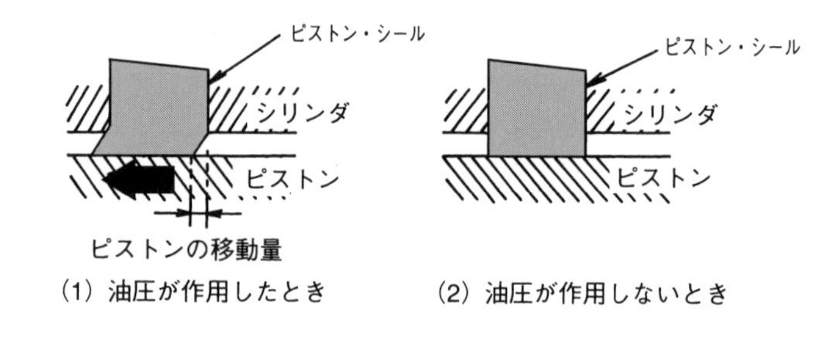

図2－4－17　ピストン・シールの作動

ⓐ　油圧が作用した時

ディスク・ブレーキが作動すると，ホイール・シリンダ内のピストンが図2－4－17－（1）の矢印の方向に，ピストン・シールを変形させながら移動して，ディスクに圧着圧力を加えて制動作用を発揮する。

パッドの摩耗量が増えて，ピストンの移動量が多くなると，シールの変形量は多くなりながらピストンが滑って移動する。

ピストン・シールが変形している分だけピストンが移動している。

ⓑ　油圧が作用しない時

ブレーキ・ペダルを離して制動作用を止めると図2－4－17－（2）のようにピストン・シールは変形を戻し，ピストンを引き戻す。このときのピストンの移動量がディスクとパッドの隙間量である。

④　ブーツ

ゴミや水分などの不純物がシリンダ内に入らないように，シリンダの一端とピストンの間に，柔らかいゴムのブーツが組み込まれている。

⑤　ディスク・ブレーキの長所

ディスクは，ほとんどの部分を露出して回転するので，放熱条件が良い。したがって，フェード現象*が少なく制動効果が安定している。

キーワード

***フェード現象**：過熱などによりブレーキ・シューのライニング表面が硬化し，表面との摩擦抵抗が低下して，制動力が不足する（つまり，ブレーキの効きが悪くなる）現象をいう。

試験注意！

ベーパ・ロック現象（⇒次頁参照）との混同に注意しよう！

⑥　ブレーキ液（ブレーキ・フルード）

ブレーキ・ペダルを踏んだ力（踏力）をブレーキ本体へ伝える役割を果たす液体である。自動車のブレーキ液には，ポリグリコールなどにグリコール・エーテル類や酸化および金属腐食を防止するため添加剤を加えた非鉱油系のものが一般的に用いられている。

ブレーキ液は吸湿性があるので，走行期間が長くなるほど水分の吸収が多くなる。そのため，ブレーキ液に含まれる水分が多くなるほど沸点が低下する点に注意が必要である。

ブレーキ液は，リザーブタンク内に入っていて，ブレーキ・パッドが摩耗すると，ブレーキ液量も減少する。

ⓐ　ブレーキ液に求められる性質

粘度と流動性が維持できる，化学的に安定している，**沸点が高くベーパ・ロック現象**を起こしにくい**，ゴム類を変質させない，金属を腐食させない，吸湿が少ない，などが挙げられる。

ⓑ　ブレーキ液の取り扱いにおける注意点

指定のブレーキ液を使用し，異なった銘柄を混用しない，指定期間ごとに交換する，ごみや**水分が入らないように必ず蓋（ふた）をして保管する**（特に水は，ブレーキ液に入ると沸点が低下し，ベーパ・ロック現象を起こしやすくなるので注意する），**塗装面に付着させない**（ブレーキ液が付着すると塗装面を侵すので）。

キーワード

＊＊ベーパ・ロック現象：(vapor：蒸気)

過熱によりブレーキ液の一部が気泡となり，ブレーキの効きが悪くなる現象。

試験注意！

フェード現象との混同に注意！（☞詳しくは，前頁⑤のキーワード参照）

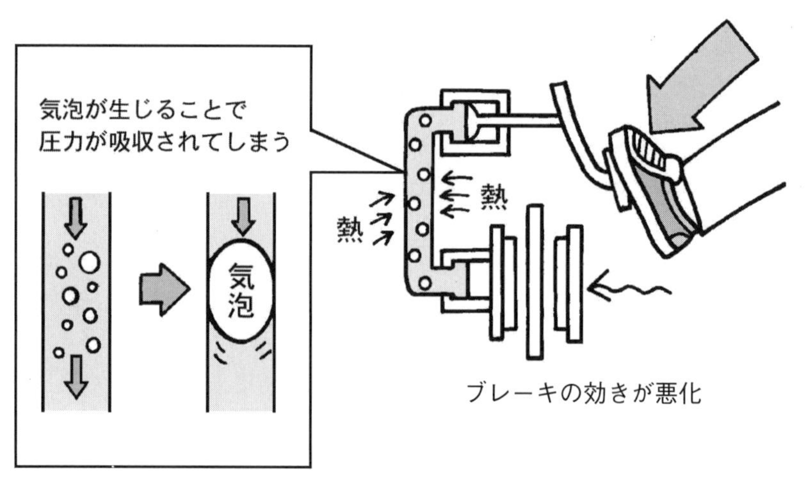

図2－4－18　ベーパ・ロック現象

3．パーキング・ブレーキ

（1）　概要

駐車した後に車が動き出さないよう固定するためのブレーキである。

（2）　種類

パーキング・ブレーキは，操作機構とブレーキ本体から成り立っている。

操作機構には，操作力をワイヤやヒーターなどを利用し伝達する役割があり，手動式ではレバー式，ステッキ式，足踏み式では，フート・リリース式などがある。

ブレーキ本体には，操作機構からの力を受け，制動力を発生させる役割があり，ホイール式とセンタ式にわかれる。

（3）　ホイール・パーキング式ブレーキ　重要

パーキング・ブレーキを作動させると，ブレーキ・チャンバ内では**エアが抜ける**ため，スプリングが**伸び**，エキスパンダ内のウェッジ（くさび）が，ピストンを押すことから，シューが開いて制動作用を行う。

4．自動調整装置（オート・アジャスタ）

（1）　ドラム・ブレーキの自動調整装置　重要

ライニングが摩耗して，ライニングとドラムのすき間が**大きく**なるとブレーキ・ペダルの踏み代は**減少する**ため，すき間の調整が必要となるが，自動的にライニングとドラムのすき間を適切な間隔に調整する装置がオート・アジャスタ（自動調整装置）である。フート・ブレーキを作動させたとき自動調整される方式と，パーキング・ブレーキを作動させたとき自動調整される方式がある。

（2）　ディスク・ブレーキの自動調整装置

ブレーキ・ディスクとブレーキ・パッドの隙間が大きくなると，P230，図 2 － 4 － 17 －（1）のように油圧が作動してピストンは，ピストン・シールを変形させながら矢印の方向へ移動して制動する。制動後は油圧が作用しないので隙間は規定値になる。

5．制動倍力装置

（1）概要

制動倍力装置は，ブレーキのマスタ・シリンダの油圧を，運転者の踏力だけでなく，負圧や圧縮空気の力を利用してエネルギーを高め，制動能力を向上させる装置である。

◆　制動倍力装置の種類

制動倍力装置
- 真空式（エンジンの吸入負圧やバキューム・ポンプの負圧を利用）
- 圧縮エア式（エア・コンプレッサによる圧縮空気を利用）

（2）真空式制動倍力装置　超重要

負圧と大気との差（圧力差）を利用することにより，大きな制動力を得る装置であり，①パワー・ピストン，②バルブ機構，③リアクション機構などから成り立っている。

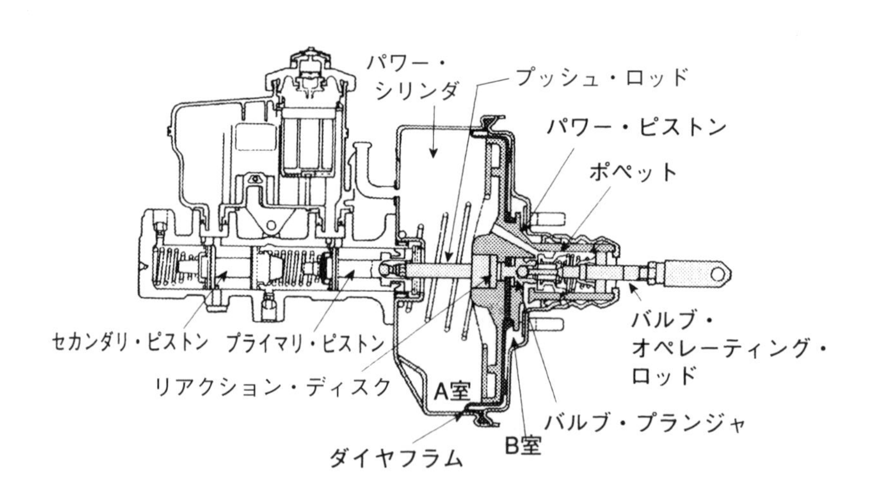

図２－４－19　真空式制動倍力装置

① 真空式制動倍力装置の動力伝達

ブレーキ・ペダルを踏むと，バルブ・オペレーディング・ロッド→バルブ・プランジャ→リアクション・ディスク→プッシュ・ロッド→（マスタ・シリンダの）プライマリ・ピストン→セカンダリ・ピストンの順に踏力が伝達される。

② バキューム・バルブとエア・バルブの役目

ポペットの先端部は，バキューム・バルブとエア・バルブが図2－4－20のように，同心円状になっている。

外側のバキューム・バルブが，パワー・ピストンのシート部に押されるとA室とB室を区分（A室とB室の間を開閉）する。また，内側のエア・バルブがバルブ・プランジャのシート部に押されるとB室と大気の間を区分（B室と大気の間を開閉）する。

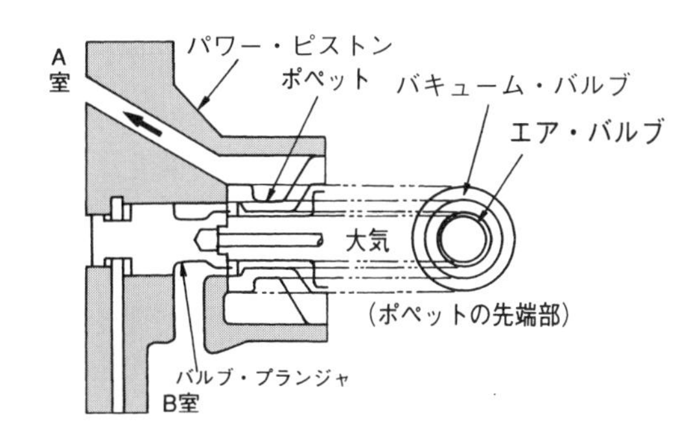

図2－4－20　バキューム・バルブとエア・バルブ

ポイント！

バキューム・バルブは，パワー・ピストンのシート部に接したポペットの先端部分である。

③ 真空式制動倍力装置の作動

ⓐ ブレーキ・ペダルを踏まない時

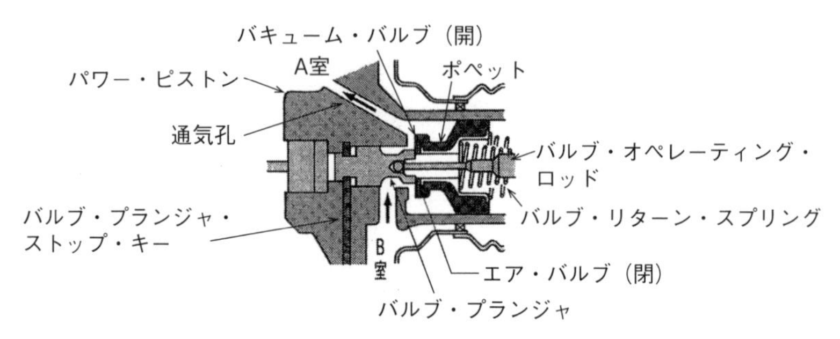

図2－4－21 作動前のバルブ・プランジャ

ブレーキ・ペダルを踏まない時は，図2－4－21のように，バルブリターン・スプリングの伸びる力により，バルブ・オペレーティング・ロッドは右方向に押されている。この時，バルブ・プランジャは，バルブ・プランジャ・ストップ・キーに当たるまで右方向に引っ張られる。

この状態になると，バキューム・バルブは**開き**，エア・バルブは**閉じられ**，B室の圧力は通気孔を通りA室と同じ圧力となる。

A室とB室の圧力差がないため，パワー・ピストンは，ダイヤフラム・リターン・スプリングのばねの力で右側に押される。

ⓑ ブレーキ・ペダルを踏み始めたとき

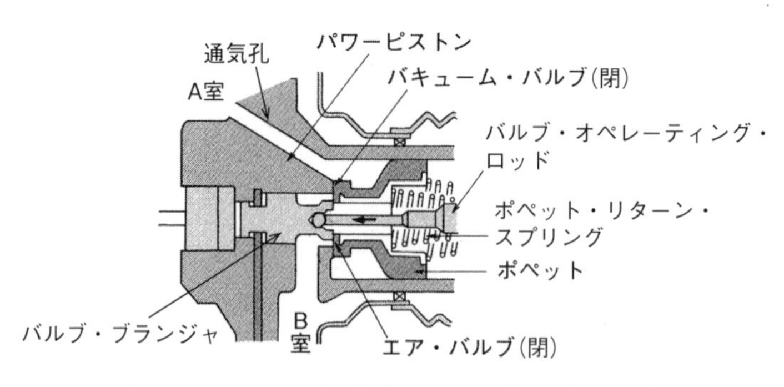

図2－4－22 作動中のバルブ・プランジャ
（バキューム・バルブは閉じる）

ブレーキ・ペダルを踏み始めると，図 2 － 4 － 22 のようにバルブ・オペレーティング・ロッドが左方向に押され，パワー・ピストンのシート部にポペットが密着される。これで，バキューム・バルブが閉じられて，A 室と B 室は区分される。

ⓒ　ブレーキ・ペダルを踏み込んだとき

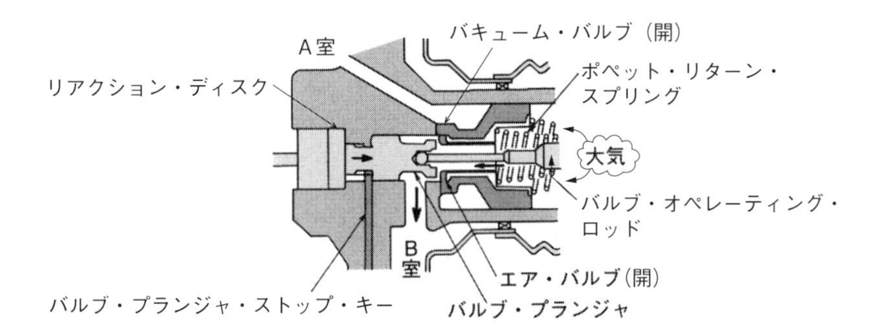

図 2 － 4 － 23　作動中のバルブ・プランジャ
（バキューム・バルブが開く）

さらにブレーキ・ペダルを踏み込むと，図 2 － 4 － 23 のようにバルブ・オペレーティング・ロッドが左方向に押され，バルブ・プランジャがバルブ・プランジャ・ストップ・キーに当たるまで左方向に押される。

この作動によって，**エア・バルブが開き**，**エア・バルブから B 室に大気が流入**する。これで A 室と B 室が区分され圧力差が発生する。

（3）　真空式制動倍力装置の点検

機能点検で不具合があった場合，まず，チェック・バルブおよびバキューム・ホースにつまりや漏れがないかを確認する。もし，これらにも不具合がない場合，倍力装置本体を交換する。

6. 安全装置

（1） 概要

安全装置は，制動が必要な時には確実に作動して，制動が不要な時には誤作動がないようにする装置である。

制動時に，後輪が前輪より先にロックする（車輪の回転が止まる）と，しり振りを起こし，操縦の安定が失われて危険である。このため，一般に後輪が前輪より先にロックしないように，リヤ・ブレーキの油圧系統にアンチロック装置が設けられている。

（2） アンチロック装置

一定の制動状態に達すると，それ以上ブレーキ・ペダルを強く踏んでも，リヤ（後輪）・ブレーキの油圧上昇を抑えて，リヤ・ブレーキの効きをフロント（前輪）より弱く制限する装置である。一定の制動状態を感知する方法として以下の方式がある。

㋑ 制動時の油圧変化を信号とする「油圧制限方式」
⇒ Pバルブ（プロポーショニング・バルブ）
LSPV（ロード・センシング・プロポーショニング・バルブ）

㋺ 電気的に，車輪のロック状態を検出する「電子制御アンチロック装置」
⇒ ABS（アンチ・ブレーキ・システム）

㋩ 制動時の減速度を信号とする「減速度検出方式」
⇒ Gバルブ

（3） Pバルブ（プロポーショニング・バルブ）

後輪が前輪より早くロックしないようにする装置で，**リヤ系統の油圧を制御するもの**である。一般に，乗用車や小型トラックに多く用いられ，図2－4－24のようにボデー，プランジャ，スプリング，リップ・シールなどで構成されている。

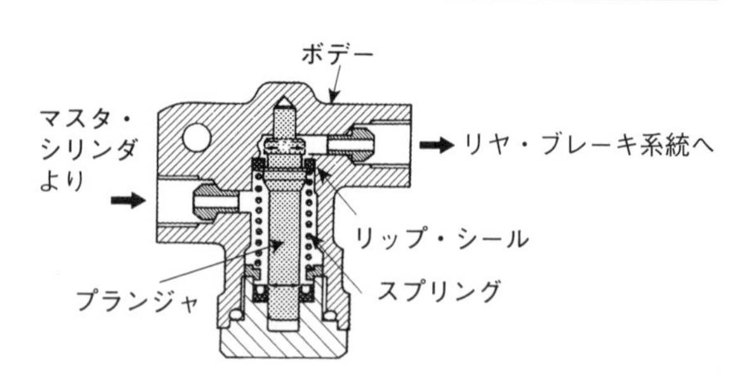

図2－4－24 Pバルブの構成

（4） LSPV（ロード・センシング・プロポーショニング・バルブ） 重要

（Pバルブと同様に）**リヤ系統の油圧を制御**し，**後輪の早期ロックを防止する装置**である。積載荷重に応じて油圧制御開始点を変えることで，リヤ・ブレーキの制動力を積載荷重及び減速度に応じて制御する。

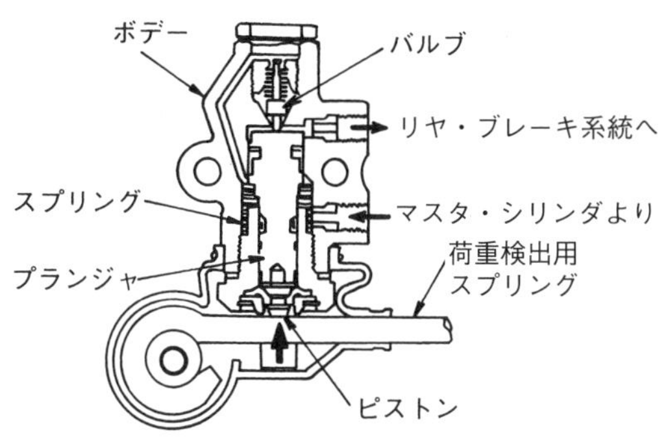

図2－4－25　LSPV

① LSPVの取り付け

車両のリヤ・フレームにLSPV本体を取り付け，リヤ・アクスル・ハウジングに荷重検出用リンクを取り付ける。

LSPVは荷重検出用リンクと荷重検出用スプリングによって連結されている。

② LSPVの積載量と制動力

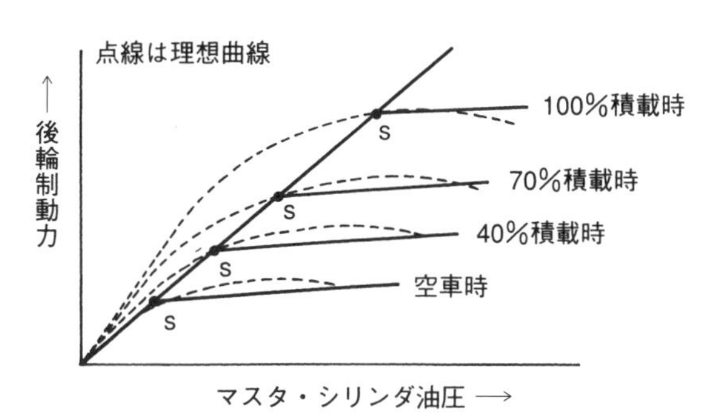

図2－4－26　積載量に応じた制動力の配分

LSPVは，積載荷重の増減により荷重検出用リンク，荷重検出用スプリングが作動して，油圧制御開始点（S：スプリット・ポイント）を変えることができる装置である。

図2－4－26は，X軸にマスタ・シリンダ油圧，Y軸に後輪制動力を設け，積載量に応じた制動力の配分を示したもので，制動力を積載荷重に応じた点線の理想曲線に近付けるために，リヤ・ブレーキの油圧制御開始点（S）を変化させ，実線で示した特性になるようにしている。積載量が増えるにしたがって，フレームが下がり，このフレームの下がり状態を検出して，油圧制御開始点（S）も高くなる。

なお，上記積載荷重の場合と同様，減速度による制御では，減速度の大きい小さいによって，油圧制御開始点（S）を変化させている。

(5)　液面警告装置

液漏れなどにより，ブレーキ液が不足し，ブレーキが効かなくなることを防ぐためにマスタ・シリンダのリザーブ・タンク内の（ブレーキ）液面が一定基準以下になった際，電気的に液面の低下を検知して，ウォーニング・ランプ（警告表示）で運転者に警告する装置。

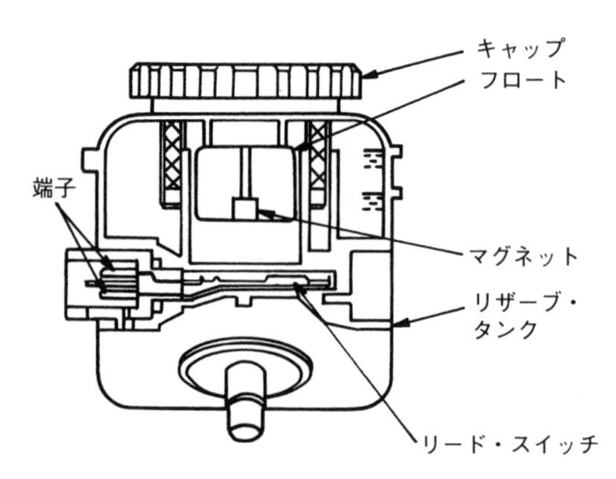

図2－4－27　液面警告装置

7．ブレーキ系統の不具合と点検

ブレーキ系統の不具合には，ペダルに関するものや，制動に関するものがある。

（1）ブレーキの効きが悪い，または効かない

①　制動時ペダルの踏み残り代が少ない，またはフロアに当たる。

ⓐ　ブレーキ・フルードの漏れがある
⇒ブレーキ・ホースの劣化，パイプの亀裂，継ぎ目のゆるみ　など

ⓑ　ペダルの遊びが過大である。
⇒マスタ・シリンダ・プッシュ・ロッドの遊びが大きい　など

ⓒ　ライニングとドラムのすき間が大きい。
⇒ライニングの摩耗　など

ⓓ　ディスク・ブレーキの場合
⇒ディスク・ブレーキのロータの振れ

②　制動時ペダルが，ふわふわして効きが悪い（スポンジ現象）。
⇒ブレーキ系統内にエアが混入　など

③　制動時ペダルの踏み代は正常だが効きが悪い
⇒ブレーキ・ライニングとドラムとの当たりが不良。

（2）ブレーキの引きずり　重要

走行中に車がなんとなく重い，ブレーキ・ペダル，パーキング・ブレーキが戻っているにもかかわらず，制動力が作用している状態。

ブレーキの引きずりの場合は，ディスクの振れも原因となるため，**振れをダイヤル・ゲージで測定し**，振れが規定値を超えるものは研磨を行うか，交換をする必要がある。

よく出る問題〔第4章・ブレーキ装置〕

油圧式ブレーキ

【例題1】重要

油圧式ブレーキのタンデム・マスタ・シリンダ（前輪，後輪の2系統に分けているもの）に関する記述として，**不適切なもの**は次のうちどれか。

（1）リターン・スプリングが収納されている部分は，圧力室を形成している。

（2）一つのシリンダ内には，プライマリとセカンダリの2個のピストンが備えられている。

（3）ブレーキが作動していない静止状態でのセカンダリ・ピストンの位置決めは，ストッパ・ボルトにより行っている。

（4）セカンダリ・ピストンをシリンダ・ボデーの内部に押し込んで組み付ける場合は，ストッパ・ボルトを取り付けてから行う。

【例題2】重要

油圧式ブレーキのタンデム・マスタ・シリンダ（前輪，後輪の2系統に分けているもの）に関する記述として，**適切なもの**は次のうちどれか。

（1）リヤ系統に液漏れがあるときは，プライマリ・ピストンの先端が直接セカンダリ・ピストンを押し，フロント・ブレーキ系統だけが作用する。

（2）ストッパ・ボルトは，ブレーキが作動している状態での，プライマリ・ピストンのストッパとして用いられている。

（3）フロント系統に液漏れがあるときは，セカンダリ・ピストンが直接プライマリ・ピストンを押す。

（4）プライマリ及びセカンダリのそれぞれのピストンは，スナップ・リングにより位置決めされている。

パーキング・ブレーキ

【例題3】

図に示す圧縮エアを利用したホイール・パーキング式パーキング・ブレーキに関する次の文章の（イ）～（ロ）に当てはまるものとして，下の組み合わせのうち，適切なものはどれか。

パーキング・ブレーキを作動させると，ブレーキ・チャンバ内では（イ），スプリングが（ロ），エキスパンダ内のウェッジ（くさび）が，ピストンを押すことから，シューが開いて制動作用を行う。

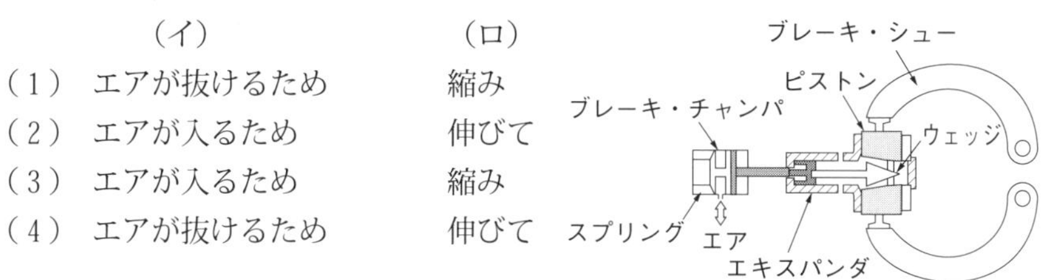

	（イ）	（ロ）
（1）	エアが抜けるため	縮み
（2）	エアが入るため	伸びて
（3）	エアが入るため	縮み
（4）	エアが抜けるため	伸びて

ドラム式油圧ブレーキ

【例題4】 重要

ドラム式油圧ブレーキに関する記述として，**不適切なもの**は次のうちどれか。

（1） 自己倍力作用とは，制動時にシューがドラムに食い込もうとして制動力が増大する作用である。

（2） リーディング・トレーディング・シュー式では，前進，後退時とも，ほぼ等しい制動力が得られる。

（3） フェード現象とは，過熱によりブレーキ液の一部が気泡になってブレーキの効きが悪くなる現象をいう。

（4） ブレーキ・ドラムは，一般に鋳鉄製が用いられる。

【例題５】 重要

ドラム式油圧ブレーキに関する次の文章の（イ）～（ロ）に当てはまるものとして，下の組み合わせのうち**適切なもの**はどれか。

ライニングが摩耗すると，ライニングとドラムとの隙間は（　イ　）なり，ブレーキ・ペダルの踏み残り代は（　ロ　）するので，自動調整装置がない場合は，すき間の調整が必要となる。

	（イ）	（ロ）
（１）	小さく	増大
（２）	大きく	増大
（３）	大きく	減少
（４）	小さく	減少

ディスク・ブレーキ

【例題６】 重要

ディスク・ブレーキの自動調整装置に関する次の文章の（　　）にあてはまるものとして，**適切なもの**は次のうちどれか。

自動調整装置は，ブレーキ・パッドが摩耗すると，フート・ブレーキの作用時及び解除時に，自動的にディスクとの隙間を一定に調整する機構で，その作用は（　　）により行われる。

（１）　ブーツ
（２）　スライド・ピン
（３）　ブレーキ液
（４）　ピストン・シール

真空式制動倍力装置

【例題7】 超重要

図に示す真空式制動倍力装置に関する記述として，**不適切なもの**は次のうちどれか。

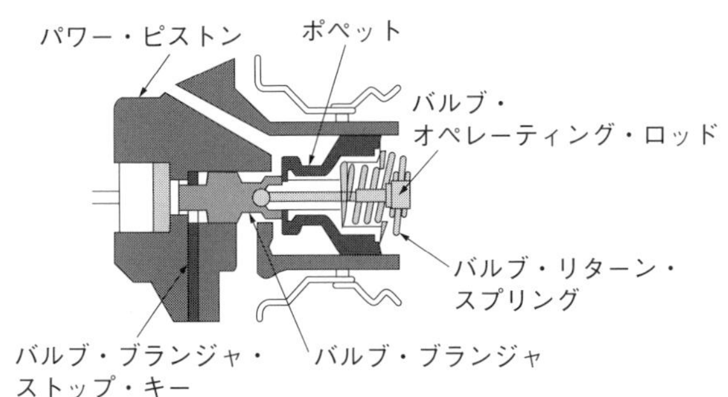

（1） 真空式制動倍力装置は，パワー・ピストン，バルブ機構，リアクション機構などから構成されている。

（2） 真空式制動倍力装置のバキューム・バルブとは，パワー・ピストンのシート部に接したポペットの先端部分をいう。

（3） 真空式制動倍力装置において，ブレーキ・ペダルを踏まないとき，バキューム・バルブは閉じ，エア・バルブは開いている。

（4） 真空式制動倍力装置の機能点検で不具合がある場合には，まず，チェック・バルブ及びバキューム・ホースの詰まり又は漏れを点検する。

【例題8】 超重要

図に示す真空式制動倍力装置に関する次の文章の（イ）～（ロ）に当てはまるものとして，下の組み合わせのうち**適切なもの**はどれか。

ブレーキ・ペダルを踏みこむと，エア・バルブが（イ），B室（ロ）。

	（イ）	（ロ）
（1）	開いて	に大気が導かれる
（2）	開いて	は負圧になる
（3）	閉じて	に大気が導かれる
（4）	閉じて	は負圧になる

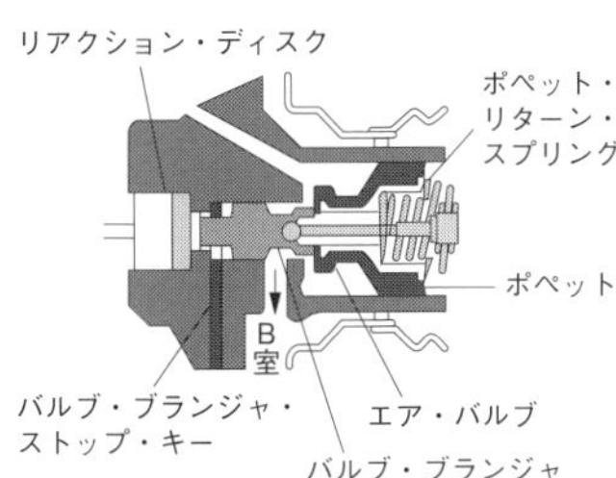

安全装置（LSPV）

【例題 9】

油圧式ブレーキのLSPV（ロード・センシング・プロポーショニング・バルブ）に関する記述として，**不適切なもの**は次のうちどれか。

（1）　積載荷重が大きくなると，油圧制御開始点が高くなる。

（2）　減速度による制御では，減速度の大小によって，油圧制御開始点を変化させている。

（3）　高速走行時にはフロント系統，低速走行時にはリヤ系統の油圧を制御する。

（4）　リヤ系統の油圧を制御し，後輪の早期ロックを防止する。

⊿解答と解説⊿　第4章　ブレーキ装置

【例題1】 解答（4）

⊿解説⊿

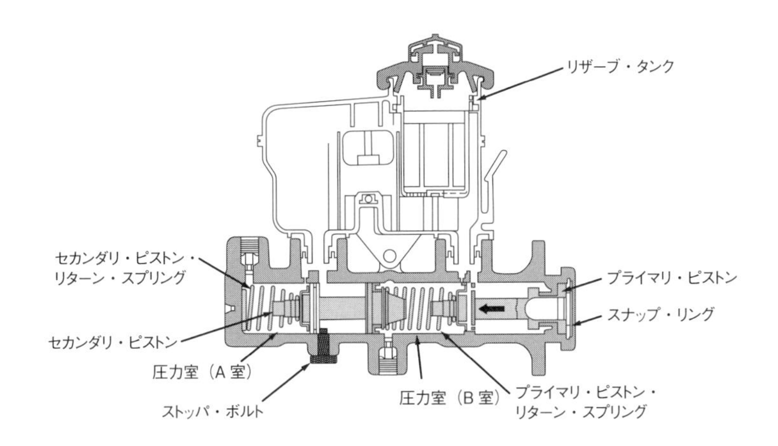

（1）　圧力室とは，ブレーキ・ペダルを踏み込むとピストンが作動して油圧が高くなる部分で，図ではプライマリ・ピストン・リターン・スプリングとセカンダリ・ピストン・リターン・スプリングが組み込まれている部分である。（図の圧力室A，圧力室Bを参照）

（2）　図のように，2個のピストンを持ち，プライマリ側はリヤ・ブレーキ系統へ，セカンダリ側はフロント・ブレーキ系統へつながる。

（3）　ブレーキが作動していない静止状態においては，プライマリ・ピストンの位置決めはスナップ・リングにより行われている。また，セカンダリ・ピストンの位置決めは**ストッパ・ボルト**により行われている。

（4）　左側のセカンダリ・ピストンを組み付ける順番は，①セカンダリ・ピストン・リターン・スプリング，②セカンダリ・ピストン，③ストッパ・ボルトである。これらの部品の挿入は，右端のスナップ・リング部分から挿入する構造である。

【例題2】 解答（1）

⊿解説⊿

（1）　適切。詳しくは，P221，ⓒ　図2－4－4参照。

リヤ系統（後輪のブレーキ系統）に液漏れがあるときは，フロント系統（前輪のブレーキ系統）だけが作用する。

（2） 不適切。

ブレーキが作動していない状態での，**セカンダリ・ピストン**の位置決めに用いられているのが**ストッパ・ボルト**である。なお，プライマリ・ピストンの位置決めに用いられているのがスナップ・リングである。

（3） 不適切。⇒ P222 －ⓓ 図2－4－5参照

フロント系統に液漏れがある場合，セカンダリ・ピストンの先端がシリンダ・ボデーに突き当たって止まり，プライマリ・ピストンによる油圧が発生し，リヤ系統（後輪のブレーキ系統）だけが作用する。

◆フロント系統に液漏れがある場合の流れは以下の通り。
フロント系統に液漏れ⇒圧力室（A室）に油圧が生じない⇒セカンダリ・ピストンがシリンダ・ボデーに突き当たる⇒圧力室（B室）には油圧生じる⇒後輪のブレーキだけ作用する。

（4） 不適切。

セカンダリ・ピストンは**ストッパ・ボルト**により位置決めされている。なお，プライマリ・ピストンを位置決めするのがスナップ・リングである。先にストッパ・ボルトを取り付けてしまうと，セカンダリ・ピストンが押し込めなくなってしまう。

【例題3】 解答（4）

⊿解説◸

パーキング・ブレーキを作動させると，ブレーキ・チャンバ内のエアが抜けるので，スプリングが伸びてピストンを右方向に押す。これによって，エキスパンダ内部のウェッジ（くさび）も右方向へ押され，ブレーキ・シューを開くことでホイールを固定する。（ブレーキを作動させたときと同じ状態）

【例題4】 解答（3）

⊿解説◸

（1） 制動時にブレーキ・シューがドラムに食い込む（巻き込まれる）力が発生して大きな制動力を発生させる。これを自己倍力作用と言う。

（2） リーディング・トレーディング・シュー式では，ドラムの回転方向に関

係なく，制動時には一方がリーディング・シューで，他方はトレーディング・シューになるため，前進時も後退時もほぼ等しい制動力が得られる。

（3）ブレーキの**フェード現象**とは，ブレーキ・シューのライニングの表面が過熱などで硬化して摩擦係数が小さくなり，ブレーキの効きが悪くなる現象を言う。

なお，過熱によりブレーキ液の一部が気泡になってブレーキの効きが悪くなる現象は，**ベーパ・ロック現象**である。

（4）ブレーキ・ドラムは，鋳鉄製で一体型になっている。

【例題5】 解答（3）

⊿解説◸

ライニングが摩耗すると，ライニングとドラムとの隙間は**大きく**なり，ブレーキ・ペダルの踏み残り代は**減少する**ので，自動調整装置がない場合は，すき間の調整が必要となる。

【例題6】 解答（4）

⊿解説◸

P230，図2－4－17　ピストン・シールの作動参照。なお，ピストン・シールはゴム製の部品である。

【例題7】 解答（3）

⊿解説◸

（3）真空式制動倍力装置において，ブレーキ・ペダルを踏まないとき，バキューム・バルブは開き，エア・バルブは閉じている。

ひっかけ注意！

選択肢（2）は，次のような表記（不適切な選択肢）として出題されることもあるので注意！（下線部が不適切）

真空式制動倍力装置のバキューム・バルブとは，バルブ・プランジャとパワー・ピストンのシート部に接したポペットの先端部分をいう。・・・（×）

【例題8】 解答（1）

⊿解説◸

ブレーキ・ペダルを踏み込むと，次図のようにバルブ・オペレーティング・

ロッドが左方向に押され，バルブ・プランジャがバルブ・プランジャ・ストップ・キーに当たるまで左方向に押される。

この作動によって，エア・バルブが開き，エア・バルブからB室に大気が流入する。これでA室とB室が区分され圧力差が発生する。

なお，A室は負圧になる。

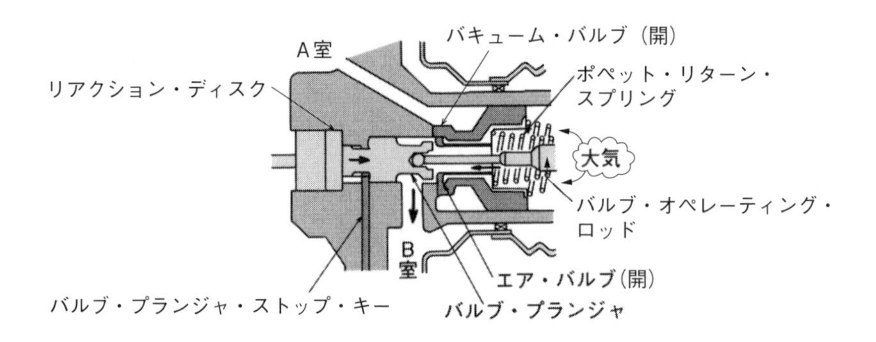

【例題9】 解答（3）

⊿解説◸

（1） 積載荷重が大きくなるほどマスタ・シリンダ油圧も高くなり，油圧制御開始点（S）も高くなるので，適切。

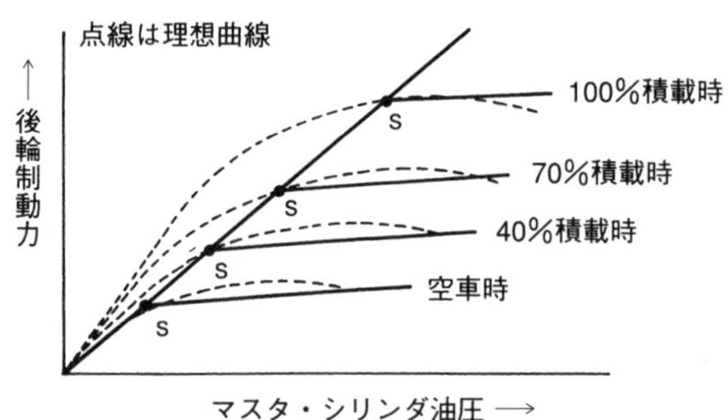

（2） 減速度による制御は，積載荷重の場合と同じように減速度の大小に応じて油圧制御開始点（S）を変えているので，適切。

（3） LSPVは，リヤ系統の油圧を制御しているが，フロント系統の油圧は制御していない。さらに，高速走行と低速走行で制御を使い分けているわけではないので，本肢が不適切。

（4） LSPVは後輪の早期ロックを防止する装置なので，リヤ系統の油圧を制御しており，適切。

第５章　ステアリング装置

1．概要

自動車を運転者の任意の方向へ進ませることを可能にするのが，ステアリング装置である。進行方向を変えるときは，一般に，前輪の向きを変えているが，前輪と後輪の方向を変える装置もある。

ステアリング装置は，操作が容易で，確実に作動して路面からの衝撃がステアリング・ホイール（＝ハンドル）に伝わらないような構造になっている。

2．ステアリング機構の構成

ステアリング装置は，大きく３つに分けることができる。次の（１）～（３）で簡単にまとめてあるので，まずは，どのようなものか大まかなイメージをつかもう。

（１）　ステアリング操作機構

⇒　運転者のハンドル操作をステアリング・ギヤ機構（ステアリング・ギヤ・ボックス）に伝達する。

（２）　ステアリング・ギヤ機構（ステアリング・ギヤ・ボックス）

⇒　ハンドルを回したときの回転方向を変えたり，回転を減速してトルクを増大させ，ステアリング・リンク機構に伝達する。
（ステアリング・ギヤ機構には，ラック・ピニオン型とボール・ナット型がある）

（３）　ステアリング・リンク機構

⇒　ステアリング・ギヤ機構の動きをフロント・ホイールに伝達する。また，左右のフロント・ホイールを一定の向きに保つ。

ステアリング装置は，自動車の構造によっても操作動力の伝達経路が異なる。次頁の図２－５－１－（１）は，ラック・ピニオン型，図２－５－１－（２）は，車軸懸架式のボール・ナット型である。

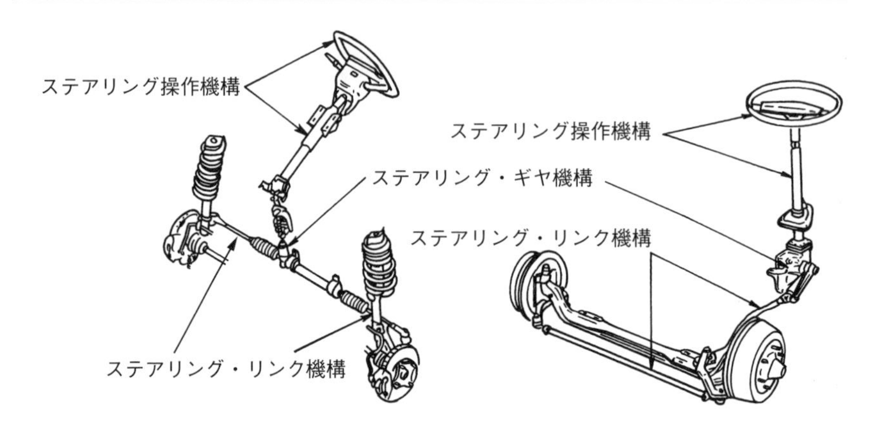

（1）独立懸架式のラック・ピニオン型　（2）車軸懸架式のボール・ナット型

図2－5－1

3．ステアリング操作機構

運転者がステアリング・ホイール（ハンドル）を回転させると，ステアリング・シャフトが回転し，ユニバーサル・ジョイントを介して，ステアリング・ギヤ機構に伝える構造になっている。

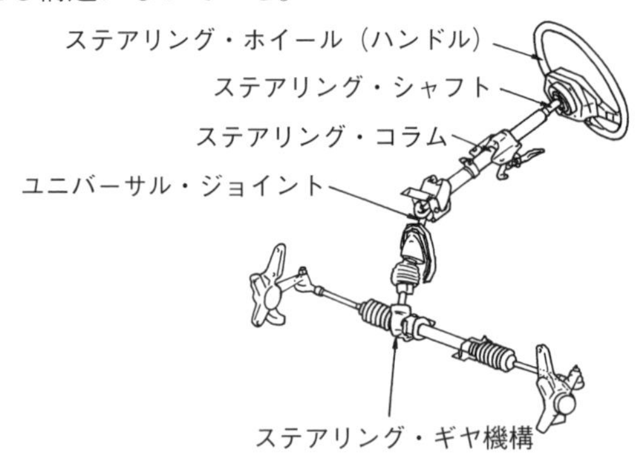

図2－5－2　ステアリング操作機構

（1）ステアリング・ホイール

「車のハンドル」のことである。一般的に，ステアリング・シャフトにテーパ・セレーションでかん合され（＝はめ合わされ）ており，ナットで締め付け固定されている。

運転者の身長の違いなどにより操作位置の高い低いや角度が合わないケー

スが生じるため，運転者に合わせてステアリング・ホイールの位置や角度の調整が必要となる。以下に挙げる装置で各調整を行う。

① **チルト・ステアリング**

ハンドルの傾斜角（高さ）を調整する装置。

② **テレスコピック・ステアリング**

ハンドルの位置をステアリング・シャフトの軸方向に調整する装置。（ハンドルの前後の位置を調整する）

（2）　ステアリング・シャフト

ステアリング・ホイール（ハンドル）を回転させたときの動力を，ステアリング・ギヤ機構に伝達する軸のことである。

自動車には，**衝撃吸収式ステアリング・シャフト**（コラプシブル・ステアリング・シャフト）が装着されている。これは，衝突時に車体へ大きな衝撃が加わると，ステアリング・シャフトおよびコラム・チューブを押し縮める方向に力が作用して，衝撃エネルギーを吸収するもの，つまり，運転者への衝撃を軽減するためのものである。

4．ステアリング・ギヤ機構

（1）　概要・・・2－（2）参照。

（2）　ステアリング・ギヤ機構の種類

ステアリング・ホイール（ハンドル）の回転を減速して，トルクを増大する作用を担う歯車のことをステアリング・ギヤという。この歯車の組み合わせ方（機構）によって，①ラック・ピニオン型や②ボール・ナット型などに分かれる。

① **ラック・ピニオン型ステアリング・ギヤ機構**

ステアリング・シャフトの先端に取り付けられたピニオン（＝小歯車）とラック（＝シャフトに刻まれた歯）を噛(か)み合わせることにより，ピニオンの回転運動をラックの往復運動に変える。

ステアリング・ホイール（ハンドル）を回すと，ピニオンが回転してラックを移動させ，ホイールの向きを変える。

部品の数や，ボール・ジョイント部も少ない構造であるため，摩擦部分が少なく小型軽量になる反面，路面から受ける衝撃は，ラックやピニオンに伝わりやすくなる。（＝直接ギヤとギヤがあるので，ステアリング・ホイール（ハンドル）に衝撃が伝わる。重たい。）

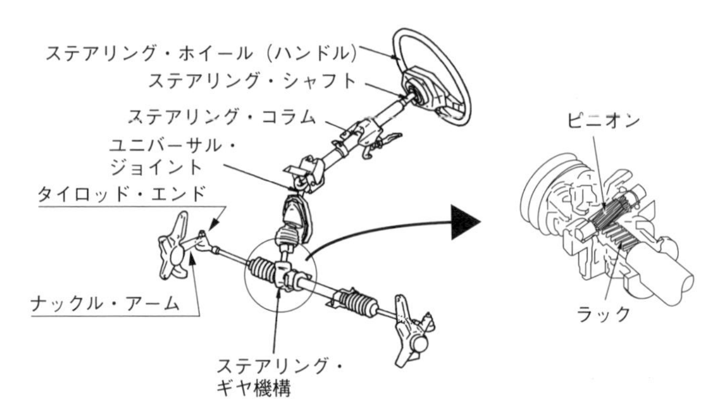

ラック・ピニオン型ステアリング・ギヤ機構

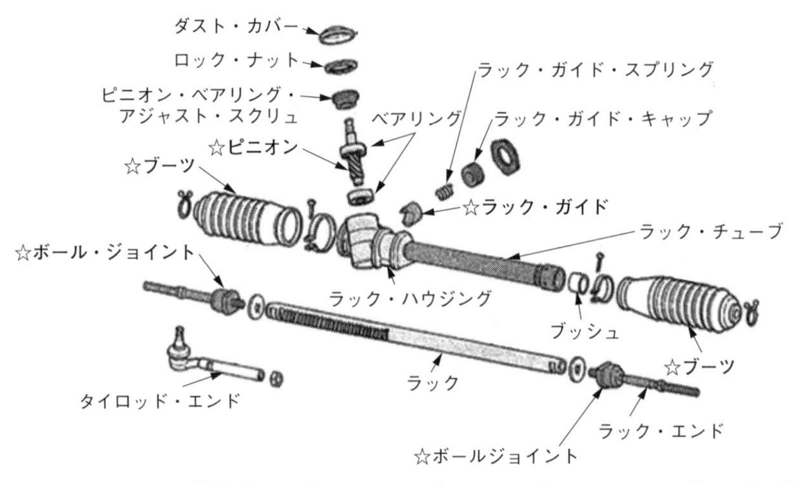

図2－5－3　構成部品（ラック・ピニオン型ステアリング・ギヤ機構）

最近は，構成部品の方が試験ではよく出ているよ！
☆印の付いたものは特に注意！

②　ボールナット型ステアリング・ギヤ機構

ウォーム・シャフトとボール・ナットの接触面にはスチール・ボールが多数用いられることで摩擦を減らしている。

ステアリング・ホイール（＝ハンドル）を回すと，ウォーム・シャフト上をスチール・ボールが回転しながら移動する。このとき，ウォーム・シャフト上を軸方向にボール・ナットを移動させつつ，(スチール・ボールは）ボール・チューブを経て，ボール・ナット溝の中を循環する。

なお，ボール・ナット型は耐摩耗性と耐衝撃性に優れている。

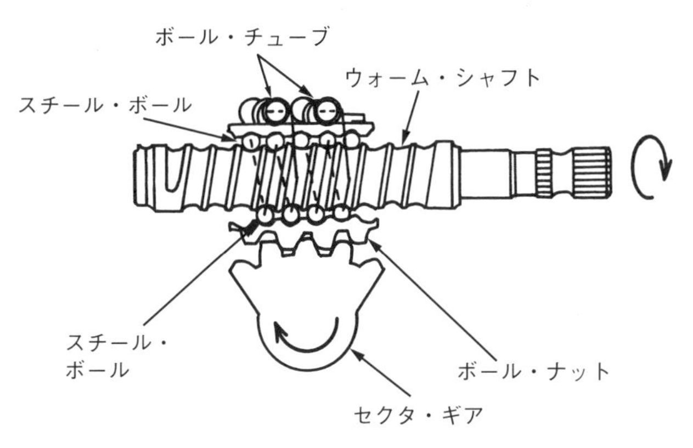

ボール・ナット型 ステアリング・ギア機構

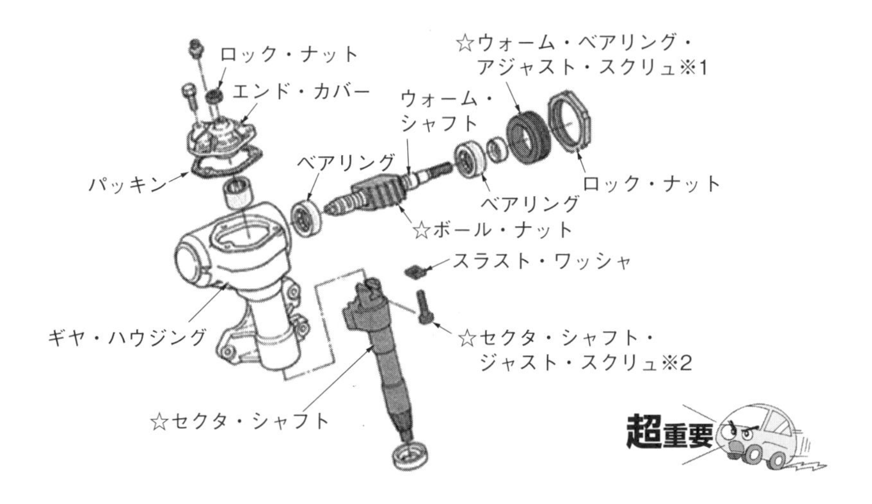

図2－5－4　構成部品（ボール・ナット型ステアリング・ギヤ機構）

※1　ウォーム・ベアリング・アジャスト・スクリュは，ウォーム・シャフトの起動トルクを規定値に調整する。

※2　セクタシャフト・アジャスト・スクリュは，ギヤのバックラッシュ（ギヤの遊び）の調整に用いられる。

5．ステアリング・リンク機構

（1）概要

ステアリング・ギヤから出力された動力を，ホイールに伝える役目をするもので，各種のアーム，リンク，ロッド，エンドなどで構成されている。ステアリング・リンク機構は，自動車のホイール部分の構造によって分けると，車軸懸架式のステアリング・リンク機構と，独立懸架式のステアリング・リンク機構がある。

（2）車軸懸架式のステアリング・リンク機構

図2－5－5のように，ピットマン・アーム，ドラッグ・リンク，ナックル・アーム，タイロッドなどで構成されている。

ステアリング・ホイール（ハンドル）を回すとピットマン・アームが作動して，ドラッグ・リンクを前後に動かす。ドラッグ・リンクは，右側ホイールのナックル・アームを介してナックルを動かすと，右側ホイールが方向を変える。右側のナックル・アームの動きと連動してタイロッドを動かし，左側のナックル・アームを作動させて，左側のホイールは右側ホイールと同じ向きに方向を変える。

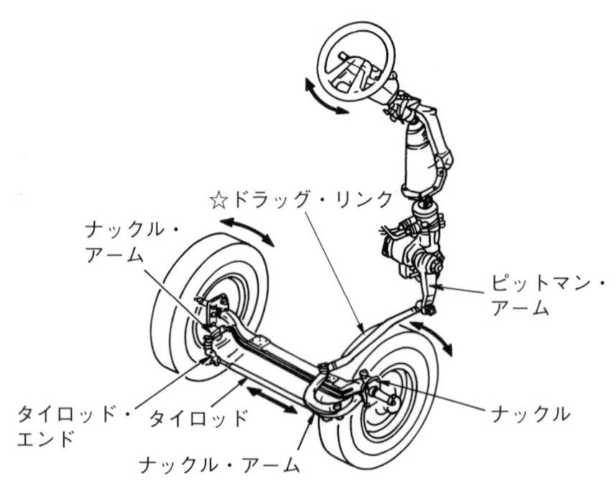

図2－5－5　車軸懸架式のリンク機構

① ピットマン・アーム

ステアリング・ギヤ機構の動きをドラッグ・リンクに伝える役目をするのがピットマン・アームである。

ピットマン・アームの一端はセレーション（=のこぎりの歯状になったギザギザした部分）になっており，ステアリング・ギヤ機構のセクタ・シャフトに接続され，他端はボール・スタッドになっており，ドラッグ・リンクに接続されている。

② ドラッグ・リンク

ピットマン・アームの動力をナックル・アームに伝える役目をする。

③ タイロッド

左右のナックル・アームを同時に操作するためのロッドのことである。

タイロッドの両端には，タイロッド・エンドがねじ込まれており，一方は右ねじ，他方は左ねじになっており，タイロッドを回すことでタイロッドの全長を長くしたり又は短く調整したりする。

(3) 独立懸架式のステアリング・リンク機構

⇒ ラック・ピニオン型とボール・ナット型がある。

① ラック・ピニオン型ステアリング・リンク機構

図2－5－6のように，ラック・エンド，タイロッド・エンド，ナックル・アームなどで構成されている。

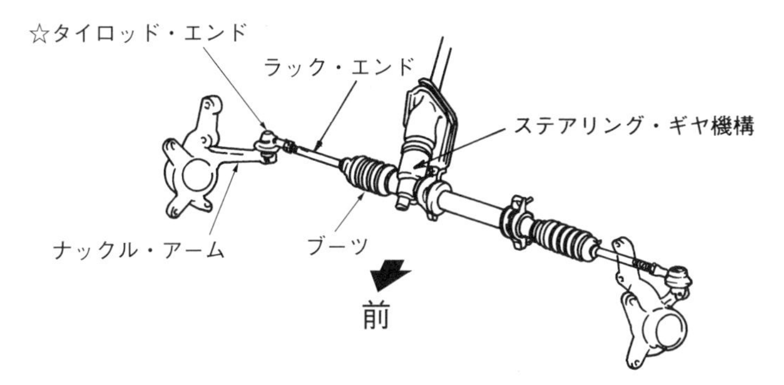

図2－5－6　ラック・ピニオン型ステアリング・リンク機構

ステアリング・ホイール（ハンドル）を回すとステアリング・ギヤ機構のラックが作動して，ラック・エンド，タイロッド・エンド，ナックル・アームの順に動力を伝達してホイールの向きを変える。

キーワード タイロッド・エンド：

ラック・ピニオン型タイロッド・エンドは，図2－5－7のように，一端はラック・エンドとネジで接続され，他端はボール・ジョイントになっている。左右ホイール部のタイロッド・エンドの長さは同じになるように調整する。調整は“a”のロック・ナットを緩め，ラック・エンドを回して調整し，調整後は確実にaのロック・ナットを緩める。

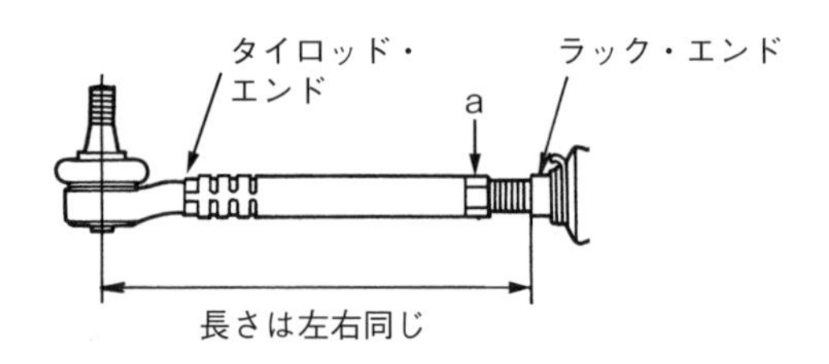

図2－5－7 ラック・ピニオン型タイロッド・エンド

② ボール・ナット型ステアリング・リンク機構

図2－5－8のように，ステアリング・ギヤ機構，ピットマン・アーム，リレー・ロッドで構成されている。

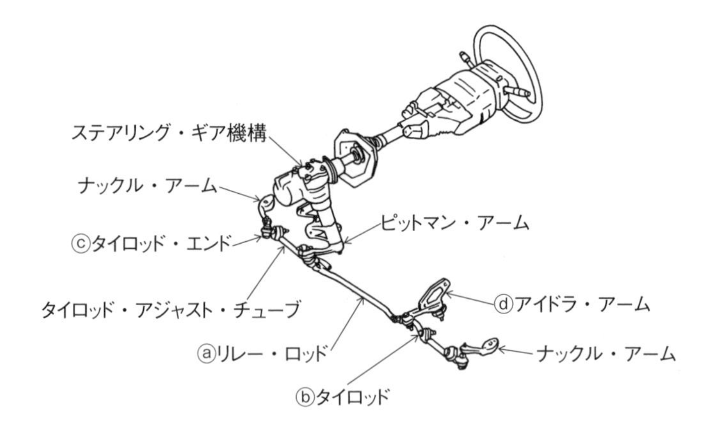

図2－5－8 ボール・ナット型ステアリング・リンク機構

ステアリング・ホイール（ハンドル）を回して，ピットマン・アームが作動すると，一方は，リレー・ロッド，タイロッド，ナックル・アームに動力を伝達する。他方は，タイロッド・アジャスト・チューブ，タイロッド・エンド，ナックル・アームに動力を伝達する。

ⓐ　リレー・ロッド：

左右ホイールに動力を伝達する役目があり，ほぼ中央部にもうけられた中継ぎロッド（棒）である。

ⓑ　タイロッド：

リレー・ロッドの動力をナックル・アームに伝達するロッド（棒）である。

ⓒ　タイロッド・エンド：

ボール・ナット型のタイロッド・エンドは，図２－５－９のように，一端はボール・ジョイントで他端はネジを切ってある。

調整をするときは，図の“a”のロック・ボルトを緩め，タイロッド・アジャスト・チューブを回して調整し，調整後は確実に“a”のロック・ボルトを締める。調整をするときは，タイロッド・アジャスト・チューブの両端の“a”の長さが同じになるようにする。

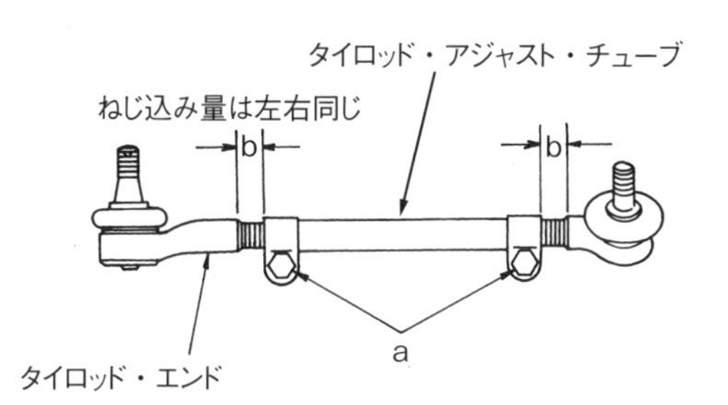

図２－５－９　ボール・ナット型タイロッド・エンド

ⓓ　アイドラ・アーム：

遊び腕の意味があり，ステアリング装置でピットマン・アームの動きにならい，左右対称の運動を行わせるリンクとして用いる揺れ腕をいう。

6．パワー・ステアリング機構

（1）概要

ステアリング装置の途中に動力装置を設け，ステアリング・ホイール（ハンドル）の操舵力を動力で補い，かじ取り装置を軽く，かつ，敏速に操作できるようにした装置である。

パワー・ステアリング装置を使用すると，次のような利点がある。

イ　操作力を小さくできる。

ロ　ステアリング・ギヤ比を操作力に関係なく選ぶことができる。

ハ　凹凸による路面からの衝撃を途中で吸収して，ステアリング・ホイールへ伝わるのを防ぐことができる。

（2）パワー・ステアリングの主要部

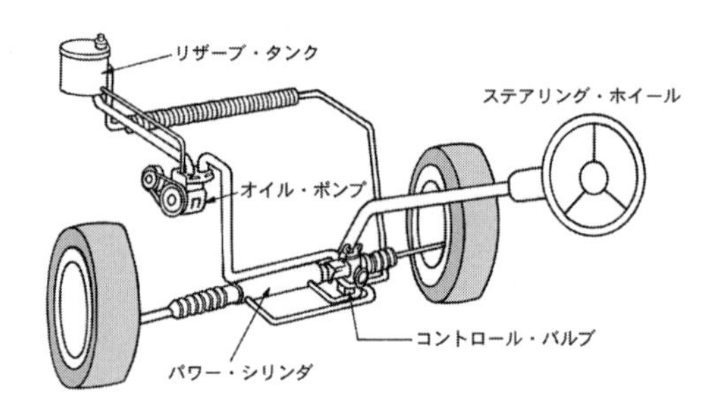

図2－5－10　油圧式パワー・ステアリングの構成

油圧式パワー・ステアリング装置の動力増強機構は，図2－5－10のように，パワー・シリンダ，コントロール・バルブ，オイル・ポンプの3つの主要部分により構成されており，次のような作用をする。

イ　作動部（パワー・シリンダ）

　→　動力を発生する部分。

ロ　制御部（**コントロール・バルブ**）☆

　→　**作動部への油路を開閉する部分**である。

ハ　動力部（オイル・ポンプ）

　→　動力源となる油圧を発生する部分で，一般にベーン型のオイル・ポンプが用いられている。

これら3つの主要部分のほか，オイル・ポンプの最高流量を制御する**フロー・コントロール・バルブ**，オイル・ポンプの最高油圧を制御する**プレッシャ・リリーフ・バルブ**，故障時の手動操作を容易にするセーフティ・チェック・バルブなどで構成されている。

ワンポイント・アドバイス

フロー（flow：流れ）←――――流量の“流”

プレッシャ（pressure:圧力）←――油圧の“圧”

で関連付けて覚えよう！

制御するもの――最高㊉流量＝フロー・コントロールバルブ

制御するもの――最高油㊉圧＝プレッシャ・リリーフバルブ

（3）パワー・ステアリングの種類

パワー・ステアリング装置の動力増強部は，オイル・ポンプなどを用いる油圧式と，モータなどを用いる電動式がある。

油圧式は，制御部のコントロール・バルブ，作動部のパワー・シリンダ及び動力部のオイル・ポンプなどで構成されている。

電動式は，直接モータを補助動力とする制御部のコントロール・ユニット及び動力部のモータなどで構成されている。

パワー・ステアリングの型式を機構別に分類すると次のようになる。

油圧式

ラック・ピニオン型・・・コントロール・バルブをステアリング・ギヤ機構の内部に，**パワー・シリンダをラック・チューブにそれぞれ設けた**もの

インテグラル型・・・・・コントロール・バルブとパワー・シリンダを，ステアリング・ギヤ機構の内部に収めたもの

リンケージ型・・・・・・ステアリング・リンケージの途中にパワー・シリンダを設けたもの

電動式

コラム・アシスト式・・・・・モータをステアリング・コラムに設けたもの

ピニオン・アシスト式・・・・モータをステアリング・ギヤ装置のピニオン・シャフトに部に設けたもの

ラック・アシスト式・・・・・モータをステアリング・ギヤ装置のラック部に設けたもの

(4) インテグラル型パワー・ステアリング装置 

図2－5－11のようにステアリング・ギヤ装置の内部に**パワー・シリンダ**と**コントロール・バルブ**を内蔵したもので，主に大型トラックに用いられている。

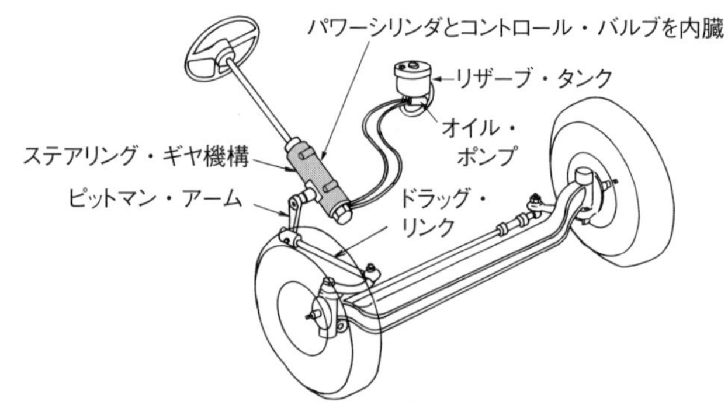

図2－5－11 インテグラル型パワー・ステアリング装置 

(5) リンゲージ型パワー・ステアリング装置

図2－5－12のように，ステアリング・リンク機構の途中に，パワー・シリンダとコントロール・バルブを一体にした装置とオイル・ポンプを設けたもので，主に大型トラックやバスなどに用いられている。

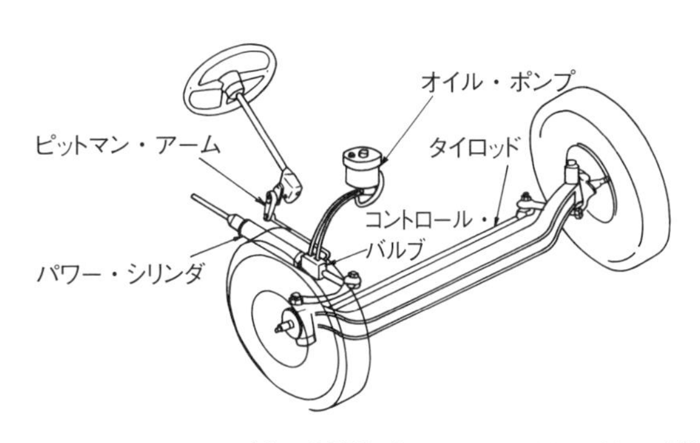

図2－5－12　リンゲージ型パワー・ステアリング装置

(6) ラック・ピニオン型パワー・ステアリング装置

図2－5－13のように，ステアリング・ギヤ機構内部に**コントロール・バルブ**を設け，ラック・チューブにパワー・シリンダを設けたもので，主に乗用車に多く用いられている。コントロール・バルブは，6個の溝をもったロータ，スリーブ，トーションバーなどで構成されている。

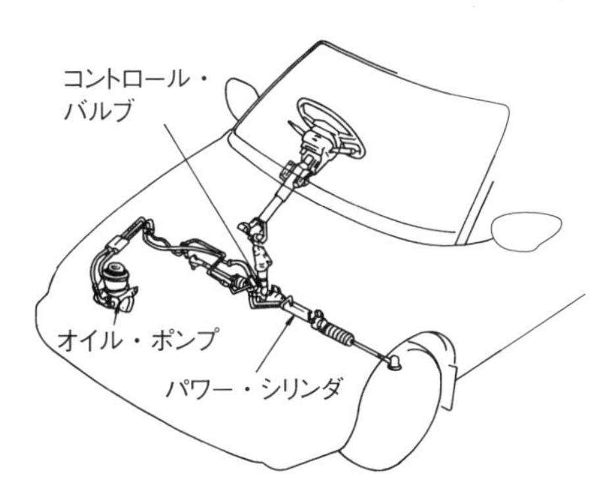

図2－5－13　ラック・ピニオン型パワー・ステアリング

（7） ロータリ・バルブ（回転弁） 重要

ラック・ピニオン型パワー・ステアリングの作動に用いられるロータリ・バルブは，内部が複雑な構成となっている。ピニオンの上部と下部が直接つながっているのではなく，トーションバーによって連結されている。そして，**ロータ**と**スリーブ**※によって構成されており（図参照），ロータは，ステアリング・ホイールの回転と連動する。ロータとスリーブの位置にズレが生じると，油路の大きさが変化する。要は，油路の切り替えをロータとスリーブの位置関係により行っているのである。

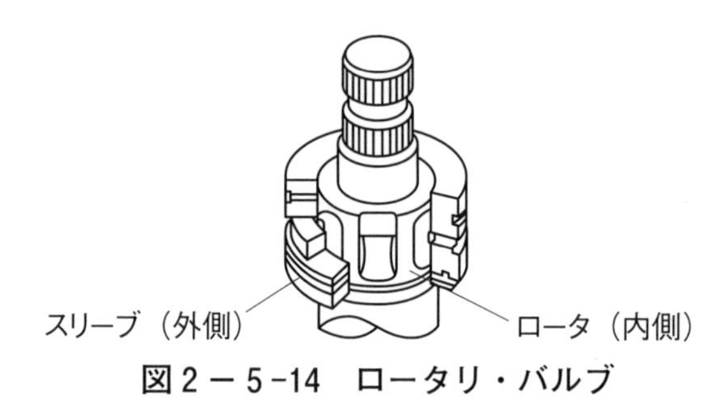

図2－5-14　ロータリ・バルブ

※ロータ（内側），スリーブ（外側）とも油路が設けられたバルブ（弁）である。

よく出る問題〔第５章・ステアリング装置〕

【例題１】 重要

インテグラル型パワー・ステアリングにおいて，ステアリング・ギヤ機構（ステアリング・ギヤ・ボックス）の内部に収められている構成部品の一つとして，**適切なもの**は次のうちどれか。

（1）　リザーブ・タンク
（2）　ドラッグ・リンク
（3）　ピットマン・アーム
（4）　コントロール・バルブ

【例題２】

油圧式パワー・ステアリングに関する記述として，**不適切なもの**は次のうちどれか。

（1）　インテグラル型では，コントロール・バルブはステアリング・リンク機構の途中に設けられている。
（2）　ラック・ピニオン型では，パワー・シリンダはラック・チューブに組み込まれている。
（3）　プレッシャ・リリーフ・バルブは，オイル・ポンプの最高油圧を制御している。
（4）　フロー・コントロール・バルブは，オイル・ポンプの最高流量を制御している。

【例題3】 

図に示すステアリング・リンク機構において，タイロッド・エンドを表わしている記号として，**適切なもの**は次のうちどれか。

（1） A
（2） B
（3） C
（4） D

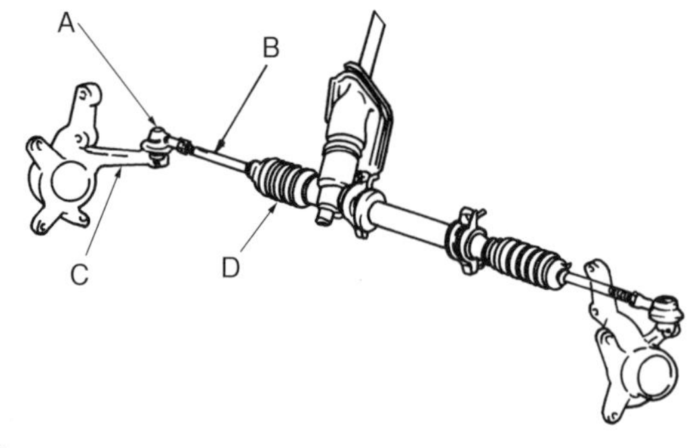

【例題4】 超重要

図に示すステアリング装置のボール・ナット型ギヤ機構に関する記述として，**不適切なもの**は次のうちどれか。

（1） Aはセクタ・シャフトである
（2） Bはギヤのバックラッシュの調整に使用する。
（3） Cはボール・ナットである。
（4） Dはボール・ナットのプレロードの調整に使用する。

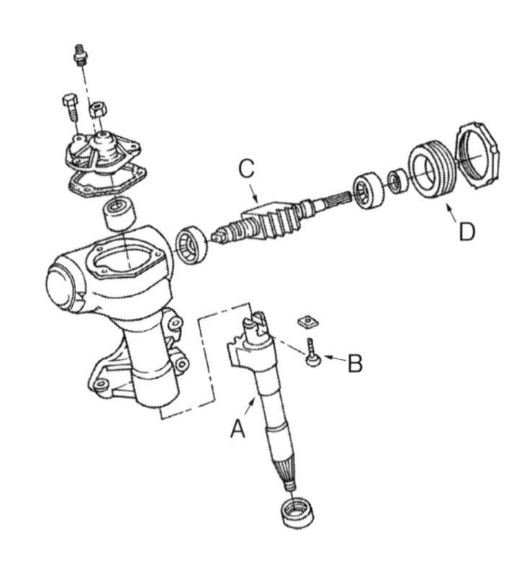

【例題5】

ラック・ピニオン型油圧式パワー・ステアリングにおいて，パワー・シリンダが設けられている部品として，**適切なもの**は次のうちどれか。

（1）　ラック・チューブ
（2）　オイル・ポンプ
（3）　ステアリング・ギヤ・ボックス
（4）　ドラッグ・リンク

【例題6】

図に示すステアリング・リンク機構において，ドラッグ・リンクを表している記号として，**適切なもの**は次のうちどれか。

（1）　A
（2）　B
（3）　C
（4）　D

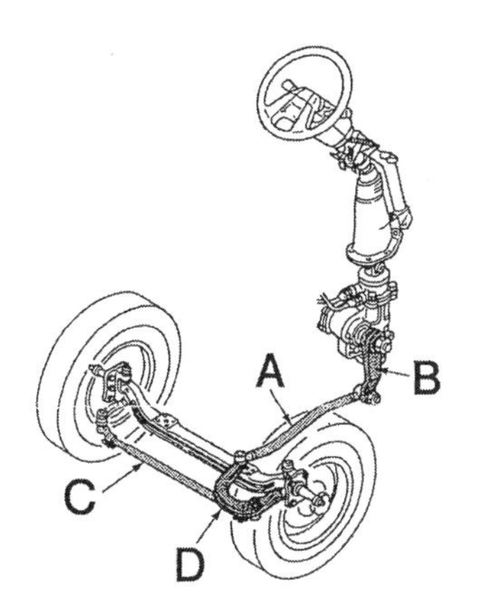

⊿解答と解説◸ 第5章 ステアリング装置

【例題1】 解答（4）

⊿解説◸

P262，図2－5－11 インテグラル型パワー・ステアリング装置を参照。

ステアリング・ギヤ装置の内部に**パワー・シリンダ**と**コントロール・バルブ**を内蔵したものである。

【例題2】 解答（1）

⊿解説◸

（1） インテグラル型（パワー・ステアリング装置）では，ステアリング・ギヤ機構の内部にパワー・シリンダとコントロール・バルブが内蔵されている。よって，本肢が不適切。

（2） 適切。ラック・ピニオン型（パワー・ステアリング装置）では，ステアリング・ギヤ機構の内部にコントロール・バルブが組み込まれていて，ラック・チューブにパワー・シリンダが組み込んである。

（3），（4） 適切。

【例題3】 解答（1）

⊿解説◸

Aはタイロッド・エンド，Bはラック・エンド，Cはナックル・アーム，Dはブーツである。P257の図2－5－6 ラック・ピニオン型ステアリング・リンク機構を参照。

【例題4】 解答（4）

⊿解説◸

Aは，セクタ・シャフト，Bは，セクタ・シャフト・アジャスト・スクリュ，Cは，ボール・ナット，Dは，ウオーム・ベアリング・アジャスト・スクリュである。

P255の図2－5－4 構成部品（ボール・ナット型ステアリング・ギヤ機構）を参照。

【例題５】 解答 （１）

⊿解説◸

ラック・ピニオン型パワー・ステアリングは，コントロール・バルブをステアリング・ギヤ装置の内部に，パワー・シリンダを**ラック・チューブ**にそれぞれ設けたものである。

【例題６】 解答 （１）

⊿解説◸

Ａはドラッグ・リンク，Ｂはピットマン・アーム，Ｃはタイロッド，Ｄはナックル・アームである。

P257の図２－５－５　車軸懸架式のリンク機構を参照。

第6章　ホイール・アライメント

1．概要

ホイール・アライメントには，車輪の整列具合という意味がある。つまり，ホイール（車輪）が車体に対してどのような角度で取り付けられているのかを示している。

2．トーイン

トーインとは，図2－6－1（自動車の運転席に座って前車輪を見た図）のように，タイヤの前方の寸法“A”が，後方の寸法“B”より小さいときの状態をいい，その寸法差で表示する。

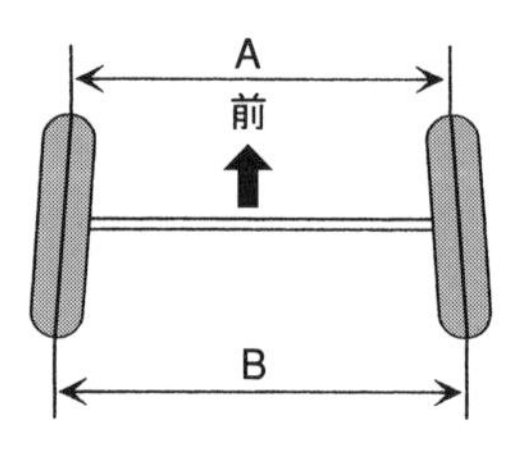

図2－6－1　トーイン

(1)　トーの測定

トーの測定は，**トーイン・ゲージ**を用いて行う。

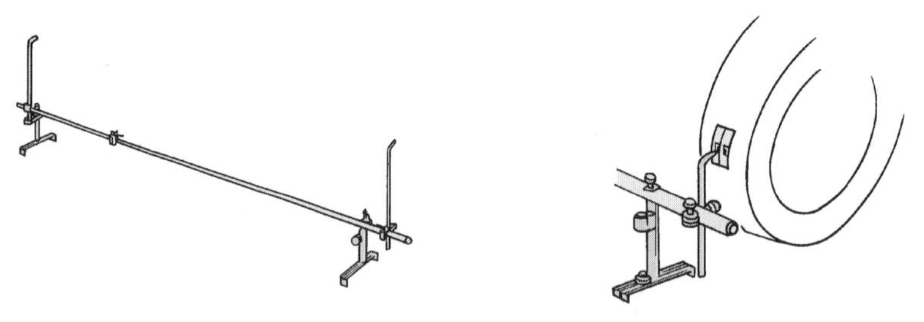

図2－6－2　トーイン・ゲージとトーの測定

（2）　トーインの調整

自動車の構造により調整の方法が異なり，図2－6－3に挙げたような3つの調整方法がある。

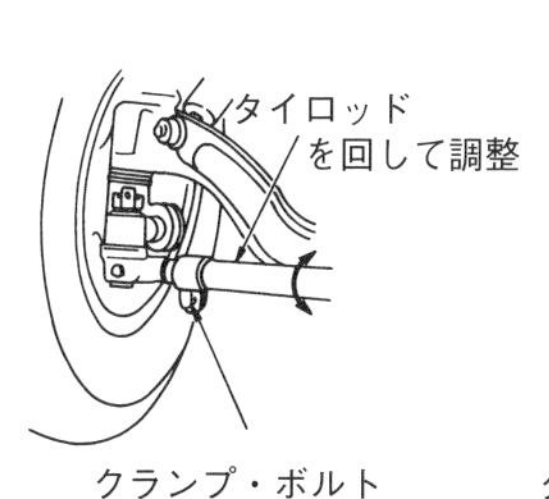

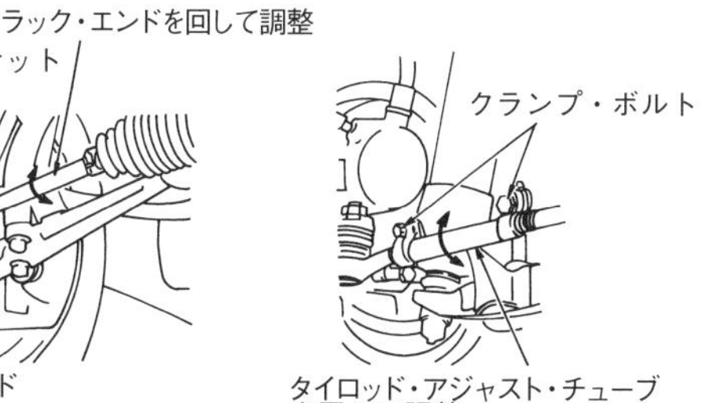

（1）車軸懸架式　（2）独立懸架式（ラック・ピニオン型）　（3）独立懸架式（ボルト・ナット型）

図2－6－3　トーインの調整

① 車軸懸架式

車軸懸架式のトーイン調整は，図2－6－3－（1）のように，タイロッドの両端に付いているクランプ・ボルトを緩めてから，タイロッドをゆっくり回しながら規定値に調整する。

② 独立懸架式（ラック・ピニオン型）

独立懸架式ラック・ピニオン型のトーイン調整は，図2－6－3－（2）のように，ロック・ナットを緩めてからラック・エンドをゆっくり回して規定値に調整する。

③ 独立懸架式（ボール・ナット型） 重要

独立懸架式ボール・ナット型のトーイン調整は，図2－6－3－（3）のように，左右のクランク・ボルトを緩めて，**タイロッド・アジャスト・チューブをゆっくり回して調整する**。このボール・ナット型も調整寸法を左右等しく振り分けることが重要である。

3．スラスト角

自動車の幾何学的中心線と自動車の進行方向（スラスト・ライン）との角度差のことをスラスト角という。スラスト角が大きくなると車両の直進性に影響を及ぼす。

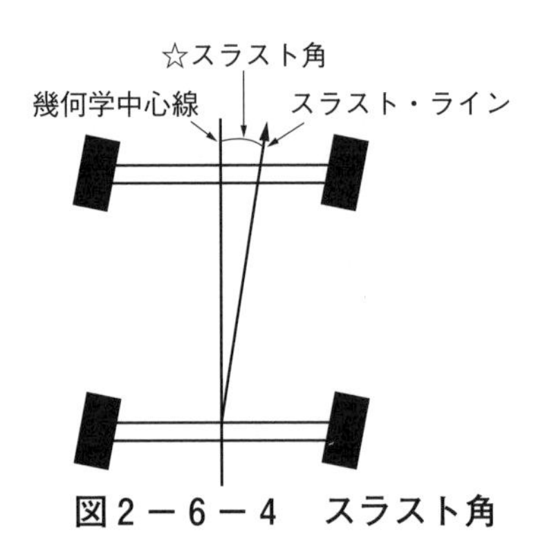

図2－6－4　スラスト角

4．キャンバ

図2－6－5（自動車の前方に立ち，フロント・ホイールを見た図）のように，ホイール中心面と路面の接する点の鉛直線のなす角度をキャンバという。

図2－6－5－（1）のように，鉛直線に対してホイールが外側に傾いているときを，**プラス・キャンバ**と言い，図2－6－5－（2）のように，鉛直線に対してホイールが内側に傾いているものを，**マイナス・キャンバ**という。

キャンバは一般的に1度くらいである。

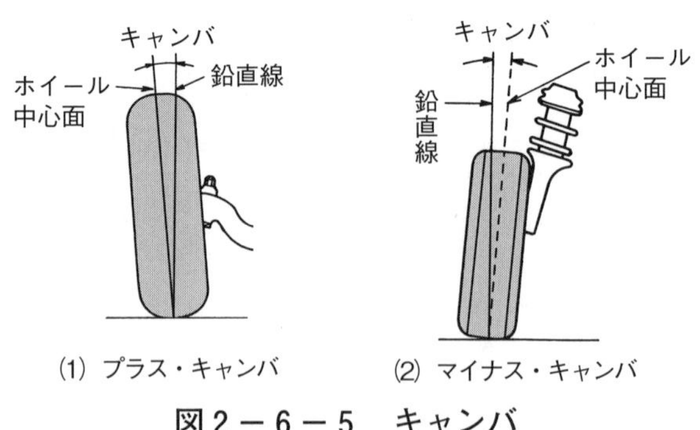

図2－6－5　キャンバ

(1)　キャンバの作用

フロント・ホイールは，自動車の重量によって下開きになろうとする力が働くため，初めからプラス・キャンバに設定することで，下開きを防止できる。(この他，ホイールの脱出，タイヤの異常摩耗の防止，走舵力（そうだりょく）の軽減などの作用がある)

(2)　キャンバの点検

点検においては図2－6－6のようにキャンバ・キャスタ・キング・ピン・ゲージ（キャンバ・ゲージともいう）を取り付けて次の順序で点検する。

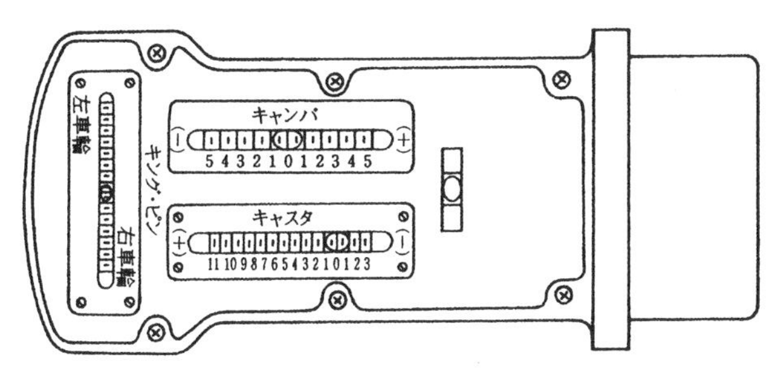

図2－6－6　キャンバ・キャスタ・キング・ピン・ゲージ

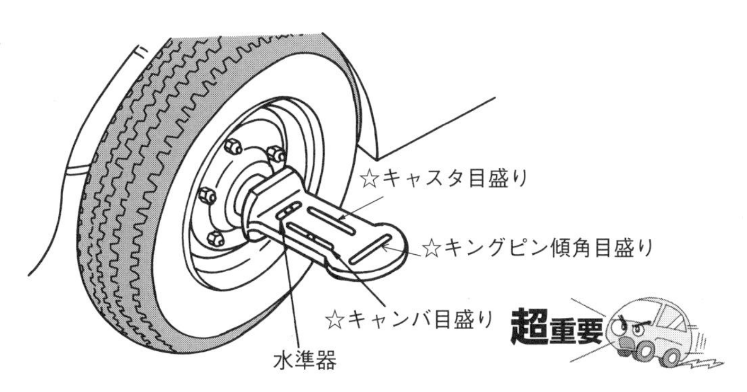

図2－6－7　キャンバの点検

㋑　水平な路面で，フロント・ホイールを直進状態にして，キャンバ・キャスタ・キング・ピン・ゲージをハブに取り付ける。

㋺　ゲージに設けられている**水準器**の気泡を，目盛りの中心位置に合わせる。

㋩　**キャンバの目盛り**の気泡の中心の目盛りを読み取る。

5．キャスタ

図２－６－８（自動車の側面から，フロント・ホイールを見た図）のように，キング・ピン軸中心線とタイヤ接地の鉛直線のなす角度のことを**キャスタ**といい，キング・ピン軸中心線が路面と交わる点とタイヤ接地面の中心点との距離を**キャスタ・トレール**という。

超重要

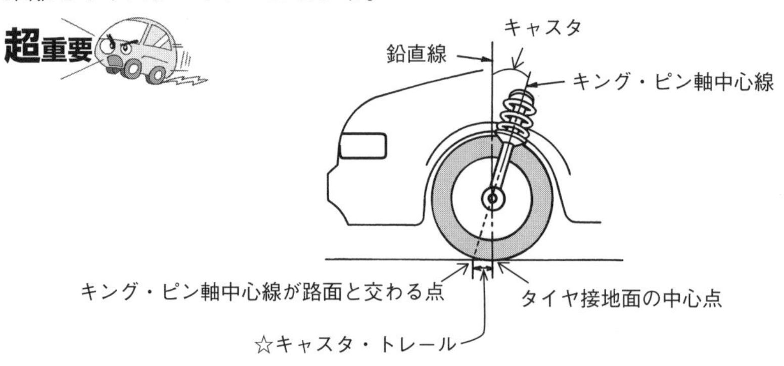

図2－6－8　キャスタ

6．キング・ピン傾角

図２－６－９（自動車の前方に立ち，フロント・ホイールを見た図）のように，キング・ピン中心線と路面に接する点の鉛直線のなす角をキング・ピン傾角という。

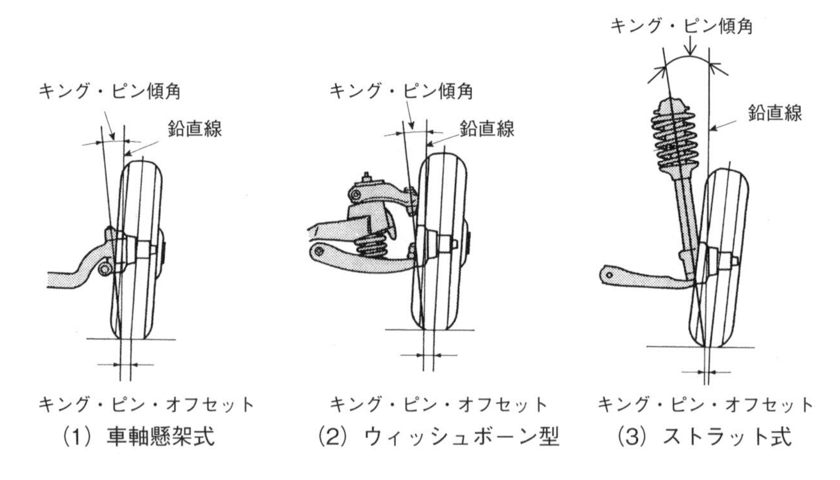

図2－6－9　キング・ピン傾角

①　車軸懸架式

図２－６－９－（１）のようにキング・ピンの中心線と路面に対する鉛直線のなす角度が，キング・ピン傾角となる。

②　独立懸架式（ウィッシュボーン型）

図２－６－９－（２）のように，ボール・ジョイントの中心線と路面に対する鉛直線のなす角度が，キング・ピン傾角となる。

③　独立懸架式（ストラット型）

図２－６－９－（３）のように，下部のボール・ジョイントとショック・アブソーバ上部のマウンティング・ブロック中心と路面に対する鉛直線のなす角度が，キング・ピン傾角となる。

キーワード

キング・ピン・オフセットとは，

キング・ピン軸中心線の路面交点とタイヤ接地中心点の距離の事。

（図２－６－９参照）

よく出る問題〔第6章・ホイール・アライメント〕

【例題1】 超重要

図に示すキャンバ・キャスタ・キング・ピン・ゲージに関するA，B，Cの目盛りの名称として，**適切なもの**は次のうちどれか。

（1） Aはキャスタ目盛りで，Bはキャンバ目盛りである。

（2） Aはキャンバ目盛りで，Bはキング・ピン傾角目盛りである。

（3） Bはキャスタ目盛りで，Cはキング・ピン傾角目盛りである。

（4） Bはキャンバ目盛りで，Cはキャスタ目盛りである。

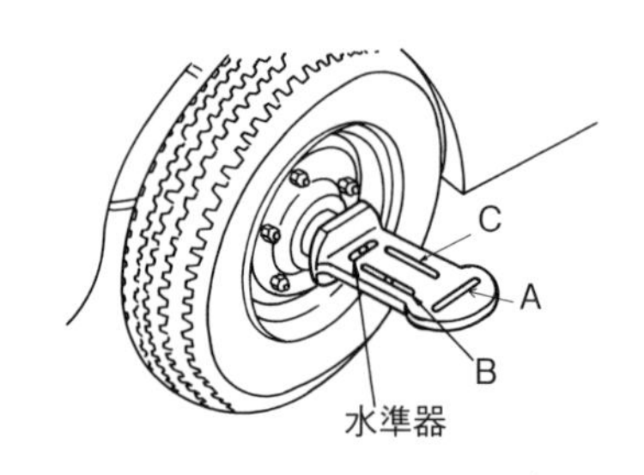

【例題2】 重要

図に示すフロント・ホイール・アライメントのうち，図のAとBの距離を示すものとして，**適切なもの**は次のうちどれか。

（1） ターニング・ラジアス

（2） プラス・キャンバ

（3） キング・ピン・オフセット

（4） キャスタ・トレール

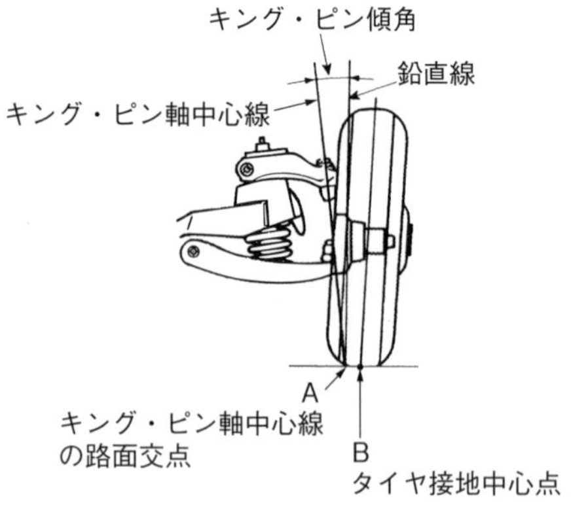

【例題3】

　フロント・ホイール・アライメントのうち，図のAが示すものとして，**適切なもの**は次のうちどれか。

（1）　キャスタ・トレール
（2）　トーイン
（3）　キング・ピン傾角
（4）　キャンバ

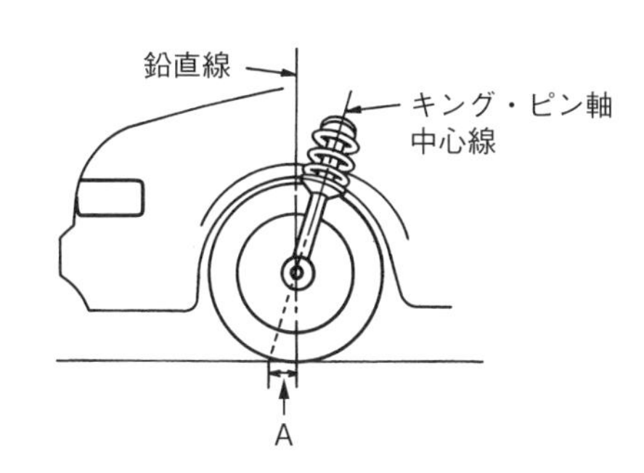

【例題4】

　図に示すホイール・アライメントのうち，図中のAの角度の名称として，**適切なもの**は次のうちどれか。

（1）　キング・ピン傾角
（2）　キャスタ
（3）　スラスト角
（4）　左右のホイールの切れ角（ターニング・ラジアス）

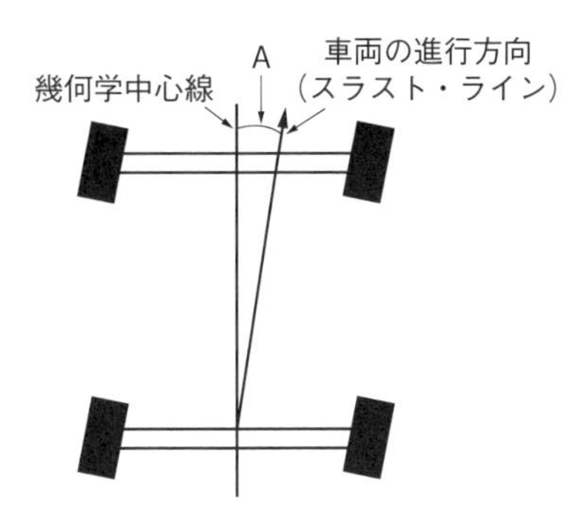

⊿解答と解説◸ 第6章　ホイール・アライメント

【例題１】 解答（４）

⊿解説◸

キャンバ・キャスタ・キング・ピン・ゲージは，車のフロント・ホイールに取り付けて，キャンバ，キャスター，キングピンのそれぞれの角度を測定することができる器具。

Aはキング・ピン傾角目盛り

Bはキャンバ目盛り

Cはキャスタ目盛り

【例題２】 解答（３）

⊿解説◸

A点のキング・ピン軸中心線の路面交点と，B点のタイヤ接地中心点との距離をピング・ピン・オフセットと言う。

オフセットとは，基準となるある点からの相対的な位置のことである。

【例題３】 解答（１）

⊿解説◸

キング・ピン軸中心線とタイヤ中心線の鉛直線の角度はキャスタ角度である。鉛直線の路面接地点とキング・ピン軸中心線の路面接地点の距離Aは，キャスタ・トレールである。

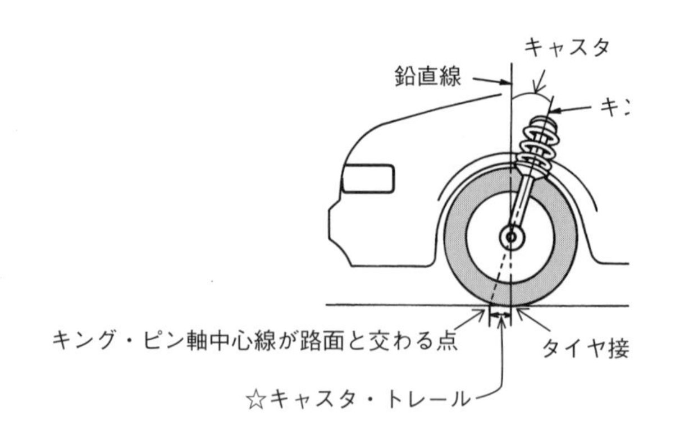

【例題4】 解答（3）

⊿解説◸

車両の進行方向（スラストライン）と車両中心線とのずれをスラスト角という。

解答（3）

試験コラム　ワンポイント・アドバイス！

本試験では，同じ意味の言葉でも表現を変えて出題されることがあります。

例えば，「高張力鋼板」の説明についての選択肢があった場合，ある年では，「薄肉化により軽量化できる」と表現されていたものが，別の年では「薄板化により軽量化できる」というように言い換えられているといった具合です。

要は，「薄くすること」を少し難しい表現で表わしているだけなので，「薄くすることで軽量化している」と理解できていれば惑わされずに解答できるでしょう。

しかし，意味がよくわからないで単に丸暗記していた場合，前述の例で言うと「薄肉化」という単語だけ意味もわからず丸暗記していると，「薄板化」と表現を変えて出題されると，果たして適切なのか不適切なのか，判断に迷いが生じるのではないでしょうか。

そういう所で足元をすくわれないためにも，皆さんは学習の際，少し難しく馴染みがない言葉で説明が出てきた際には，丸暗記の前にその語がどのようなことを意味しているのか調べるなどして理解しておきましょう。

このような小さな積み重ねが本番での得点力につながります。

（本文参照項目⇒第１編第２章―2．鉄鋼材料―（1）高張力鋼板）

少しずつでもコツコツと…

第3編

電気装置

第1章　電気装置

1．概要

自動車シャシ部の電気装置は，バッテリを電源として，灯火装置，計器，ホーン，ワイパ，警報装置，床暖房装置などがあり，これらの装置をコントロールする電子回路，通信システムなどで構成されている。

図3－1－1は，シャシ部の電気装置を示す。バッテリの⊕側だけが配線され，⊖側の配線はシャシ又はボディを利用する単線配線方式となっている。

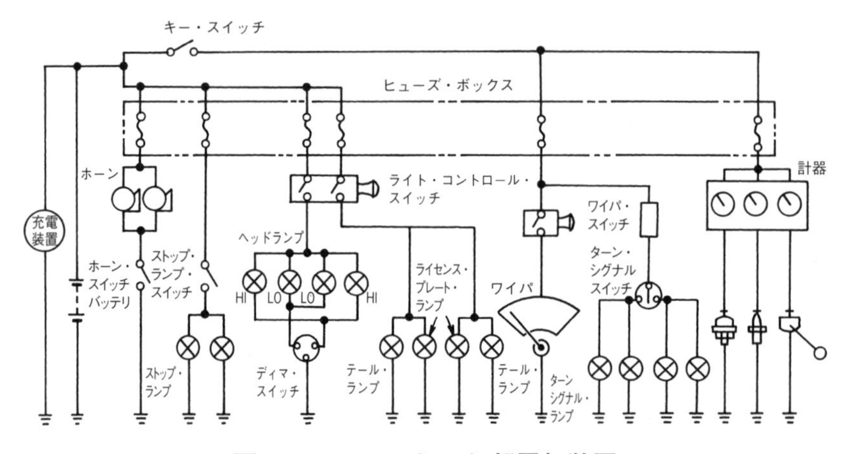

図3－1－1　シャシ部電気装置

2．電子制御システム

自動車の電子制御には，エンジンなどを制御するパワートレイン制御，ステアリングなどを制御するシャシ制御，パワーウィンドウやミラー調整，電動シート，ドアロックなどのボディ制御などがある。

これらの車載通信ネットワークの代表的なものとしてはCAN通信システムとLIN通信システムなどがある。

3．CAN通信システム　重要

自動車の電子制御化が急速に進んだことにより，ECU（電子制御ユニット）の搭載数が増え，高機能化するとともに接続するワイヤ・ハーネス（車内配線）も増加・複雑化し，軽量化の支障となっていた。この問題を解決したのが車載LAN（＝CANやLIN通信システム等）であり，電子機器間接続のネットワーク化を図ることによって，高機能化へ対応するとともに，ワイヤ・ハーネスの削減及び電子制御機器の小型化が可能となった。

CAN通信システムとは（Controller Area Network：コントローラ・エリア・ネットワークの略称で），ISOで国際的に標準化された車載多重通信の規格であり，**信頼性が高く，高速で大量のデータ通信が可能**である。（☆車載多重通信は，**デジタル通信**で行われる）

このCAN通信システムは，2つの電子制御ユニット（ECU-1，ECU-2），2個の終端抵抗，メイン・バス・ライン，CAN-H（キャン・ハイ），CAN-L（キャン・ロー），サブ・バス・ライン，各ECUで構成されている。各ECU間のデータはメイン・バス・ラインを介して受け渡しができるので配線が単純になり，配線量が少なく，高速通信が可能である。なお，一般的に車載ネットワークにおいて，低速ではLIN通信システム，高速ではCAN通信システムが用いられる。

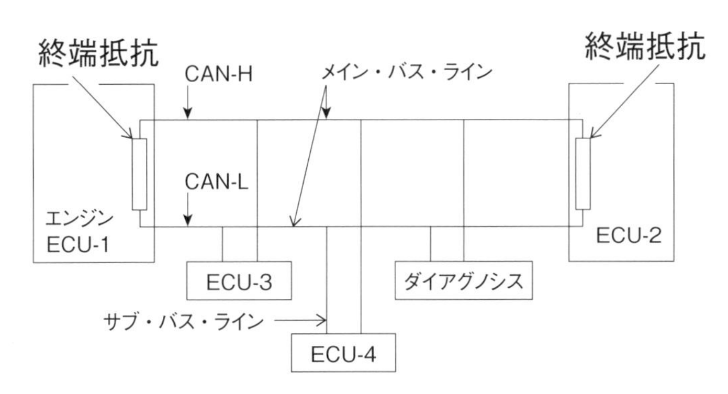

図3－1－2　CAN通信システム

メイン・バス・ラインは，CAN-HとCAN-Lの**2本の通信線**と**2個の終端抵抗**で構成される。このうち，終端抵抗は通信信号を安定化させるために，メイン・バス・ラインに使用されている。

電磁ノイズの発生は通信エラーの原因ともなるため，過酷なノイズ環境にある自動車において，**メイン及びサブのバス・ラインには，耐ノイズ性の高いツイスト・ペア線が用いられている。**

試験注意！
複数項目の情報やデータを一対の通信線で伝送する多重通信システムであるCAN通信の登場によって，ワイヤ・ハーネスの削減等ができるようになったんだよ！

（1）　用語

「メイン・バス・ライン」

各ECUの電気信号（データ）を通過させるところであり，2つの電子制御ユニット（ECU-1，ECU-2），各ECUユニットが接続される。

〔イメージ〕

都会の道路にある，バス専用の道路部分（乗客を載せたバスのみが通行できる専用の車線）と同じイメージです。この専用バス路線は，始発点（図のECU-1）から各停留所で乗客を乗降させながら到着点（図のECU-2）に到着する。

「サブ・バス・ライン」

各ECUとメイン・バス・ラインの間を接続するラインのこと。

〔イメージ〕

各家庭から「メイン・バス・ライン」のバス停まで行くための自転車又は自家用自動車などの交通手段をいう。

「終端抵抗」

メイン・バス・ラインに取り付けた抵抗のことで，メイン・バス・ラインに電流が流れることで電気的に安定して，ノイズ（雑音）に強くなる。

〔イメージ〕

乗客を載せたバスが始発点（図のECU-1）から発車しても，到着点が不明のとき，バスはウロウロすることになり不安定になる。

「ツイスト・ペア線」

二本の電線をらせん状にねじった電線のこと（電線をねじることで，外部からの雑音を防ぐ効果が大きくなる）。

「ワイヤ・ハーネス」

各装置と装置の電気信号をつなぐ，接続端子の付いている電線をいう。

（2） データ・フレーム構成

CAN 通信のデジタル信号には「フレーム」と呼ばれる通信単位があり，データを送信する際の形式を「データ・フレーム」*という。

> ＊「データ・フレーム」
> 信号を送るときのデータがブロック化されたもの。ブロック化されたデータには細かくルールが決められている。

CAN システムのデータ・フレームは次の構成になっています。

データ・フレーム

① SOF	② ID 領域	③ 制御領域	④ データ領域	⑤ CRC 領域	⑥ ACK 領域	⑦ EOF

① SOF（Start of Frame：スタート オブ フレーム）
：フレームの開始の信号。

② ID（Identifier：アイデンティファイヤ）
：データの内容を表すと同時に，通信規制に際して優先順位を指定する。

③ 制御領域
：フレームの種類，データ長などの指定をします。

④ データ領域
：データなどの値。

⑤ CRC（Cyclic Redundancy Check：サイクリックリダンダンシーチェック）
：データの誤りを検出する領域。

⑥ ACK（Acknowledge：アクノウレッジ）
：受信の確認ための領域。

⑦ EOF（End of Flame：エンド オブ フレーム）

：フレームの終了を示す。

4．LIN通信システム

信頼性や高速かつ大量のデータ通信が求められる場合には，CAN通信は非常に適しているものの，高い通信速度などを必要としないセンサなどの制御（ボディ制御）においてはコストがかかり過ぎてしまい不適である。

そこで，LIN（Local Interconnect Network）という低速・低コストの通信規格が登場した。CAN通信ほど通信速度が求められない低コストのサブネットワーク向けに開発された単線式のネットワークがLIN通信システムなのである。

CAN通信とLIN通信の比較

	CAN通信	LIN通信
ワイヤーハーネス	2線式	単線式
用途	シャシ制御 エンジンなどパワートレイン制御	ボディ制御
	メインネットワークとして使用する	サブネットワークとして使用する
	高速度で大容量の情報を送受信可能。	低速度で小容量の情報を送受信可能。

補足情報　2つのECU

ECUには，次の2つがあるので区別しておさえておこう！

① エンジン・コントロール・ユニット（engine control unit），

② 電子制御装置のエレクトロニック・コントロール・ユニット（Electronic Control Unit）

まず，①のエンジン・コントロール・ユニットのECUは，エンジンの回転効率を向上させるため，多くのセンサからの信号を受信し，高速処理を行ってからアクチュエータに信号を出力している。このような高速・大容量信号の送受信にはCAN通信が適している（＝自動車道路で例えると，高速道路のイメージ）。

次に，②の電子制御装置のエレクトロニック・コントロール・ユニットのECUは，半導体を用いた電子回路で制御している装置のことである。（イメージとしては，アクチュエータの部分と考えておけばよい。）エンジン・コントロール・ユニットからの信号を受け，モータ，バルブ，スイッチのON/OFFなどを行う。

このような低速・低容量信号の送受信にはLIN通信が適している（＝自動車道路で例えると，一般道路のイメージ）。

5．半導体

（1）　概要

物体には，導線のように抵抗値が小さい導体と，空気のように抵抗値が大きい不導体（絶縁物）がある。半導体は，導体と不導体の中間に位置するもので，条件によって次のような特性をもっている。

①　電流が流れることで発光する。
②　少量の他の原子を含むと電気抵抗が変化する。
③　温度，光，音，圧力などの変化に応じて，電気抵抗値が増減する。

（2）　P型半導体とN型半導体　参考

真性半導体（混ざり気がなく純度の高い半導体）のシリコンに少量の異なる物質を混入させて，少し不安定にさせたものがP型半導体とN型半導体である。

図3－1－3－（2）は，プラスの電荷をもったGe（ゲルマニウム）とマイナスの電荷をもった電子がつり合っており安定した状態である。

図3－1－3－（1）は，電子が1個少ないので，プラス電荷をもったGe（ゲルマニウム）の力が強くなり，プラスの物質となる。これでポジティブ（positive）の頭文字を取り，P型半導体という。

図3－1－3（3）は，電子が1個多くなった状態で，マイナス電荷をもった電子の力が強くなり，マイナスの物質となる。これでネガティブ（negative）の頭文字を取り，N型半導体という。

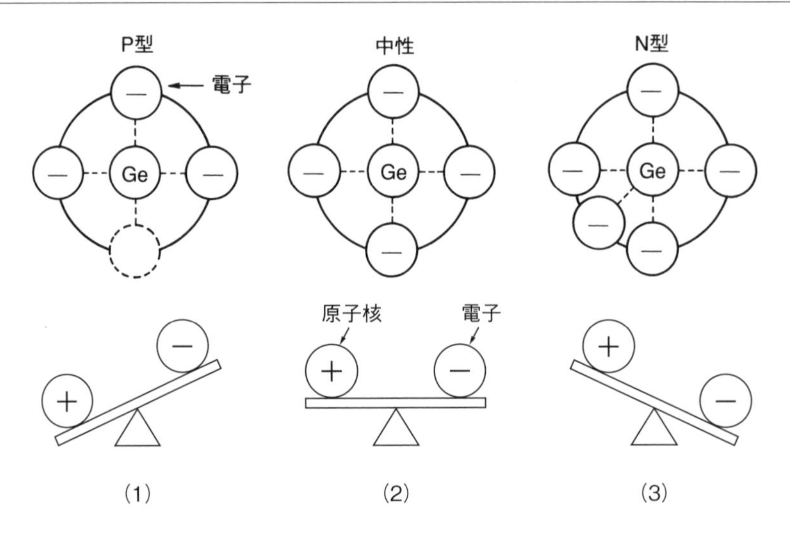

図３－１－３　ゲルマニウムの電荷

（３）　ダイオード

図３－１－４－（１）のように，Ｐ型半導体とＮ型半導体を接合したもので，リード線を接続してある。Ｐ型半導体側をアノード，Ｎ型半導体側をカソードと呼ぶ。図３－１－４－（２）は，ダイオードの外形を示したもので，カソード端子側に帯状のマークが示されている。図３－１－４－（３）は，ダイオードを回路図で示すときの図である。アノード側に⊕の電源を，カソード側に⊖の電源を加えると，アノードからカソードに向かって電流は流れる。もし，カソード側に⊕の電源を，アノード側に⊖の電源を加えると，電流は流れない。このように，ダイオードは一方通行にだけ電流を流す特性を持っている。

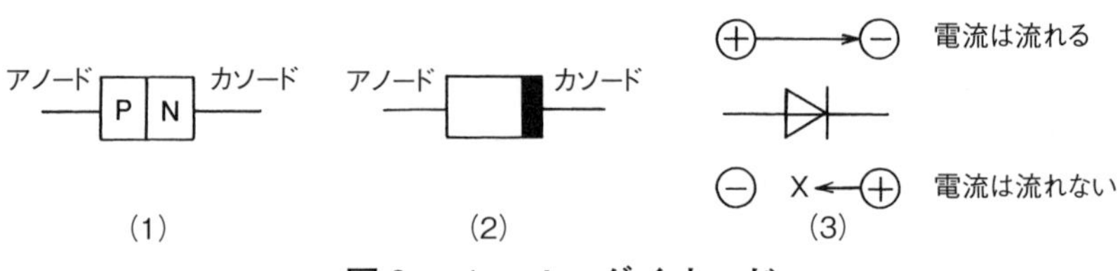

図３－１－４　ダイオード

（４）　ツェナ・ダイオード　超重要

図３－１－５－（１）のように，**Ｐ型半導体とＮ型半導体を接合したもの**

で，P型半導体側をアノード，N型半導体側をカソードという。

図3－1－5－（2）は，ツェナ・ダイオードの外形を示したもので，カソード側に帯状のマークが示されている（ダイオードと同じ）。

図3－1－5－（3）は，ツェナ・ダイオードを図面で示すときの図である。アノード側に⊕の電源を，カソード側に⊖の電源を加えると，アノードからカソードに向かって電流は流れる。（ダイオードと同じ）

カソード側に⊕の電源を，アノード側に⊖の電源を加えるときは，一定電圧以下のときは，電流は流れない（ダイオードと同じ）。しかし，一定以上の電圧を加えると，急に電流が流れる特性がある。このように電流が流れ出すときの電圧をツェナ電圧といい，多くの種類がある。ツェナ・ダイオードは，**定電圧回路や電圧検出回路に使用されている**。

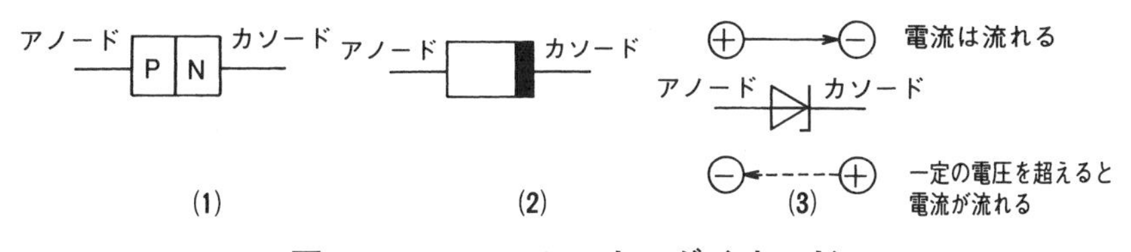

図3－1－5　ツェナ・ダイオード

試験注意！
ツェナ・ダイオードの順方向の特性は，ダイオードと同じなんだよ。

（5） 発光ダイオード（LEDともいう）

図3－1－6－（1）のようにP型半導体とN型半導体を接合したもので，P型半導体側をアノード，N型半導体をカソードという。

図3－1－6－（2）は，発光ダイオードの形状（多くの種類がある）を示す。図3－1－6－（3）は，発光ダイオードを図面で示すときの図である。

アノード側に⊕の電源を，カソード側に⊖の電源を加えると，アノードからカソードに向かって電流が流れて発光する。

カソード側に⊕の電源を，アノードに⊖の電源を加えると電流は流れなくて発光もしない。

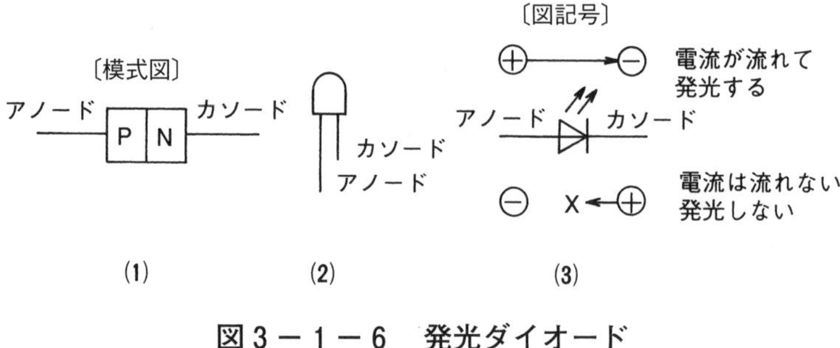

図3－1－6　発光ダイオード

（6）　フォト・ダイオード

光を受けることで特性を発揮する半導体である。

フォト・ダイオードは，図3－1－7－（1）のようにP型半導体とN型半導体の接合形で，P型半導体側をアノード，N型半導体をカソードという。フォト・ダイオードの外観の一例は図3－1－7－（2）に示す。この他，様々な形をしたものがある。

図3－1－7－（3）は，フォト・ダイオードを図面で示すときの図である。アノードに⊕の電源を，カソードに⊖の電源を加えると，アノードからカソードに向かって電流が流れる。このときは，光が当たっても当たらなくても電流は流れる。

カソード側に⊕の電源を，アノード側に⊖の電源を加えると，光の強さによって，カソード側からアノード側に流れる電流が変化する。

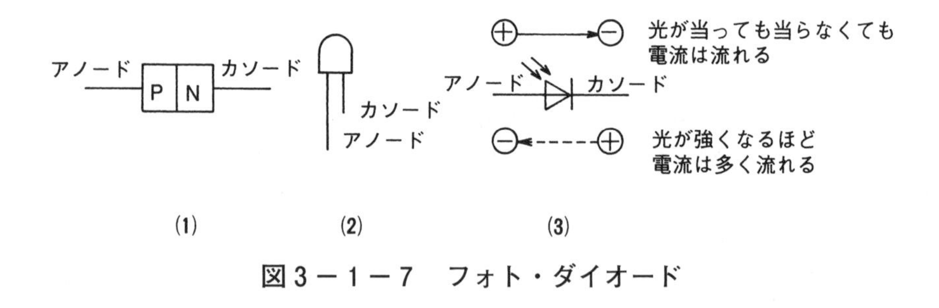

図3－1－7　フォト・ダイオード

（7）　トランジスタ

増副作用をする半導体である。トランジスタは，P型半導体とN型半導体の組み合わせにより，NPN型トランジスタとPNP型トランジスタに分類することができる。

①　NPN 型トランジスタ

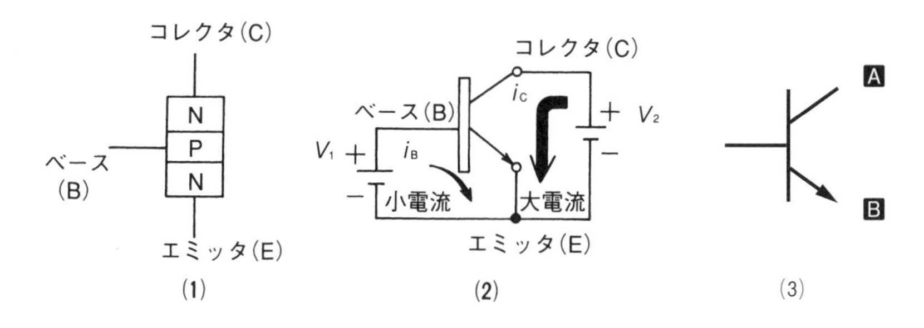

図3－1－8　NPN 型トランジスタ

試験注意！
図の（3）について，コレクタ電流は，Aから B に流れるよ。

図３－１－８－（１）のように，N 型半導体，P 型半導体，N 型半導体の順に接合したものである。上方の N 型半導体をコレクタ（C），中間の P 型半導体をベース（B），下方の N 型半導体をエミッタ（E）という。

図３－１－８－（２）は，NPN 型トランジスタを作動させるときの電源の加え方である。

電源 V_1は，ベース（B）に⊕側，エミッタ（E）に⊖側を接続して，電源 V_2はコレクタ（C）に⊕側，エミッタに（E）に⊖側を接続する。

ベース（B）からエミッタ（E）に小電流（i_B）を流すことで，コレクタ（C）からエミッタ（E）に大電流（i_C）が流れる。

このときの i_C電流は，i_B電流の数百倍になるトランジスタもある。これが電流増幅作用である。

②　PNP 型トランジスタ

図３－１－９－（１）のように，P 型半導体，N 型半導体，P 型半導体の順に接合したものである。上方の P 型半導体をコレクタ（C），中間の N 型半導体をベース（B），下方の P 型半導体をエミッタ（E）という。

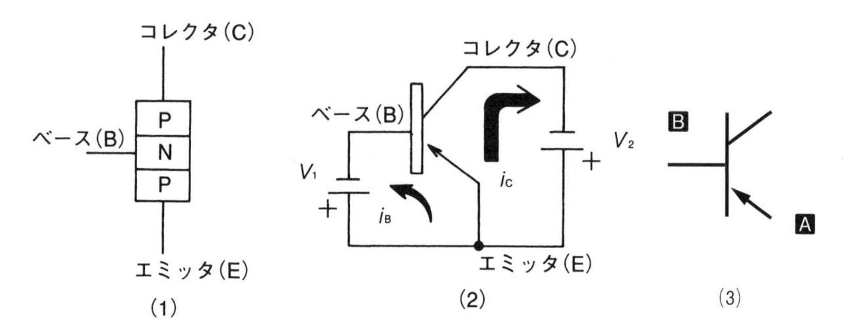

図3－1－9　PNP型トランジスタ

試験注意！
図の（3）について，ベース電流は，Aから Bに流れるよ。

図3－1－9－（2）は，PNP型トランジスタを作動させるときの電源の加え方である。電源V_1はベース（B）に⊖側，エミッタ（E）に⊕側を接続して，電源V_2は，コレクタ（C）に⊖側，エミッタ（E）に⊕側を接続する。

エミッタ（E）からベース（B）に小電流（i_B）を流すことで，エミッタ（E）からコレクタ（C）に大電流（i_c）が流れる。このとときのi_c電流は，i_B電流の数百倍になるトランジスタもある。これが電流増幅作用である。

（8） フォト・トランジスタ　重要

光を受けることで，トランジスタの特性を発揮する半導体である。フォト・トランジスタも一般のトランジスタと同じように，NPN型トランジスタとPNP型トランジスタに分類することができる。フォト・トランジスタには，図3－1－10－（1）のようにベース（B）端子のないフォト・トランジスタや図3－1－10－（2）のように，ベース（B）端子のあるフォト・トランジスタがある。

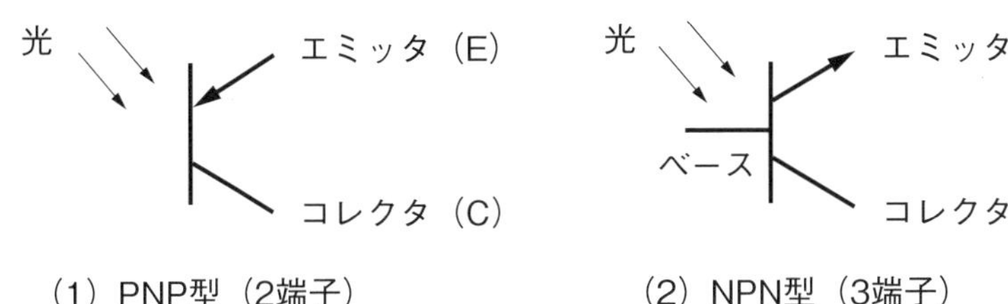

図3－1－10　フォト・トランジスタ

6．MFバッテリと鉛バッテリ

（1）　概要

バッテリ（蓄電池ともいう）は，自動車の電気供給元である。始動装置，灯火装置，コンピュータなどの制御装置に必要な電気を供給し，運転中は，オルタネータ（発電機）から常に充電されることで，バッテリは安定して電力を供給できる。

したがって，オルタネータとバッテリは一体となって充電しながら電力を供給する電源装置である。

（2）　MFバッテリ（Maintenance Free：メンテナンス・フリー）

重要

カルシウムバッテリとも呼ばれるMFバッテリには，開放型と密閉型があり，開放型は普通のバッテリとほぼ同じ構造であるが，密閉型は極板格子の材質に**カルシウム鉛合金を使用**している点が違う。

密閉型は密閉無漏洩構造になっており，内部で発生したガスは極板格子に吸収されるため，電解液の減少は無く**補水は不要である**。

また，**普通バッテリよりも自己放電が少ない**という特性を持っている。

（3）　鉛バッテリ

容量も大きく，充電，放電可能な鉛バッテリは図3－1－11のように電槽の中が6室に分かれており，各室には正極板，負極板，セパレータを交互に組み合わせた極板群と，電解液などで構成されている。

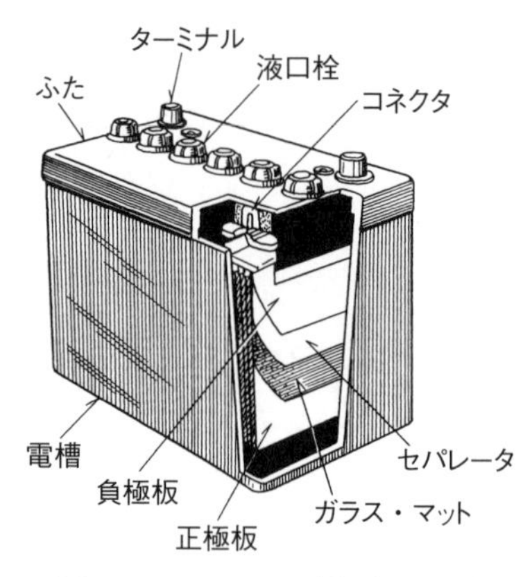

図3－1－11　鉛バッテリ

（4） 電解液

バッテリの電解液は，水と硫酸を混合した**希硫酸**である。電解液（希硫酸）は，正極と負極の間に化学反応を起こして，電気を放出したり，蓄えたりする。

☆ 鉛バッテリから**取り出すことのできる電気量は，電解液の温度によって変化する。**

① 比重計

電解液である希硫酸（H_2SO_4）の比重により，バッテリの充電状態を知ることができる。電解液の比重を測る時は，バッテリの液口栓を開け，右図の比重計のゴム球を押したまま挿入して，バッテリ内の電解液を吸い上げる。

比重計を垂直にして，フロート（浮きばかり）の目盛を読む。この時の正しい比重値はⒶの位置である。

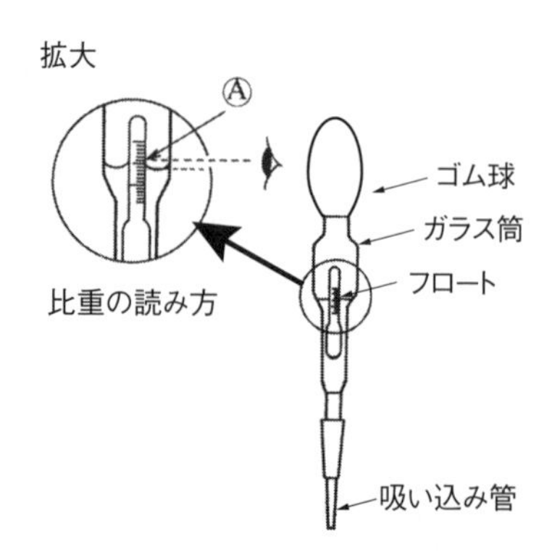

図3－1－12　比重計の読み

② 電解液の比重と電圧

次の表のように，**完全充電**状態時の電解液の**比重**は液温20℃に換算して**1.280**，電圧は2.20V（1セル），2分の1充電の時の比重は1.210，

電圧は 2.00 V（１セル），**完全放電**状態時の比重は，1.120，電圧は 1.75 V（１セル）

充電状態	比重（20℃）	電圧
完全充電	1.280	2.20
１／２充電	1.210	2.00
完全放電	1.120	1.75

③　充電時期

充電には，初充電と補充電があり，前者は新しい未充電バッテリを初めて使用開始するとき，液を注入してから最初に行う充電のことで，後者はユーザの使用または自己放電によって少なくなった電気を補充する充電のことをいう。バッテリの電解液の比重が **1.220（20℃）**以下又は端子電圧が 12.4 V 以下になると直ちに**バッテリの補充電**が必要となる。

④　充電方法

バッテリを充電する時は，次の方法がある。

ⓐ　定電圧充電法

一定の電圧を保った状態で充電する方法。充電を始めると，最初は大きな電流が流れ，充電が進むにつれて流れる電流が少なくなる特性がある。

ⓑ　定電流充電法

一定の電流を保った状態で充電する方法である。充電を始めると，最初は低い電圧であるが，充電が進むにつれて電圧が上がってくる特性がある。

ⓒ　急速充電法

クイック・チャージャという急速充電器を用いて短時間で充電する方法であるが，メーカーの指定する取り扱い方法を守ることなどの注意を要する。

⑤　充電時間と電圧

定電流充電を行うと，図３－１－13 のように，充電を始めてから約８時間は，セル電圧の上昇も低い。充電時間が約 10 時間頃からは，急速にセル電圧が上昇して2.7Vで安定する。

充電を始めてから約8時間までは，電解液の温度は低く，ガス発生量も少ないが，充電時間が約10時間頃からは，電解液温度が高くなり，ガス発生量も増えている状態である。

☆充電中は，電解液温度が**45度以上**にならないように注意を要する。もし，電解液温度が45℃以上になる時は，一時充電を停止して，電解液温度が低下してから再度，完全充電をする。

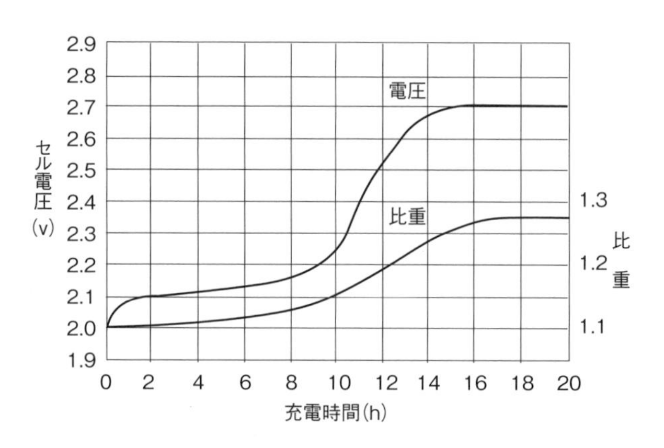

図3－1－13 充電時間と電圧

⑥ 充電・放電と電解液

バッテリは，充電・放電を繰り返すと内部の電解液の比重の変化，ガスの発生などにより，電解液が減少する。このときは蒸留水を補給して，規定レベルの液量を保持する。

ⓐ 充電 

放電状態になっているバッテリに，外部から電気を加えると，化学変化が起こり，エネルギーを保持することができる。このように，外部電源を接続して，エネルギーを蓄積することを充電という。

充電によって，**正極板**の硫酸鉛（$PbSO_4$）が，元の**活物質**である二酸化鉛（PbO_2）に変わり，**負極板**の硫酸鉛（$PbSO_4$）が元の**活物質**である**海綿状鉛**（Pb）に，電解液の水（H_2O）が**希硫酸**（H_2SO_4）に変化する。充電すると，電解液の比重も上昇し，起電力も上昇する。

完全充電時の電圧は2.1V，**比重**は**1.280**である。

ⓑ　放電

充電後のバッテリに電気回路を接続し，電流を消費することを放電という。

放電が始まると，**正極板**の二酸化鉛（PbO_2）は，化学反応により，活物質が硫酸鉛（$PbSO_4$）になり，一方，**負極板**の**海綿状鉛**（Pb）も活物質が硫酸鉛（$PbSO_4$）になる。この時，水（H_2O）が生成される。

☆放電すると，電解液の比重は**低下**し，起電力も低下する。

☆ⓒ　放電終止電圧

バッテリが放電を続けると寿命に悪影響があるので，放電終止電圧（≒放電の限度）が定められている。放電終止電圧は，5時間率放電電流で放電したとき，1セル当たり**1.75 V**である。

（5）　バッテリ容量

容量は，Ah（アンペア・アワー）で表わす。

容量（Ah）＝放電電流（A）×放電時間（h）

〈バッテリ容量を左右する要素〉

☆ **セパレータの材質，形状および寸法**

・組み立て構造

・電解液の比重，温度及び量　　など

(6)　自己放電

程度の差はあるものの，バッテリは充電後に放置された状態でも常に電池容量が減少している（自己放電）。**自己放電の程度については，電解液の比重や湿度が高いほど自己放電量は多くなる。**その原因としては，☆**バッテリの表面の湿りにより，電気回路ができ，電流が流れる場合**（リーク）などが挙げられる。

(7)　バッテリの形式

JIS規格（JIS D 5301 L 始動用鉛蓄電池）による形式の表示法であり，バッテリ性能やサイズを表している。

㊞

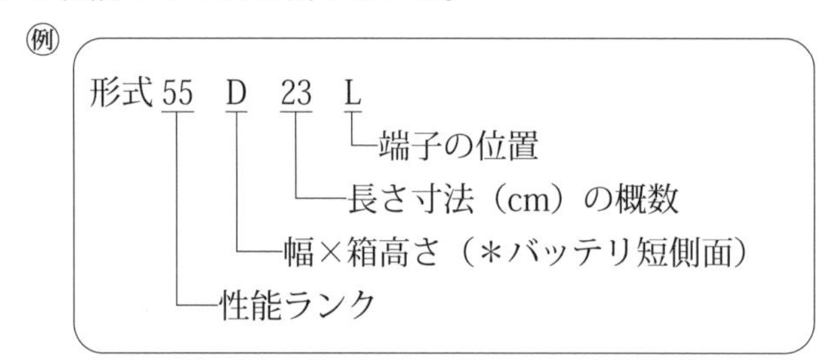

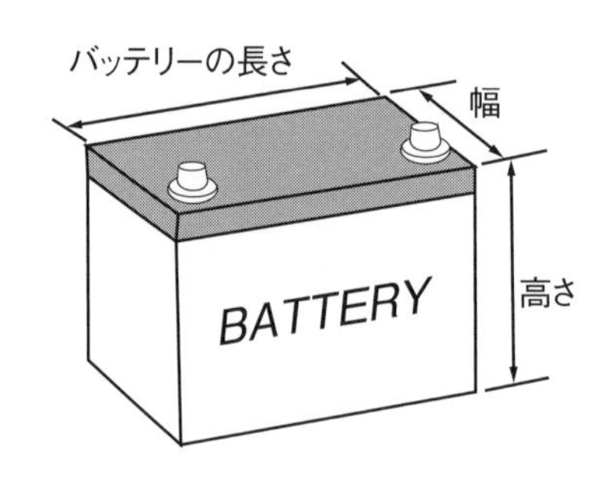

7. 灯火装置

(1) 概要

夜間やトンネル内など周囲が暗い場所を自動車で通行するとき，照明が無くては安全な運転はできない。

灯火装置には，安全に運転するためだけでなく，他の自動車や歩行者にこちらの（自動車の）存在を確認させる目的もあり，主な用途別に分けると，次のようになる。

照明用灯火・・・1．**ヘッドランプ**（前照灯）走行用（上向き）とすれ違い用（下向き）
2．フォグランプ（霧灯）
3．コーナリング・ランプ（側方照射灯）
4．バックアップ・ランプ（後退灯）
5．ルーム・ランプ（室内灯）
6．メータ・ランプ（計器灯）
7．ライセンス・プレート・ランプ（番号灯）

標識用灯火・・・1．テール・ランプ（尾灯）
2．クリアランス・ランプ（車幅灯）

信号用灯火・・・1．**ターン・シグナル・ランプ**（方向指示灯）
2．**ハザード・ウォーニング・ランプ**（非常点滅表示灯）
3．バックアップ・ランプ（後退灯）
4．**ストップ・ランプ**（制動灯）

(2) 白熱電球

ガラス球の内部にフィラメントを設けて光源とし，窒素ガスとアルゴン・ガスなどの不活性ガスを混合して封入したもの。

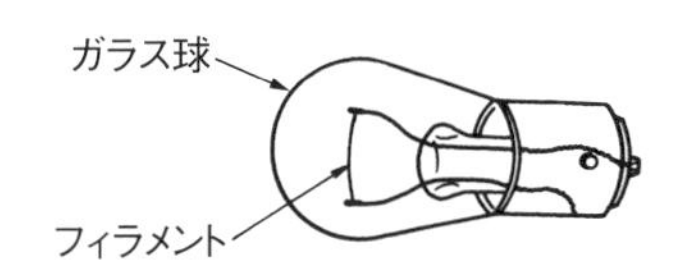

図3－1－14　白熱電球

第3編

（3） ハロゲン・ランプとディスチャージ・ランプ　重要

ハロゲン・ランプはフィラメントと端子で構成されており，主にヘッド・ランプ用として従来用いられてきた。フィラメント部に封入されているガスは，キセノン・ガスやクリプトン・ガスが使用されている。

ハロゲン・ランプは，普通のガス入りの電球と比較すると，同じ容量でも明るく，寿命が長く，光度が安定している特徴がある。

ディスチャージ・ランプは，ハロゲン・ランプに代わって普及が進んでおり，こちらもヘッド・ランプ用として用いられている。

特徴としては，ハロゲン・ランプよりも少ない消費電力で2倍ほどの明るさがあることが挙げられる。

ディスチャージ・ランプは，発光管内に**キセノン・ガス**と**水銀**および**金属ヨウ化物**を封入しており，発光管内にある電極間に高電圧を加え，電子と金属原子を衝突・放電させることでバルブの点灯を行っている。

なお，省エネ化の流れを受け，自動車用の照明としてLED（発光ダイオード）ランプにも注目が集まっている。

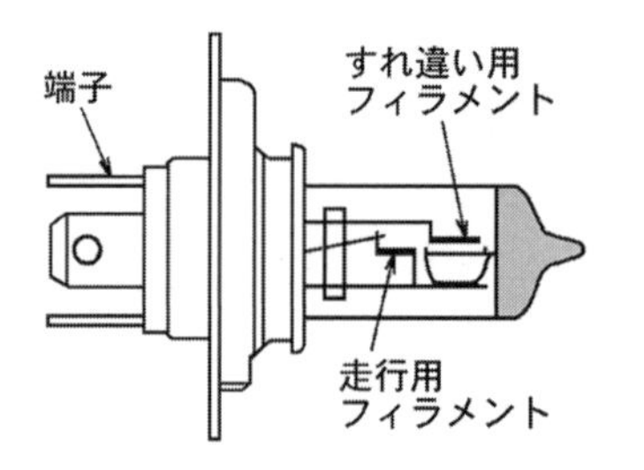

図3－1－15－(A)
ハロゲン・ランプ

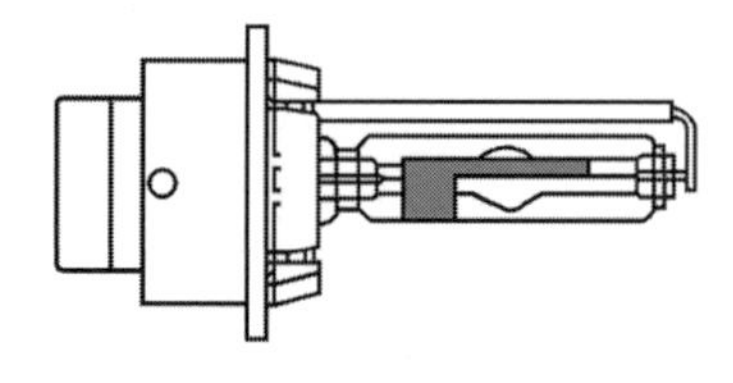

図3－1－15－(B)
ディスチャージ・ランプ

白熱電球は使用するにつれてガラス部分が黒くなり、電球も暗くなってくるため、ヘッドライト用の電球には使っていても暗くならず、明るく白い光を出して、寿命も長い「ハロゲン・バルブ」や「ディスチャージ・バルブ」といった電球が用いられるようになったんだよ。なお、ディスチャージは「放電」という意味だよ。

ひっかけ注意！

ディスチャージ・ヘッドランプは，発光管内に窒素ガスとアルゴン・ガスを封入している。(×)

・・・(正しくは，⇒　キセノン・ガス，水銀及び金属ヨウ化物)

覚え方

ディスチャージ・(ヘッド) ランプの発光管内に封入されているもの

勤続8日，水・金　帰省（きせい）　ですぢゃ！

金属ヨウ化物　水銀　キセノン・ガス　ディスチャージ・(ヘッド) ランプ

(4)　ヘッドランプ（前照灯）

ヘッドランプは，電球（バルブ）に電流を流すと電気エネルギーが光エネルギーに変わる。フィラメントから出た光は，直接あるいは反射鏡で反射されてレンズを通り，前方に投射される。

ヘッドランプの反射鏡は，ガラスや金属で造られている。反射鏡で反射した平行線を，レンズに設けた多数のプリズムにより，平行線角度を変えて路面を明るくして対向車には，まぶしくないようにしている。

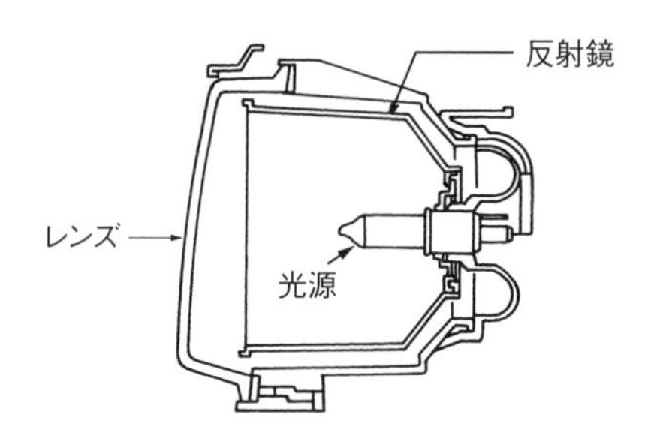

図3－1－16　パラボラ式及びマルチリフレクタ式ヘッドランプ

パラボラ式及びマルチリフレクタ式はレンズ，反射鏡，光源などで構成されており，パラボラ式ヘッドランプは，光源が発する光をガラス表面にレンズカットすることで配光するヘッドランプ。マルチ・リフレクタ式ヘッドランプは，レンズカットせず，表面に細かく凹凸を付けて多面に形成した反射鏡をレンズ代わりに利用したヘッドランプ。(※マルチ：複数，リフレクタ：反射鏡)

（5） 灯火回路

図3－1－17にヘッドランプとテール・ランプの回路図を示す。図のライト・コントロール・スイッチが“OFF”の位置の時は何も点灯しない。コントロール・スイッチが“T”の位置になると，テール・ランプ・リレーが作動して，テール及びリアクタンス・ランプ，ライセンス・プレート・ランプが点灯する。コントロール・スイッチが“H”の位置になると，テール・ランプ・リレーとヘッド・ランプ・リレーが作動して，テール及びクリアランス・ランプ，ライセンス・プレート・ランプ，ヘッド・ランプが点灯する。また，ディマ・スイッチが“LO”の時は，ヘッドランプの“LO”ビームが点灯し，ディマ・スイッチが“HI”又は“P”の時は，ヘッド・ランプの“HI”ビームが点灯する。

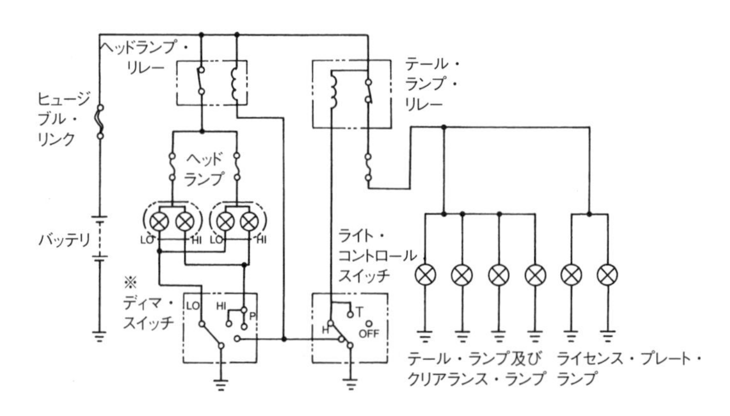

図3－1－17　灯火回路

※ディマ・スイッチは，走行ビームとすれ違いビームを切り替えるスイッチだよ！

（６）　ストップ・ランプ（制動灯）

ブレーキ装置と連動して点灯するランプであり，ブレーキ・ペダルを踏むとランプを点灯させ，後方の自動車に注意を促す装置である。テール・ランプと兼用されることが多い。

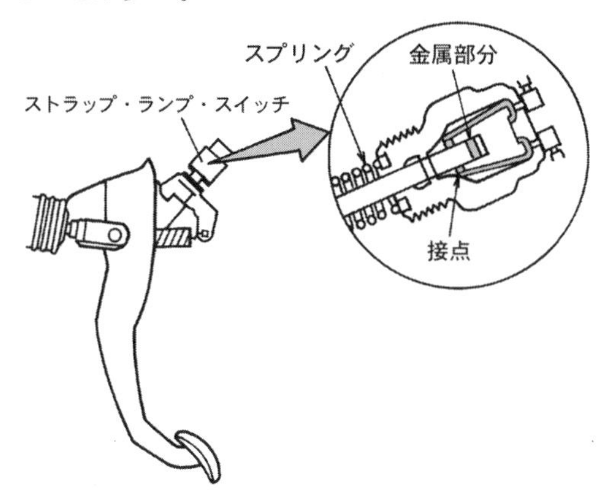

図３－１－18　ストップ・ランプ・スイッチ

上の図は，ストップ・ランプ・スイッチである。ブレーキ・ペダルを踏み込んだ時，スイッチ内のロッドがスプリングに押し出され，接点がロッドの絶縁部からロッドの金属部分に接触して電流が流れて（導通して），ストップ・ランプが点灯する。

ブレーキ・ペダルを離すと，スプリングの力でブレーキ・ペダルが戻り，ストップ・ランプ，接点が開き電流が遮断され，ストップ・ランプが消灯する。

（７）　ライセンス・プレート・ランプ（番号灯）

番号標の表示を確認しやすくするための照明用のランプであり，上下又は左右から番号標を照明する。

☆ライセンス・プレート・ランプは，**テール・ランプと連動して点灯する**ようにテール・ランプと並列に配線されている。

(8)　ターン・シグナル・ランプ（方向指示灯）

自動車が進行方向を変えるときに，ランプを点滅させ，前方又は後方の自動車や歩行者などに知らせる装置である。

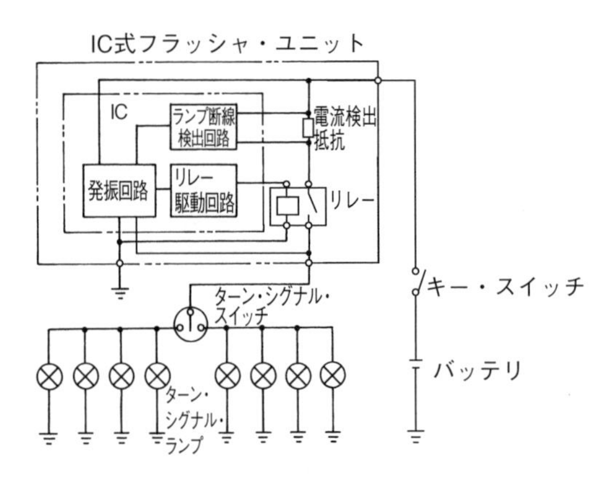

図3－1－19　ターン・シグナル・ランプ回路

ターン・シグナル・ランプの点滅方式は，IC方式，トランジスター式，コンデンサ・リレー式などがあったが，現在はIC方式が多い。

IC式のターン・シグナル・ランプは，ターン・シグナル・フラッシャ・ユニット，ターン・シグナル・スイッチ，ターン・シグナル・ランプでIC内部は，発振回路，ランプ断線検出回路，リレー駆動回路で構成されている。

ターン・シグナル・スイッチが作動すると，ターン・シグナル・ランプが点灯して，電流検出抵抗に流れた電流を検出して，既定の点滅をする。

ターン・シグナル・ランプに断線など（の異常）が発生すると，電流検出抵抗を流れる電流が変化する。この流れる電流の変化によりIC回路は，異常であることを運転者に知らせる（**運転席側で作動の異常を確認できる**）ようになっている。

(9)　ハザード・ウォーニング・ランプ（非常点滅表示灯）

ターン・シグナル・ランプを同時に点滅させて，自動車が故障のため路上で停止していることなどを表示する装置。

点滅回数が変化しないようになっているのは，（ランプの）電球に断線があったとしても故障や緊急の際に表示機能を保持するためである。

試験注意！

ハザード・ウォーニング・ランプは，ランプに断線があっても，点滅回数は変化しないからね！ここが、ターン・シグナル・ランプと異なる点だから注意しておこう！

第3編

(10)　ヒューズ

ヒューズとは，電気回路の安全装置のようなものであり，一定以上の大きな電流が流れると，自ら加熱して溶断することで電流をストップし，電気装置や配線を過電流から保護する役割を担っている。自動車にはブレード型ヒューズが用いられている。

図のように２つの端子を差し込む形式のもので，端子には伝導性を高めるために銅と錫（すず）のメッキが施されている。また，ブレード型ヒューズの可溶片には，亜鉛合金などが用いられている。

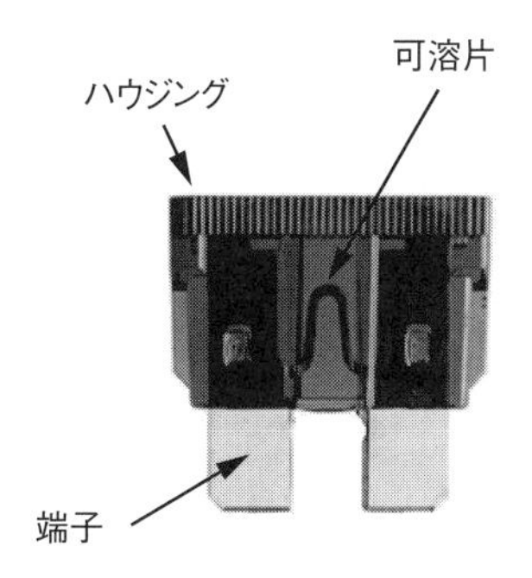

図３－１－20　ブレード型ヒューズ

8. 計器

(1) 概要

エンジンが始動している時，自動車の各部状態を運転者に知らせる装置が計器である。一般に多く使用されている計器は，次のようなものがある。

① スピードメータ（速度計）
⇒ 自動車の走行速度を示す計器

② エンジン・タコメータ（回転速度計）
⇒ エンジンの回転速度を示す計器

③ ウォータ・テンパレチャ・ゲージ（水温計）
⇒ エンジン冷却水の温度を示す計器

④ フューエル・ゲージ（燃料計）
⇒ フューエル・タンク内の燃料の量を示す計器

⑤ ボルト・メータ
⇒ 電気系統の電圧を示す計器

上記のような計器の他，警告灯として以下のようなものもある。

○オイル・プレッシャ・ウォーニング・ランプ
⇒エンジン・オイルの圧力が低下した時に点灯する。

(2) スピードメータ

自動車の走行速度を表示するもので，機能的には走行距離を示す積算距離計（オドメータ）とリセットスイッチを押すことで走行距離を0に戻すことができる区間距離計（トリップ・メータ）を組み合わせている。

(3) オイル・プレッシャ・ウォーニング・ランプ

エンジン・オイルの圧力が規定値より低下した時に点灯して知らせる警告灯。

例えば，エンジン始動前などの油圧が低い時は，スプリングの圧縮力により接点が閉じて，ランプが点灯する。油圧が高くなると，ダイヤフラムは押し上げられて，やがて接点を開くと，バッテリから電流は遮断され，ランプは消灯する。

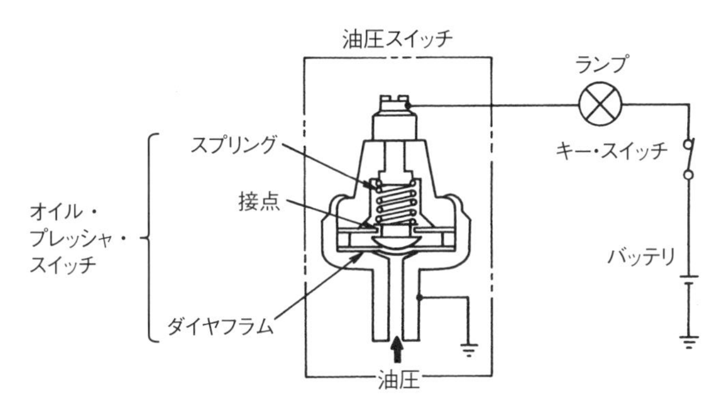

図3－1－21　オイル・プレッシャ・ウォーニング・ランプの回路

（4）　ウォータ・テンパレチャ・ゲージ（水温計）

エンジンを冷やすための冷却水の温度を測る計器であり，Hは温度が高い状態，Cは温度が低い状態を示す。

図3－1－22　ウォータ・テンパレチャ・ゲージとランプ

水温計は，車によって，目盛りの表示のタイプ（上図の左）や冷却水の温度が高い時と低い時だけ警告灯（ウォータ・テンパレチャ・ランプ，上図の右）により表示するタイプがある。

(5) フューエル・ゲージ

燃料の残量を表示する計器。ヒューエルタンク（燃料タンク）内に浮かべたフロート（浮き玉）を利用した仕組みをとっており，燃料残量が多ければ，フロートが高い位置になり，少なくなると低い位置になるので，それをセンサーで測り残量を把握するようになっている。残量が規定値以下になると，メーターパネルに燃料残量警告灯が点灯する。

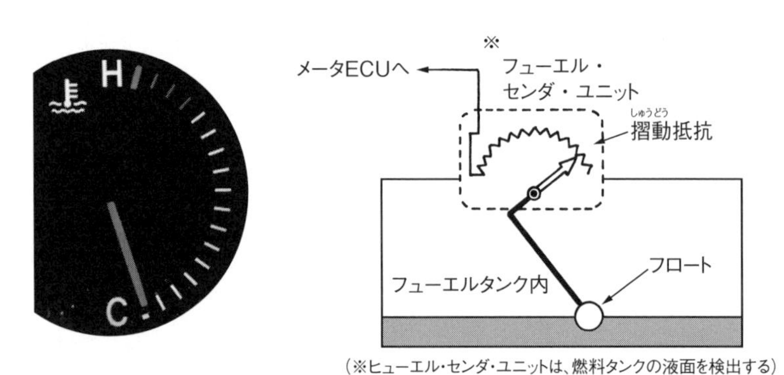

図3－1－23　フューエル・ゲージとフューエル・センダ・ユニット

9. ウインドシールド・ワイパ

(1) 概要

降雨や降雪などでフロントガラスの視界が妨げられるとき，フロントガラスから雨や雪を除去し，視界を確保する窓拭き装置である。

(2) ウインドシールド・ワイパの構成

図3－1－24のようにワイパ・モータ，リンク・ロッド，ピボット，ワイパ・ブレード，ワイパ・アームなどで構成されている。

モータの回転運動を，リンク・ロッドの往復運動に変えて，ワイパ・ブレードを動かしている。

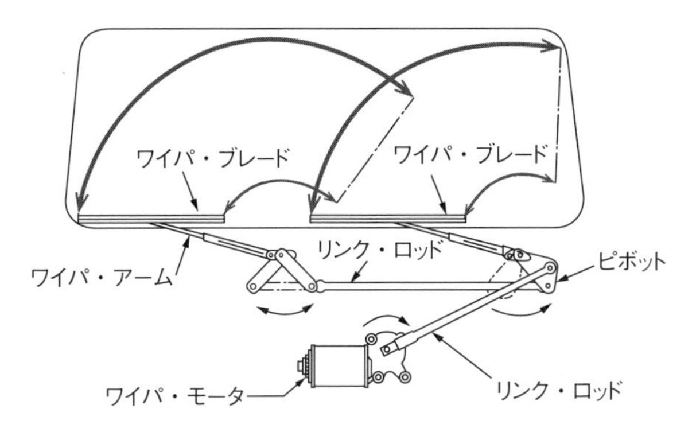

図３－１－24　ウインドシールド・ワイパ

ワイパの動力源となるモータがワイパ・モータである。これを作動させるための回路図は以下の通り。

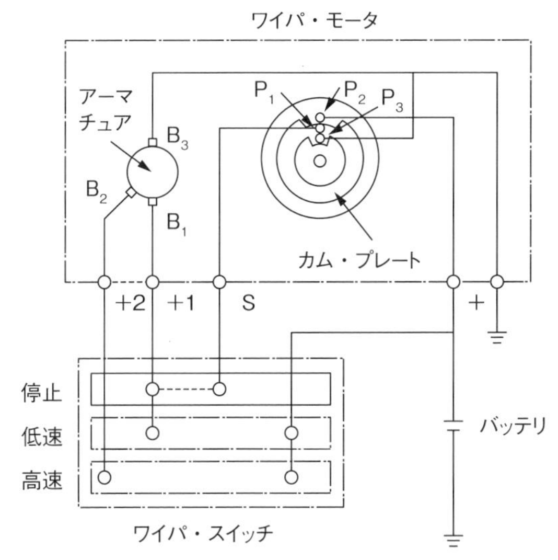

図３－１－25　ワイパ・モータの回路図

ワイパ・モータの作動は次の順番で作動する。

＊低速位置

ワイパ・スイッチを低速位置にすると，バッテリの⊕　→　ワイパ・スイッチ（低速）　→　＋1端子　→　ブラシ（B_1）　→　アーマチュア　→　ブラシ（B_3）　→　アース　の回路で電流が流れてワイパ・モータは低速回転する。

＊高速位置　**重要**

ワイパ・スイッチを高速位置にすると，バッテリの⊕　→　ワイパ・スイッチ（高速）　→　**＋2端子**　→　**ブラシ（B_2）**　→　アーマチュア　→　**ブラシ（B_3）**　→　アース　の回路で電流が流れてワイパ・モータは高速回転する。

＊停止位置

ワイパ・スイッチを停止位置にすると，ポイント（P_2）がカム・プレートの上にあるときは，バッテリ⊕　→　＋端子　→　ポイント（P_2）　→　カム・プレート　→　ポイント（P_1）　→　S端子　→　ワイパ・スイッチ（低速）　→　＋1端子　→　ブラシ（B_1）　→　アーマチュア　→　ブラシ（B_3）　→　アース　の回路で電流が流れてワイパ・モータは低速回転する。

次に，モータが低速回転をしてポイント（P_2）がカム・プレートの切り欠き部にくると，回路はOFFになりモータは停止することになる。

しかし，モータは慣性によってすぐには止まらず，少し回転し，ポイント（P_3）がカム・プレート上にくると，アーマチュア　→　ブラシ（B_1）　→　＋1端子　→　ワイパ・スイッチ（停止）　→　S端子　→　ポイント（P_1）　→　カム・プレート　→　ポイント（P_3）　→　ブラシ（B_3）　アーマチュアの回路で電流が流れ，アーマチュアの短絡回路が形成されて，発電制動（電気ブレーキ）によって速やかにモータは停止する。

⑩．冷房装置

（1）　概要

冷房装置は冷風を作る装置で，カー・エアコンの冷凍サイクルは，コンプレッサ，コンデンサ，レシーバ，ドライヤ，エキスパンション・バルブ，エバポレータで構成されている。

各装置は，パイプで接続され冷媒（HFC134a（R134a））が循環している。

＊冷媒の交換や抜き取りなどを行う場合は，冷媒を大気に放出しないように注意が必要である。R12はもちろん，R134aも冷媒回収機で回収タンクに，冷媒の種類別に回収することになっている。

（2）　冷凍サイクル

超重要

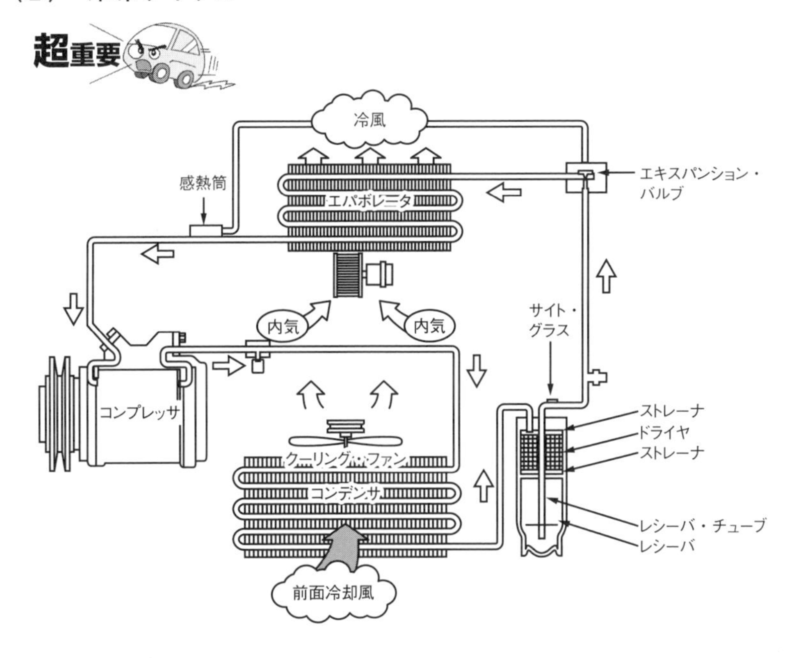

図3－1－26　カー・クーラの冷凍サイクル

① **コンプレッサ**

低温・低圧の冷媒（エアコン・ガス）を圧縮することで，高温・高圧のガスにする。

② **コンデンサ**

高温・高圧のガスとなって送られてきた冷媒を外気により冷却し，凝縮（液化）させる。

③ **レシーバ・アンド・ドライヤ**

液化した冷媒中に混入してきた不純物（ゴミ，水分など）はレシーバ内部のドライヤ（乾燥砂）やストレーナを通過して，取り除かれる。

④ **エキスパンション・バルブ**

レシーバからの送られてくる高温・高圧の液体状態の冷媒を，エバポレータに噴霧することで，急激に膨張させ，**低温・低圧の霧状の冷媒**にする。

⑤ **エバポレータ**

低温・低圧の霧状の冷媒は，エバポレータの周囲から潜熱を奪って蒸発（気化）し，除湿された冷風になる。

上記①～⑤の冷凍サイクルの基本を4つにまとめると，次の図のようになる。

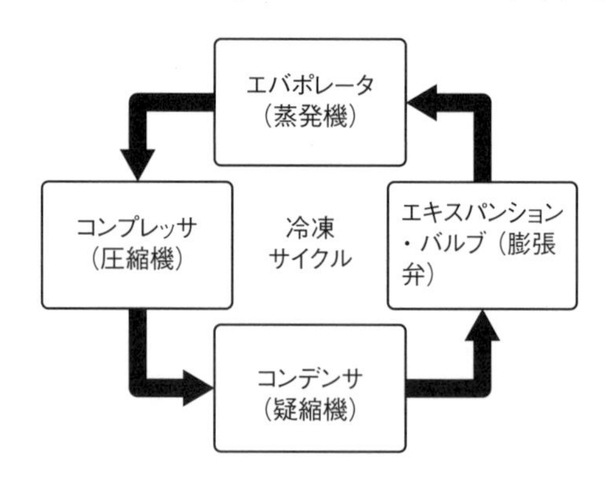

図3－1－27 冷凍サイクル

（3） サブクール式コンデンサ

1度ガスと液体に分離したガス冷媒をさらに冷却することで，冷房性能の向上を図っているサブクール・コンデンサは，コンデンサ内部を凝集部と過冷却部に分け，その間に気液分離器（モジュレータ）を配置している。

従来のレシーバ・サイクル（コンデンサ＋レシーバ）に比べ，使用冷媒量や重量が減り，車両への搭載性が向上している。

サブクール式のコンデンサの冷媒量は，メーカ指定の重量を充填する。従来のレシーバサイクルにおいては，冷媒量はレシーバに備えられたサイトグラス（のぞき窓）から見える泡が消えた時点（消泡した直後）の状態が適正量だったが，**サブクール・サイクルにおいては，消泡した後に従来通り追加の充てんを止めてしまうと「充てん不足」になってしまう。**（冷媒が規定の量より少ない状態で消泡するので）

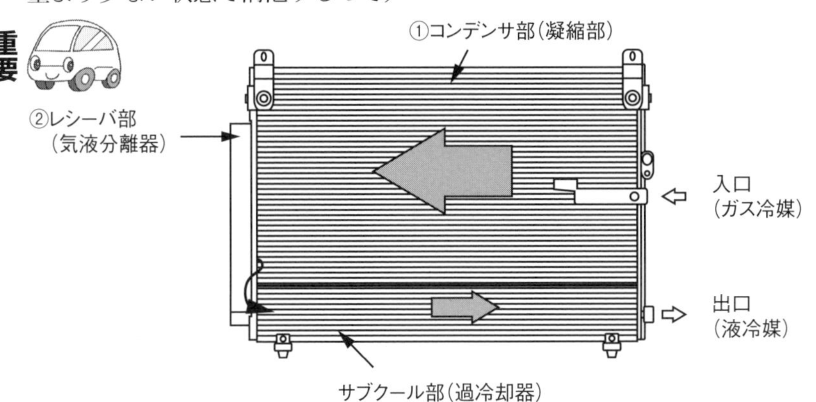

図３－１－28　サブクール式のコンデンサ

①　コンデンサ部で，ガス冷媒が一部液化される。

↓

②　レシーバ部で，ガス冷媒と液冷媒に分離され，液冷媒をサブクール部に送る。

↓

③　サブクール部で，液冷媒を更に冷却する。

ポイント！

サブクール式コンデンサにおける冷媒の補充は、
サイト・グラスの泡が消えても追加で補充が必要！

よく出る問題〔電気装置〕

CAN通信，LIN通信

【例題1】 **超重要**

多重通信のCAN（コントローラ・エリア・ネットワーク）通信に関する記述として，**適切なもの**は次のうちどれか。

（1） メイン・バス・ラインは，通信信号を安定化させるために終端抵抗が1個だけ用いられている。

（2） メイン・バス・ラインは，CAN-Hが1本の電線となる単線配線方式で構成されている。

（3） メイン・バス・ラインのCAN-Lは，ボデーに接続されている。

（4） CAN通信は，信頼性が高く高速で大量のデータ通信ができる。

【例題2】 **超重要**

CAN（コントローラ・エリア・ネットワーク）通信及びLIN（ローカル・インターコネクト・ネットワーク）通信に関する記述として，**不適切なもの**は次のうちどれか。

（1） CANバス・ラインは，2系統の通信線と2個の終端抵抗から構成されている。

（2） CAN通信システムは，アナログ信号に変換された複数項目の情報やデータを伝送するシステムである。

（3） CAN通信には，耐ノイズ性の高いツイスト・ペア線を採用している。

（4） LIN通信は，高い通信速度を必要としないセンサやアクチュエータなどとの通信に用いられる。

【例題3】 **超重要**

CAN（コントローラ・エリア・ネットワーク）通信に関する記述として，**適切なもの**は次のうちどれか。

（1）　CAN バス・ラインに使用している終端抵抗は，通信信号を安定化させるために装着されている。
（2）　CAN バス・ラインは，1系統の通信線と1個の終端抵抗で構成されている。
（3）　CAN 通信システムは，アナログ信号に変換された情報やデータを通信線で伝送するシステムである。
（4）　通信線は，（－）側はシャシ及びボデーを利用し，（＋）側だけが1本の電線で配線をされている。

電気用図記号，半導体

【例題4】

図に示す電気用図記号に関する記述として，**不適切なもの**は次のうちどれか。

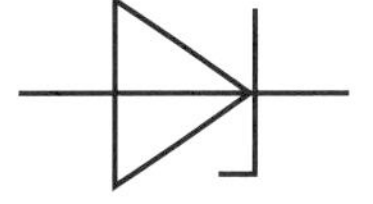

（1）　ツェナ・ダイオードと呼ばれている。
（2）　順方向の特性は，ダイオードと同じである。
（3）　定電圧回路や電圧検出回路に使われている。
（4）　一般にP型半導体とN型半導体を挟んだ構造である。

【例題5】 重要

図に示す電気用図記号として，**適切なもの**は次のうちどれか。

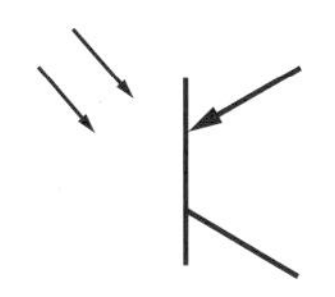

（1）　PNP 型フォト・トランジスタ
（2）　NPN 型フォト・トランジスタ
（3）　フォト・ダイオード
（4）　発光ダイオード

【例題6】

図に示すトランジスタに関する次の文章の（イ）～（ロ）に当てはまるものとして，下の組み合わせのうち**適切なもの**はどれか。

図のトランジスタは（イ）トランジスタと呼ばれ，コレクタ電流は（ロ）に流れる。

	(イ)	(ロ)
(1)	NPN型	CからE
(2)	NPN型	CからB
(3)	PNP型	CからE
(4)	PNP型	CからB

【例題7】

図に示す電気用図記号として，**適切なもの**は次のうちどれか。

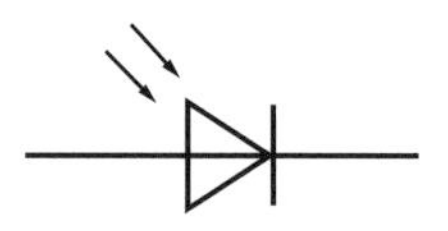

(1) ツェナ・ダイオード
(2) 発光ダイオード
(3) フォト・トランジスタ
(4) フォト・ダイオード

バッテリ

【例題8】

鉛バッテリに関する記述として，**適切なもの**は次のうちどれか。

(1) 負極板の活物質は，完全に充電されると硫酸鉛になる。
(2) 電解液の比重は，放電すると高くなる。
(3) 容量を左右する要素として，セパレータの材質，形状および寸法がある。
(4) 電解液の比重は，バッテリが完全充電状態のとき液温20℃に換算して1.220である。

【例題9】

鉛バッテリに関する記述として，**不適切なもの**は次のうちどれか。

(1) MFバッテリは，普通型バッテリより自己放電が少ない。
(2) 放電終止電圧は，5時間率放電電流で放電した場合，1セル当たり1.22Vである。
(3) 密閉型のMFバッテリは，電解液の補水が不要である。
(4) 充電中は，バッテリの電解液温度が45℃以上にならないよう注意する。

【例題 10】

鉛バッテリの自己放電に関する記述として，**不適切なもの**は次のうちどれか。

（1）　自己放電の原因の一つに，バッテリ表面の湿りにより電気回路ができ，電流が漏れることがある。

（2）　自己放電の程度は，電解液の比重及び温度が高いほど多くなる。

（3）　自己放電により電解液の比重が 1.22（液温 20 ℃）以下になっている場合は，直ちに補充電が必要である。

（4）　MF バッテリは，普通型バッテリより自己放電が多い。

灯火装置

【例題 11】 

灯火装置に関する記述として，**不適切なもの**は次のうちどれか。

（1）　ディスチャージ・ヘッドランプは，発光管内にある電極間に高電圧を加え，電子と金属原子を衝突・放電させることでバルブの点灯を行っている。

（2）　ストップ・ランプ・スイッチの接点は，スイッチ内のロッドが全て押し込まれたときに導通する。

（3）　ターン・シグナル・ランプの作動の異常は，運転席で確認できる。

（4）　ハザード・ウォーニング・ランプは，ランプに断線があっても点滅回数は変化しない。

【例題 12】

灯火装置に関する記述として，**適切なもの**は次のうちどれか。

（1）　ターン・シグナル・ランプの点滅回数は，シグナル・ランプの電球が 1 灯断線しても変化しない。

（2）　ディスチャージ・ヘッドランプは，同じ容量のハロゲン・ヘッドランプと比較して消費電力は大きく，寿命は短い。

（3）　灯火装置の電気回路に接続されているブレード型ヒューズの可溶片は，亜鉛合金などが用いられている。

（4）　ハロゲン・ランプの封入ガスは，水素を用いている。

ワイパ・モータ

【例題 13】 重要

図に示すワイパ・モータの回路に関する次の文章の（イ）～（ロ）に当てはまるものとして，下の組み合わせのうち，**適切なもの**はどれか。

ワイパ・スイッチを高速の位置にすると，バッテリのプラス端子→ワイパ・スイッチ→（イ）→アーマチュア→（ロ）→アース間を流れる回路が形成されて，ワイパ・モータは高速で回転する。

	（イ）	（ロ）
（1）	＋1端子→ブラシ（B_1）	ブラシ（B_3）→ポイント（P_3）
（2）	＋1端子→ブラシ（B_1）	ブラシ（B_3）
（3）	＋2端子→ブラシ（B_2）	ブラシ（B_3）→ポイント（P_3）
（4）	＋2端子→ブラシ（B_2）	ブラシ（B_3）

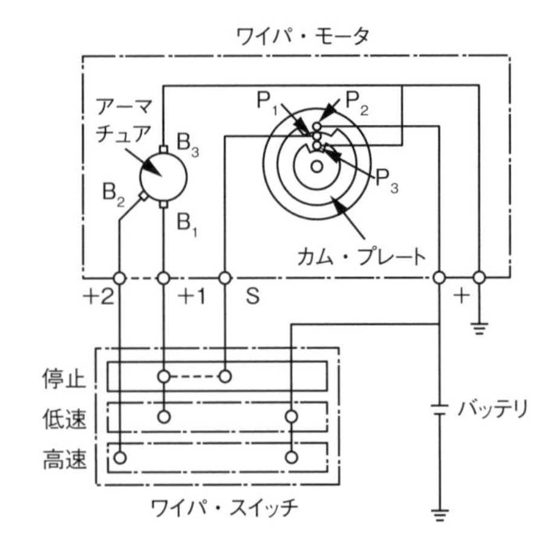

冷房装置

【例題 14】

冷房装置（エアコン）に関する記述として，**不適切なもの**は次のうちどれか。

（1）　サブクール式コンデンサの冷媒量は，冷媒充填時サイト・グラスにおいて，消泡した直後の状態が訂正量のため，追加の充填は不要である。

（2）　修理後に冷媒を充填する場合は，冷凍サイクルの冷媒充填量を確認し，適正量を充填する。

（3）　冷媒の交換や抜き取りを行う場合などは，冷媒を大気放出しないよう注意する。

（4）　電動式コンプレッサには，絶縁性の高いオイルが用いられている。

【例題 15】 超重要

図に示すエアコンの冷凍サイクルに関する記述として，**不適切なもの**は次のうちどれか。

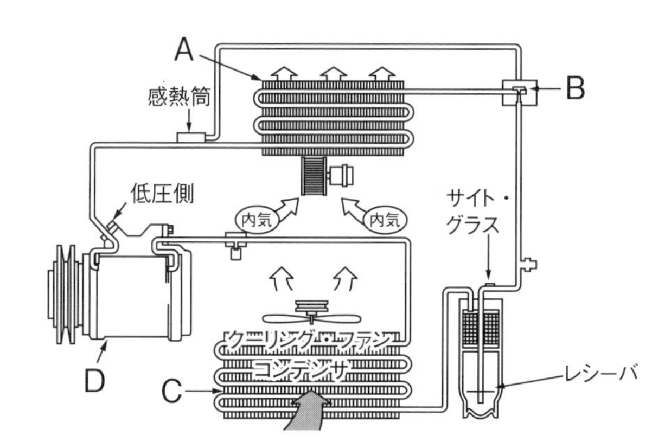

（1）　A は周囲より潜熱を奪い冷媒を気化させる。

（2）　B は高圧側サービス・バルブで冷媒の充てんに使用する。

（3）　C は D から送られた冷媒を外気によって冷やし液化させる。

（4）　D は冷媒を高温・高圧のガスにする。

【例題 16】

冷房装置（クーラ）のエキスパンション・バルブの働きに関する記述として，**適切なもの**は次のうちどれか。

（1） 冷媒を低温・低圧の霧状にする。

（2） 冷媒を低温・高圧のガスにする。

（3） 冷媒を高温・高圧の液体にする。

（4） 冷媒を高温・高圧のガスにする。

⊿解答と解説◸ 電気装置

【例題1】 解答（4）

⊿解説◸

（1），（2）　メイン・バス・ラインは，CAN-H と CAN-L の2本の通信線（**複線配線方式**）と**2個**の終端抵抗で構成される。

（3）　ボデーではなく，各 ECU に接続されているので不適切。

【例題2】 解答（2）

⊿解説◸

（2）　CAN 通信システムは，**デジタル信号**に変換された複数項目の情報やデータを伝送するシステムである。

（4）　高速通信などを必要としないセンサなどの制御（ボデー制御など）においては，1本の通信線で簡素なネットワークを構築できる LIN 通信が適している。

【例題3】 解答（1）

⊿解説◸

（2）　CAN バス・ラインは，**2系統の通信線**と**2個の終端抵抗**から構成されている。

（3）　CAN 通信システムは，**デジタル信号**に変換された情報やデータを通信線で伝送するシステムである。

（4）　CAN 通信では，通信線は**必ず2本1組でペア**にして用いる。ペア線にすることでお互いにノイズ（雑音）をキャンセルするという特性がある。

【例題4】 解答（4）

⊿解説◸

一般に P 型半導体と N 型半導体を接合したものである。

【例題5】 解答（1）

⊿解説◸

この電気用図記号の種類は何なのか順に見ていくと，

図の左側に2本の矢印（光）が入ってくるものは，フォト半導体。

図の右側に矢印の線と1本の線があるものは，トランジスタ。
図の右側の矢印の向きが内側のトランジスタは，PNP型。
したがって，設問の図記号は「PNP型のフォト・トランジスタ」である。

【例題6】 解答（1）

⊿解説◸

設問の図の種別は何かということを順に見ていくと，まず，トランジスタにはNPN型とPNP型の2種類があり，そのどちらもがベース（B），コレクタ（C），エミッタ（E）という3つの端子を持っている。

そのうち，設問の図のようにE端子の矢印が外向きのものは，NPN型であり，E端子の矢印の向きは電流の流れる方向である。

したがって，コレクタ電流は，C（コレクタ端子）からE（エミッタ端子）へ流れる。

【例題7】 解答（4）

⊿解説◸

P290，図3－1－7　フォト・ダイオード参照。

【例題8】 解答（3）

⊿解説◸

（1）　負極板の活物質は，完全に充電されると**海綿状鉛**になる。

（2）　放電すると，電解液の比重は**低下**し，起電力も低下する。

（4）　電解液の比重は，バッテリが完全充電状態のとき液温20℃に換算して**1.280**である。

【例題9】 解答（2）

⊿解説◸

（1）　MFバッテリは，極板格子の材質にカルシウム鉛合金を使用しているので自己放電が少ないという特性をもつ。

（2）　放電終止電圧は，5時間率放電電流で放電した場合，1セル当たり**1.75 V**である。

（3）　密閉型のMFバッテリは，内部で発生する水分は元に戻る仕組みのため補水は不要である。

（4）　充電中に液温が45℃を越える場合は，充電電流を減少させたり，充電を一時中止するなどしてバッテリの電解液温度が45℃以上にならないよう注意する。

【例題 10】 解答（4）

⊿解説◸

（4）　MF バッテリは，極板格子の材質にカルシウム鉛合金を使用しているので，**普通型バッテリより自己放電が少ない**。

【例題 11】 解答（2）

⊿解説◸

（1）　適切（⇒P 300，7　灯火装置（3）参照）

（2）　ロッドが全て押し込まれたときに導通するのではなく，ロッドが（スプリングに）押し出され，接点が絶縁部から金属部に接触して導通する（電流が流れて）。

（3）　適切（⇒P 304，7　灯火装置（8）参照）

（4）　適切（⇒P 305，7　灯火装置（9）参照）

試験では，次のような出題もされているので注意！

ひっかけ注意！

ハザード・ウォーニング・ランプは電球が1灯断線した場合，点滅回数が変化する。（×）

・・・（⇒正しくは，点滅回数は変化しない）

【例題 12】 解答（3）

⊿解説◸

（1）　ターン・シグナル・ランプ（方向指示器）は，シグナル・ランプの電球が1灯でも断線すると，点滅回数が変化する。

補足情報

電球が1灯でも断線した（切れた）場合，点滅速度が増加する（高速点滅する）ことで，運転者に球切れ（断線）を報知して点検をうながす仕組みである。

（2）　ディスチャージ・ヘッド・ランプ（高輝度放電灯）は，ハロゲン・ヘッドランプと比べて，光量は2～3倍，**寿命は2倍，消費電力は40％減**，発光色は太陽光に近い，発熱量が少ない，小型化できる，といった特徴がある。

（4） ハロゲン・ランプは，**よう素にキセノン・ガスやクリプトン・ガス**を加えた封入ガスを用いている。

【例題 13】 解答（4）
⊿解説◸
【ワイパ・モータの電流の流れ】
○ ワイパ・スイッチが **高速** の時
バッテリの⊕端子 ⇒ ワイパ・スイッチ ⇒ **＋2端子** ⇒ ブラシ（B_2） ⇒ アーマチュア ⇒ ブラシ（B_3） ⇒ アース

【例題 14】 解答（1）
⊿解説◸
（1）サブクール式の場合，サイトグラス（のぞき窓）において泡が消えた時点で，追加の冷媒ガスの充てんが行われなかった場合，冷媒量は不足する。よって，不適切。

【例題 15】 解答（2）
⊿解説◸
A：エバポレータ　　B：エキスパンション・バルブ
C：コンデンサ　　D：コンプレッサ

（1） 適切。エバポレータは，周囲より潜熱を奪い冷媒を気化させる。
（2） 不適切。エキスパンション・バルブは，高温・高圧の液化状態の冷媒を低温・低圧の霧状にする。
（3） 適切。コンデンサは，コンプレッサから送られた冷媒を外気によって冷やし液化させる。
（4） 適切。コンプレッサは，定温・低圧の冷媒を高温・高圧のガスにする。

【例題 16】 解答（1）
⊿解説◸
エキスパンション*・バルブ（膨張弁）は，高温・高圧で液状の**冷媒**を，バルブの小さな孔から噴出させ（膨張気化させて），**低温**・**低圧**の**霧状**にすることで冷却を行う。よって，（1）が適切。
（* expansion：拡大，拡張，発展，膨張といった意味）

第４編

法令

（※条文につきましては，一部省略，改変している場合がございます。）

過去の出題をふまえて，注意してもらいたい条文には☆印を付けております。また，比較的最近出題されたものや出題頻度が高いものには，重要度に応じて 重要 ， 超重要 マークを付けておりますので，学習の際の参考として下さい。

第1章　道路運送車両法（抜粋）

（1）定義・・・・・・・・・・・車両法第2条　☆

この法律で「**道路運送車両**」とは，**自動車**，**原動機付自転車**及び**軽車両**※をいう。

（※軽車両：リヤカーなど）

（2）自動車の種別……車両法第3条　重要

この法律に規定する**普通自動車**，**小型自動車**，**軽自動車**，**大型特殊自動車**及び**小型特殊自動車**の別は，自動車の大きさ及び構造並びに原動機の種類及び総排気量又は定格出力を基準として国土交通省令で定める。

試験注意！

大型自動車は，車両法上の自動車の種別に該当しないよ！
条文にあるのは，大型特殊自動車だからね！
（本試験でうっかり見過ごすケアレスミスに注意！）

覚え方（丸暗記が苦手な方はご参考まで）　自動車の種別

府（ふ）**警**（けい）**古賀**（こが），**特殊な**（とくしゅ）　**大小**　の　クルマ　2台に箱乗り

普通　軽　小型　特殊な　㊅型㊇型　自動車

㊅型

㊇型

（3）　新規登録の申請……車両法第7条

登録を受けていない自動車の登録（以下「新規登録」という。）を受けようとする場合には，その所有者は，国土交通大臣に対し，次に掲げる事項を記載した申請書に，国土交通省令で定める区分により，第33条に規定する譲渡証明書，輸入の事実を証明する書面又は当該自動車の所有権を証明するに足るその他の書面を添えて提出し，かつ，当該自動車を提示しなければならない。

一　車名及び型式
二　車台番号（車台の型式についての表示を含む。以下同じ。）
三　原動機の型式
四　所有者の氏名又は名称及び住所
五　使用の本拠の位置
六　取得の原因
　　～以降省略～

（4）　移転登録……車両法第13条

新規登録を受けた自動車（以下「登録自動車」という。）について所有者の変更があったときは，新所有者は，その事由があった日から**15日以内**に，国土交通大臣の行う**移転登録**の申請をしなければならない。

（5）　永久抹消登録……車両法第15条

登録自動車の所有者は，次に掲げる場合には，その事由があった日（当該事由が使用済自動車の解体である場合にあっては，使用済自動車の再資源化等に関する法律による情報管理センター（以下単に「情報管理センター」という。）に当該自動車が同法の規定に基づき適正に解体された旨の報告がされたことを証する記録として政令で定める記録（以下「解体報告記録」という。）がなされたことを知った日）から15日以内に，永久抹消登録の申請をしなければならない。

一　登録自動車が滅失し，解体し（整備又は改造のために解体する場合を除く。），又は自動車の用途を廃止したとき。

二　当該自動車の車台が当該自動車の新規登録の際存したものでなくなったとき。

～以降省略～

(6)　一時抹消登録……車両法第16条

登録自動車の所有者は，～省略～，その自動車を運行の用に供することをやめたときは，一時抹消登録の申請をすることができる。

～以降省略～

(7)　使用者の点検及び整備の義務……車両法第47条　重要

自動車の**使用者**は，自動車の点検をし，及び必要に応じ**整備**をすることにより，当該自動車を**保安基準**に適合するように維持しなければならない。

(8)　日常点検整備……車両法第47条の2　重要

自動車の使用者は，自動車の**走行距離**，運行時の状態等から判断した適切な時期に，国土交通省令で定める技術上の基準により，灯火装置の点灯，制動装置の作動その他の日常的に点検すべき事項について，**目視**等により自動車を点検しなければならない。

2　次条第一項第一号及び第二号に掲げる自動車の使用者又はこれらの自動車を運行する者は，前項の規定にかかわらず，**一日一回**，その**運行の開始前**において，同項の規定による点検をしなければならない。

3　自動車の使用者は，前二項の規定による点検の結果，当該自動車が保安基準に適合しなくなるおそれがある状態又は適合しない状態にあるときは，保安基準に適合しなくなるおそれをなくするため，又は保安基準に適合させるために当該自動車について必要な整備をしなければならない。

保安基準に適合させることが，
自動車整備士の基本です。

（9）　定期点検整備……車両法第48条

自動車（省略）の使用者は，次の各号に掲げる自動車について，それぞれ当該各号に掲げる期間ごとに，点検の時期及び自動車の種別，用途等に応じ国土交通省令で定める技術上の基準により自動車を点検しなければならない。

一　自動車運送事業の用に供する自動車及び車両総重量8トン以上の自家用自動車その他の国土交通省令で定める自家用自動車　・・・・**3ヵ月**

二　道路運送法第78条第二号に規定する自家用有償旅客運送の用に供する自家用自動車（国土交通省令で定めるものを除く。），同法第80条第一項の許可を受けて業として有償で貸し渡す自家用自動車その他の国土交通省令で定める自家用自動車（前号に掲げる自家用自動車を除く。）・・・・**6ヵ月**

三　前二号に掲げる自動車以外の自動車（⇒一般的な自家用車）・・・**1年**

～省略～

（10）　点検整備記録簿……車両法第49条　☆

自動車の使用者は，点検整備記録簿を当該自動車に備え置き，～省略～，点検又は整備をしたときは，遅滞なく，次に掲げる事項を記載しなければならない。

一　点検の年月日
二　点検の結果
三　整備の概要
四　整備を完了した年月日
五　その他国土交通省令で定める事項

試験注意！
車庫に入庫した年月日は含まれないよ！

2　自動車（～省略～）の使用者は，当該自動車について分解整備（～省略～）をしたときは，遅滞なく，前項の点検整備記録簿に同項第三号から第五号までに掲げる事項を記載しなければならない。～以下省略～

3　点検整備記録簿の保存期間は，国土交通省令で定める。

（11）　新規検査……車両法第59条

登録を受けていない～省略～自動車又は～省略～車両番号の指定を受けていない検査対象外軽自動車以外の軽自動車（以下「検査対象軽自動車」という。）若しくは二輪の小型自動車を運行の用に供しようとするときは，当該自動車の使用者は，当該自動車を提示して，国土交通大臣の行なう**新規検査**

を受けなければならない。

2　新規検査（検査対象軽自動車及び二輪の小型自動車に係るものを除く。）の申請は，新規登録の申請と同時にしなければならない。

3　国土交通大臣は，新規検査を受けようとする者に対し，当該自動車に係る点検及び整備に関する記録の提示を求めることができる。

〜以降省略〜

(12)　自動車検査証の有効期間…車両法第61条

自動車検査証の有効期間は，旅客を運送する自動車運送事業の用に供する自動車，貨物の運送の用に供する自動車及び国土交通省令で定める自家用自動車であって，検査対象軽自動車以外のものにあっては**1年**，その他の自動車にあっては**2年**とする。

2　次の各号に掲げる自動車について，初めて前条第一項又は第71条第四項の規定により自動車検査証を交付する場合においては，前項の規定にかかわらず，当該自動車検査証の有効期間は，それぞれ当該各号に掲げる期間とする。

一　前項の規定により自動車検査証の有効期間を1年とされる自動車のうち車両総重量8トン未満の貨物の運送の用に供する自動車及び国土交通省令で定める自家用自動車であるもの　**2年**

二　前項の規定により自動車検査証の有効期間を2年とされる自動車のうち自家用乗用自動車（人の運送の用に供する自家用自動車であって，国土交通省令で定めるものを除く。）及び二輪の小型自動車であるもの　**3年**

〜以降省略〜

(13)　継続検査……車両法第62条

登録自動車又は車両番号の指定を受けた検査対象軽自動車若しくは二輪の小型自動車の**使用者**は，自動車検査証の有効期間の満了後も当該自動車を使用しようとするときは，当該自動車を提示して，**国土交通大臣**の行う**継続検査**を受けなければならない。

この場合において，当該自動車の**使用者**は，当該**自動車検査証を国土交通大臣に提出しなければならない**。

2　国土交通大臣は，継続検査の結果，当該自動車が保安基準に適合すると認めるときは，当該自動車検査証に有効期間を記入して，これを当該自動車の使用者に返付し，当該自動車が保安基準に適合しないと認めるときは，当該自動車検査証を当該自動車の使用者に返付しないものとする。

～以降省略～

(14)　臨時検査……車両法第63条

国土交通大臣は，一定の範囲の自動車又は検査対象外軽自動車について，事故が著しく生じている等によりその構造，装置又は性能が保安基準に適合していないおそれがあると認めるときは，期間を定めて，これらの自動車又は検査対象外軽自動車について次項の規定による**臨時検査**を受けるべき旨を公示することができる。

～以降省略～

(15)　自動車検査証の記載事項の変更及び構造等変更検査……車両法第67条

自動車の**使用者**は，自動車検査証の記載事項について変更があったときは，その事由があった日から**15日以内**に，当該事項の変更について，国土交通大臣が行う**自動車検査証の記入**を受けなければならない。

ただし，その効力を失っている自動車検査証については，これに記入を受けるべき時期は，当該自動車を使用しようとする時とすることができる。

～以降省略～

(16)　予備検査……車両法第71条

登録を受けていない～省略～自動車又は車両番号の指定を受けていない検査対象軽自動車若しくは二輪の小型自動車の所有者は，当該自動車を提示して，国土交通大臣の行う**予備検査**を受けることができる。

2　国土交通大臣は，予備検査の結果，当該自動車が保安基準に適合すると認めるときは，自動車予備検査証を当該自動車の所有者に交付しなければならない。

3　自動車予備検査証の有効期間は，**3ヵ月**とする。

4　自動車予備検査証の交付を受けた自動車についてその使用の本拠の位置が定められたときは，その使用者は，国土交通大臣に当該自動車予備検査証を提出して，自動車検査証の交付を受けることができる。

～以降省略～

超重要

(17)　自動車分解整備事業の種類……車両法第77条

自動車分解整備事業（～省略～）の種類は，次に掲げるものとする。

一　**普通自動車分解整備事業**

（普通自動車，四輪の小型自動車及び大型特殊自動車を対象とする自動車分解整備事業）

二　**小型自動車分解整備事業**

（小型自動車及び検査対象軽自動車を対象とする自動車分解整備事業）

三　**軽自動車分解整備事業**

（検査対象軽自動車を対象とする自動車分解整備事業）

(18)　認証……車両法第78条

自動車分解整備事業を経営しようとする者は，自動車分解整備事業の種類及び分解整備を行う事業場ごとに，地方運輸局長の**認証**を受けなければならない。

2　自動車分解整備事業の認証は，対象とする自動車の種類を指定し，その他業務の範囲を限定して行うことができる。

～以降省略～

(19)　自動車分解整備事業者の義務……車両法第90条　☆

自動車分解整備事業者は，分解整備を行う場合においては，当該自動車の分解整備に係る部分が **保安基準** に適合するようにしなければならない。

ひっかけ注意！

認証基準，点検基準，技術基準などと間違えてしまわないように！

覚え方（丸暗記が苦手な方はご参考まで） 自動車分解整備事業者の義務

ホワ～ンとした　分解事業者の義務

（保安基準に適合すべし）

第2章　道路運送車両の保安基準と道路運送車両の保安基準の細目を定める告示（抜粋）

（1）　用語の定義

超重要

保安基準第1条の6項

「空車状態」とは，道路運送車両が，原動機及び燃料装置に燃料，潤滑油，冷却水等の全量を搭載し及び当該車両の目的とする用途に必要な固定的な設備を設ける等運行に必要な装備をした状態をいう。

試験注意！

ちょっと長くて，読んでも何となく分かったような，分からないようなこの定義。

とっつきにくく，スルーしてしまう人も多そうなこの定義ですが，性能・諸元の問題の肢では，よく出ます！

試験では，どのような装備をした状態なのか，という部分が変更されて誤りの選択肢で出題されることがあるので，この定義は丸暗記するつもりで何度も目を通し，見慣れておきましょう！

（2）　長さ，幅及び高さ　☆

保安基準第2条（参考⇒細目告示第162条）

自動車は，告示*で定める方法により測定した場合において，**長さ**（セミトレーラにあっては，連結装置中心から当該セミトレーラの後端までの水平距離）**12メートル**（セミトレーラのうち告示で定めるものにあっては，13メートル），**幅2.5メートル**，**高さ3.8メートル**を超えてはならない。

〜以降省略〜

覚え方（丸暗記が苦手な方はご参考まで） 自動車の長さ，幅，高さ

㋤がさ・・・12 m　　㋩ば・・・2.5 m　　㋟かさ・・・3.8 m

覚え方 **自動車の長さ，幅，高さ**

那	覇	だ！
長さ	幅	高さ
‖	‖	‖
五（いつ）	つ子（ご）	サンバ
12 m	2.5 m	3.8 m

＊ **細目告示第162条**（参考）

自動車の測定に関し，保安基準第 2 条第 1 項の告示で定める方法は，次の各号に掲げる状態の自動車を，第 2 項により測定するものとする。

一　空車状態

二　はしご自動車のはしご，架線修理自動車のやぐらその他走行中に格納されているものについては，これらの装置を格納した状態。

三　折畳式のほろ，工作自動車の起重機その他走行中に種々の状態で使用されるものについては，走行中使用されるすべての状態。

ただし，外開き式の窓及び換気装置については，これらの装置を閉鎖した状態とし，また，故障した自動車を吊り上げてけん引するための装置（格納できるものに限る。）については，この装置を格納した状態とする。

四　車体外に取り付けられた後写鏡，保安基準第 44 条第 5 項の装置及びたわみ式アンテナについては，これらの装置を取りはずした状態。この場合において，車体外に取り付けられた後写鏡，保安基準第 44 条第 5 項の装置は，当該装置に取り付けられた灯火器及び反射器を含むものとする。

（3） 軸重等 ☆

保安基準第 4 条の 2，（参考⇒細目告示第 163 条の 3）

自動車の軸重は，**10トン**（けん引自動車のうち告示で定めるものにあっては，11.5 トン）を超えてはならない。

2　隣り合う車軸にかかる荷重の和は，その軸距が1.8メートル未満である場合にあっては18トン（その軸距が1.3メートル以上であり，かつ，1の車軸にかかる荷重が9.5トン以下である場合にあっては，19トン），1.8メートル以上である場合にあっては20トンを超えてはならない。

3　自動車の輪荷重は，**5トン**（けん引自動車のうち告示で定めるものにあっては，5.75トン）を超えてはならない。

ただし，専ら路面の締め固め作業の用に供することを目的とする自動車の車輪のうち，当該目的に適合した構造を有し，かつ，接地部が平滑なもの（当該車輪の中心を含む鉛直面上に他の車輪の中心がないものに限る。）の輪荷重にあっては，この限りでない。

細目告示第163条の3（参考）

保安基準第4条の2第1項及び第3項の告示で定めるものは，別添114「けん引自動車の軸重に関する技術基準」に定める基準及び次の各号に掲げる基準に適合するけん引自動車とする。

一　車軸の数が2又は3（駆動軸の数が1であるものに限る。）であること。

二　前軸にかかる荷重が10トン以下であること。

三　前輪にかかる輪荷重が5トン以下であること。

四　第5輪荷重を有するものであること。

（4）　安定性

保安基準第5条

自動車は，安定した走行を確保できるものとして，安定性に関し告示で定める基準に適合しなければならない。

細目告示第164条（参考）

自動車の安定性に関し，保安基準第5条の告示で定める基準は，次の各号に掲げる基準とする。

一　空車状態及び積車状態におけるかじ取り車輪の接地部にかかる荷重の総和が，それぞれ車両重量及び車両総重量の20％（三輪自動車にあっては18％）以上であること。

ただし，側車付二輪自動車にあっては，この限りでない。

二 けん引自動車にあっては，被けん引自動車を連結した状態においても，前号の基準に適合すること。

三 側車付二輪自動車にあっては，空車状態及び積車状態における側車の車輪の（駆動輪を除く。）接地部にかかる荷重が，それぞれ車両重量及び車両総重量の 35 %以下であること。

四 空車状態において，自動車（二輪自動車及び被けん引自動車を除く。以下この号において同じ。）を左側及び右側に，それぞれ **35°**（側車付二輪自動車にあっては 25°，最高速度 20 km/h 未満の自動車，車両総重量が車両重量の 1.2 倍以下の自動車又は積車状態における車両の重心の高さが空車状態における車両の重心の高さ以下の自動車にあっては 30°）まで傾けた場合に転覆しないこと。

この場合において，「左側及び右側に傾ける」とは，自動車の中心線に直角に左又は右に傾けることではなく，実際の転覆のおこる外側の前後車輪の接地点を結んだ線を軸として，その側に傾けることをいう。

～以降省略～

（5） 最小回転半径

保安基準第6条

自動車の最小回転半径は，最外側のわだちについて 12 メートル以下でなければならない。

2 けん引自動車及び被けん引自動車にあっては，けん引自動車と被けん引自動車とを連結した状態において，前項の基準に適合しなければならない。

（6） 走行用前照灯，すれ違い用前照灯※（←法令上の名称）

（※ ロービーム（下向きヘッドライト）が「すれ違い用前照灯」，ハイビーム（上向きヘッドライト）が「走行用前照灯」のこと。）

法令上の名称は，私たちが普段使っている一般的な名称と異なるので，最初は戸惑うけれど，何のことを指すかが判れば，理解しやすくなるよ！

保安基準第32条

自動車（被けん引自動車を除く。）の前面には，**走行用前照灯**を備えなければならない。ただし，当該装置と同等の性能を有する配光可変型前照灯（～省略～）を備える自動車として告示で定めるものにあっては，この限りでない。

2　走行用前照灯は，夜間に自動車の前方にある交通上の障害物を確認できるものとして，灯光の色，明るさ等に関し告示*で定める基準に適合するものでなければならない。

3　走行用前照灯は，その性能を損なわないように，かつ，取付位置，取付方法等に関し告示で定める基準に適合するように取り付けられなければならない。

4　自動車の前面には，**すれ違い用前照灯**を備えなければならない。ただし，配光可変型前照灯又は最高速度 20 キロメートル毎時未満の自動車であって光度が告示で定める基準未満である走行用前照灯を備えるものにあっては，この限りでない。

5　すれ違い用前照灯は，夜間に自動車の前方にある交通上の障害物を確認でき，かつ，その照射光線が他の交通を妨げないものとして，灯光の色，明るさ等に関し告示*で定める基準に適合するものでなければならない。

6　すれ違い用前照灯は，その性能を損なわないように，かつ，取付位置，取付方法等に関し告示で定める基準に適合するように取り付けられなければならない。

～以降省略～

＊　細目告示第198条

走行用前照灯と同等の性能を有する配光可変型前照灯を備える自動車として保安基準第 32 条第 1 項の告示で定めるものは，灯光の色，明るさ等が協定規則第 123 号の技術的な要件（～省略～）に定める基準に適合する走行用ビームを発することのできる配光可変型前照灯を備える自動車とする。

2　走行用前照灯の灯光の色，明るさ等に関し保安基準第 32 条第 2 項の告示で定める基準は，次の各号に掲げる基準とする。

一　走行用前照灯（～省略～）は，そのすべてを照射したときには，**夜間にその前方 100 m**（～省略～）の距離にある交通上の障害物を確認できる性能を有するものであること。

二　最高速度 20 km/h 未満の自動車に備える走行用前照灯は，安全な運行を確保できる適当な光度を有すること。

☆　三　走行用前照灯の灯光の色は，**白色**であること。

四　走行用前照灯は，灯器が損傷し又はレンズ面が著しく汚損していないこと。

五　走行用前照灯は，レンズ取付部に緩み，がた等がないこと。

～以降省略～

3　走行用前照灯の取付位置，取付方法等に関し，保安基準第32条第3項の告示で定める基準は，次の各号（～省略～）に掲げる基準とする。（～省略～）

一　走行用前照灯の数は，**2個**又は**4個**であること。ただし，二輪自動車及び側車付二輪自動車にあっては，**1個**又は**2個**（～省略～）であること。～省略～

二　～省略～

☆　三　走行用前照灯の最高光度の合計は，**430,000 cd**を超えないこと。

～以降省略～

6　すれ違い用前照灯の灯光の色，明るさ等に関し保安基準第32条第5項の告示で定める基準は，次の各号に掲げる基準とする。

一　すれ違い用前照灯（～省略～）は，その照射光線が他の交通を妨げないものであり，かつ，その全てを同時に照射したときに，**夜間**にその**前方40 m**（～省略～）の距離にある交通上の障害物を確認できる性能を有すること。

二　その光度が10,000 cd以上である走行用前照灯を備える最高速度20 km/h未満の自動車にあっては，すれ違い用前照灯は，その照射光線が他の交通を妨げないものであること。

三　すれ違い用前照灯は，第2項第三号から第五号までの基準に準じたものであること。

（☆　**補足**　すれ違い用前照灯の灯光の色は，第2項第三号に準じて，**白色**です）

～以降省略～

（7）　前部霧灯

保安基準第33条

自動車の前面には，前部霧灯を備えることができる。

2　前部霧灯は，霧等により視界が制限されている場合において，自動車の前方を照らす照度を増加させ，かつ，その照射光線が他の交通を妨げないものとして，灯光の色，明るさ等に関し告示*で定める基準に適合するものでなければならない。

～以降省略～

＊　細目告示第199条

条前部霧灯の灯光の色，明るさ等に関し，保安基準第33条第2項の告示で定める基準は，次の各号に掲げる基準とする。

一　前部霧灯の照射光線は，他の交通を妨げないものであること。

☆　二　前部霧灯は，**白色** 又は **淡黄色** であり，**その全てが同一**であること。

～以降省略～

2　～省略～

3　前部霧灯の取付位置，取付方法等に関し，保安基準第33条第3項の告示で定める基準は，次の各号に掲げる基準とする。(～省略～)

一　前部霧灯は，同時に**3個以上**点灯しないように取り付けられていること。

二　二輪自動車，側車付二輪自動車並びにカタピラ及びそりを有する軽自動車以外の自動車に備える前部霧灯は，その照明部の上縁の高さが**地上800 mm以下**（～省略～）であって，すれ違い用前照灯の照明部の上縁を含む水平面以下（～省略～），下縁の高さが**地上250 mm以上**となるように取り付けられていること。(～省略～)

三　二輪自動車，側車付二輪自動車並びにカタピラ及びそりを有する軽自動車に備える前部霧灯は，その照明部の中心がすれ違い用前照灯の照明部の中心を含む水平面以下となるように取り付けられていること。

四　前部霧灯の照明部の最外縁は，自動車の最外側から**400 mm**以内（～省略～）となるように取り付けられていること。

～以降省略～

(8)　車幅灯

保安基準第34条

自動車（二輪自動車，～省略～ を除く。）の前面の両側には，車幅灯を備えなければならない。（～省略～）

2　車幅灯は，夜間に自動車の前方にある他の交通に当該自動車の幅を示すことができ，かつ，その照射光線が他の交通を妨げないものとして，灯光の色，明るさ等に関し告示*で定める基準に適合するものでなければならない。

3　車幅灯は，その性能を損なわないように，かつ，取付位置，取付方法等に関し告示で定める基準に適合するように取り付けられなければならない。

＊　細目告示第201条

車幅灯の灯光の色，明るさ等に関し，保安基準第34条第2項の告示で定める基準は，次の各号に掲げる基準とする。（～省略～）

☆一　車幅灯は，**夜間にその前方300 m**の距離から点灯を確認できるものであり，かつ，その照射光線は，他の交通を妨げないものであること。

この場合において，その光源が5 W以上で照明部の大きさが15 cm^2以上（～省略～）であり，かつ，その機能が正常な車幅灯は，この基準に適合するものとする。

☆二　車幅灯の灯光の色は，**白色**であること。

ただし，方向指示器，非常点滅表示灯又は側方灯と構造上一体となっているもの又は兼用のもの及び二輪自動車，側車付二輪自動車並びにカタピラ及びそりを有する軽自動車に備えるものにあっては，**橙色**であってもよい。

2　～省略～

3　車幅灯の取付位置，取付方法等に関し，保安基準第34条第3項の告示で定める基準は，次の各号に掲げる基準とする。（～省略～）

一　車幅灯の数は，**2個**又は**4個**であること。ただし，幅0.8 m以下の自動車にあっては，当該自動車に備えるすれ違い用前照灯の照明部の最外縁が自動車の最外側から400 mm以内となるように取り付けられている場合には，その側の車幅灯を備えないことができる。

～以降省略～

(9)　番号灯

保安基準第36条

自動車の後面には，番号灯を備えなければならない。ただし，最高速度20キロメートル毎時未満の軽自動車及び小型特殊自動車にあっては，この限りでない。

2　番号灯は，夜間に自動車登録番号標，臨時運行許可番号標，回送運行許可番号標又は車両番号標の番号等を確認できるものとして，灯光の色，明るさ等に関し告示*で定める基準に適合するものでなければならない。

3　番号灯は，その性能を損なわないように，かつ，取付位置，取付方法等に関し告示で定める基準に適合するように取り付けられなければならない。

＊　細目告示第205条

番号灯の灯光の色，明るさ等に関し，保安基準第36条第2項の告示で定める基準は，次の各号に掲げる基準とする。

☆　一　番号灯は，**夜間後方20 m**の距離から自動車登録番号標，臨時運行許可番号標，回送運行許可番号標又は車両番号標の数字等の表示を確認できるものであること。

この場合において，次のいずれかに該当する番号灯は，この基準に適合するものとする。

～省略～

☆　二　番号灯の灯光の色は，**白色**であること。

三　番号灯は，灯器が損傷し，又はレンズ面が著しく汚損しているものでないこと。

～以降省略～

第4編

(10) 尾灯

保安基準第37条

自動車（最高速度20キロメートル毎時未満の軽自動車，カタピラ及びそりを有する軽自動車並びに小型特殊自動車を除く。）の後面の両側には，尾灯を備えなければならない。ただし，二輪自動車，カタピラ及びそりを有する軽自動車並びに幅0.8メートル以下の自動車には，尾灯を後面に1個備えればよい。

2 尾灯は，夜間に自動車の後方にある他の交通に当該自動車の幅を示すことができ，かつ，その照射光線が他の交通を妨げないものとして，灯光の色，明るさ等に関し告示*で定める基準に適合するものでなければならない。

3 尾灯は，その性能を損なわないように，かつ，取付位置，取付方法等に関し告示で定める基準に適合するように取り付けられなければならない。

＊ 細目告示第206条

尾灯の灯光の色，明るさ等に関し，保安基準第37条第2項の告示で定める基準は，次の各号に掲げる基準とする。（～省略～）

☆ 一 尾灯は，**夜間にその後方300 m**の距離から点灯を確認できるものであり，かつ，その 照射光線は，他の交通を妨げないものであること。この場合において，その光源が5 W以上で照明部の大きさが15 cm^2以上（～省略～）であり，かつ，その機能が正常である尾灯は，この基準に適合するものとする。

☆ 二 尾灯の灯光の色は，**赤色**であること。

～以降省略～

(11) 後部反射器

保安基準第38条

自動車の後面には，後部反射器を備えなければならない。

2 後部反射器は，夜間に自動車の後方にある他の交通に当該自動車の幅を示すことができるものとして，反射光の色，明るさ，反射部の形状等に関し告示*で定める基準に適合するものでなければならない。

3 後部反射器は，その性能を損なわないように，かつ，取付位置，取付方法等に関し告示で定める基準に適合するように取り付けられなければならない。

＊　細目告示第210条

後部反射器の反射光の色，明るさ，反射部の形状等に関し，保安基準第38条第2項の告示で定める基準は，次の各号に掲げる基準とする。(～省略～)

一　後部反射器（被けん引自動車に備えるものを除く。）の反射部は，文字及び三角形以外の形であること。(～省略～)

二　被けん引自動車に備える後部反射器の反射部は，正立正三角形又は帯状部の幅が一辺の5分の1以上の中空の正立正三角形であって，一辺が150 mm以上200 mm以下のものであること。

☆　三　後部反射器は，**夜間にその後方150 m**の距離から走行用前照灯で照射した場合にその反射光を照射位置から確認できるものであること。この場合において，後部反射器の反射部の大きさが10 cm^2以上であるものは，この基準に適合するものとする。

☆　四　後部反射器による反射光の色は，**赤色**であること。

五　後部反射器は，反射器が損傷し，又は反射面が著しく汚損しているものでないこと。

～以降省略～

(12)　制動灯

保安基準第39条

自動車（最高速度20キロメートル毎時未満の軽自動車及び小型特殊自動車を除く。）の後面の両側には，制動灯を備えなければならない。ただし，二輪自動車，カタピラ及びそりを有する軽自動車並びに幅0.8メートル以下の自動車には，制動灯を後面に1個備えればよい。

2　制動灯は，自動車の後方にある他の交通に当該自動車が主制動装置（～省略～）又は補助制動装置（～省略～）を操作していることを示すことができ，かつ，その照射光線が他の交通を妨げないものとして，灯光の色，明るさ等に関し告示＊で定める基準に適合するものでなければならない。

3　制動灯は，その性能を損なわないように，かつ，取付位置，取付方法等に関し，告示で定める基準に適合するように取り付けられなければならない。

4　制動灯を緊急制動表示灯（急激な減速時に灯火装置を点滅させる装置をいう。以下同じ。）として使用する場合にあっては，その間，当該制動灯については第二項及び第三項の基準は適用しない。

＊　細目告示第212条　重要

制動灯の灯光の色，明るさ等に関し，保安基準第39条第2項の告示で定める基準は，次の各号に掲げる基準とする。（～省略～）

☆　一　制動灯は，**昼間にその後方100 m**の距離から点灯を確認できるものであり，かつ，その照射光線は，他の交通を妨げないものであること。この場合において，その光源が15 W以上で照明部の大きさが20 cm²以上（～省略～）であり，かつ，その機能が正常な制動灯は，この基準に適合するものとする。

☆　二　尾灯又は後部上側端灯と兼用の制動灯は，同時に点灯したときの光度が尾灯のみ又は後部上側端灯のみを点灯したときの光度の**5倍以上**となる構造であること。

三　制動灯の灯光の色は，**赤色**であること。

～以降省略～

(13)　補助制動灯

保安基準第39条の2

次に掲げる自動車（二輪自動車，側車付二輪自動車，三輪自動車，カタピラ及びそりを有する軽自動車並びに被けん引自動車を除く。）の後面には，補助制動灯を備えなければならない。

一　専ら乗用の用に供する自動車であって乗車定員10人未満のもの

二　貨物の運送の用に供する自動車（バン型の自動車に限る。）であって，車両総重量が3.5トン以下のもの

2　補助制動灯は，自動車の後方にある他の交通に当該自動車が主制動装置又は補助制動装置を操作していることを示すことができ，かつ，その照射光線が他の交通を妨げないものとして，灯光の色，明るさ等に関し告示＊で定める基準に適合するものでなければならない。

3　補助制動灯は，その性能を損なわないように，かつ，取付位置，取付方法等に関し告示で定める基準に適合するように取り付けられなければならない。

4　補助制動灯を緊急制動表示灯として使用する場合にあっては，その間，当該補助制動灯については第二項及び第三項の基準は適用しない。

＊　細目告示第213条

補助制動灯の灯光の色，明るさ等に関し，保安基準第39条の2第2項の告示で定める基準は，次の各号に掲げる基準とする。(～省略～)

一　補助制動灯の照射光線は，他の交通を妨げないものであること。

二　補助制動灯は，前号に規定するほか，前条第1項第三号及び第4号の基準に準じたものであること。(～省略～)

(☆ **補足** 補助制動灯の灯光の色は，前条（＝告示第212条第1項第三号）に準じ，**赤色**です **重要**)

三　補助制動灯は，灯器が損傷し，又はレンズ面が著しく汚損しているものでないこと。

2　次に掲げる補助制動灯であって，その機能を損なう損傷等のないものは，前項各号の基準に適合するものとする。

一　指定自動車等に備えられているものと同一の構造を有し，かつ，同一の位置に備えられた補助制動灯

二　法第75条の2第1項の規定に基づき装置の指定を受けた補助制動灯又はこれに準ずる性能を有する補助制動灯

3　補助制動灯の取付位置，取付方法等に関し，保安基準第39条の2第3項の告示で定める基準は，次の各号に掲げる基準とする。(～省略～)

一　補助制動灯の数は，**1個**であること。(～省略～)

二　補助制動灯は，その照明部の下縁の高さが**地上0.85m**以上又は後面ガラスの最下端の下方**0.15mより上方**であって，制動灯の照明部の**上縁**を含む水平面以上となるように取り付けられていること。

～以降省略～

(14)　後退灯

保安基準第40条

自動車には，**後退灯**を備えなければならない。(～省略～)

2　後退灯は，自動車の後方にある他の交通に当該自動車が後退していることを示すことができ，かつ，その照射光線が他の交通を妨げないものとして，灯光の色，明るさ等に関し告示*で定める基準に適合するものでなければならない。

3　後退灯は，その性能を損なわないように，かつ，取付位置，取付方法等に

第4編

関し告示で定める基準に適合するよう取り付けられなければならない。

＊ 細目告示第214条

後退灯の灯光の色，明るさ等に関し，保安基準第40条第2項の告示で定める基準は，次の各号に掲げる基準とする。

☆ 一 後退灯は，**昼間にその後方100 m**の距離から点灯を確認できるものであり，かつ，その照射光線は，他の交通を妨げないものであること。この場合において，その光源が15 W以上75 W以下で照明部の大きさが20 cm^{2}以上（～省略～）であり，かつ，その機能が正常であるものは，この基準に適合するものとする。

二 後退灯の灯光の色は，**白色**であること。

三 後退灯は，灯器が損傷し又はレンズ面が著しく汚損しているものでないこと。

～以降省略～

(15) 方向指示器

保安基準第41条

自動車（次の各号に掲げる自動車を除く。）には，方向指示器を備えなければならない。

一 最高速度20キロメートル毎時未満の自動車であって長さが6メートル未満のもの（～省略～）

二 けん引自動車と被けん引自動車とを連結した状態における長さが6メートル未満となる被けん引自動車

2 方向指示器は，自動車が右左折又は進路の変更をすることを他の交通に示すことができ，かつ，その照射光線が他の交通を妨げないものとして，灯光の色，明るさ等に関し告示＊で定める基準に適合するものでなければならない。

3 方向指示器は，その性能を損なわないように，かつ，取付位置，取付方法等に関し告示で定める基準に適合するように取り付けられなければならない。

4 方向指示器を緊急制動表示灯又は後面衝突警告表示灯として使用する場合にあっては，その間，当該方向指示器については第二項及び第三項の基準は適用しない。

＊　細目告示第215条

方向指示器の灯光の色，明るさ等に関し，保安基準第41条第2項の告示で定める基準は，次の各号に掲げる基準とする。(～省略～)

☆　一　方向指示器は，方向の指示を表示する方向**100 m**（両側面に備えるもののうち，中央部のものを除く方向指示器は，**30 m**）の位置から，**昼間**において点灯を確認できるものであり，かつ，その照射光線は，他の交通を妨げないものであること。(～省略～)

二　方向指示器の灯光の色は，**橙色**であること。

～以降省略～

4　方向指示器は，次に掲げる基準に適合するように取り付けられなければならない。(～省略～)

☆　一　方向指示器は，**毎分60回以上120回以下**の一定の周期で点滅するものであること。

～以降省略～

(16)　非常信号用具

保安基準第43条の2

自動車には，非常時に灯光を発することにより他の交通に警告することができ，かつ，安全な運行を妨げないものとして，灯光の色，明るさ，備付け場所等に関し告示＊で定める基準に適合する**非常信号用具**を備えなければならない。

ただし，二輪自動車，側車付二輪自動車，大型特殊自動車，小型特殊自動車及び被けん引自動車にあっては，この限りでない。

＊　細目告示第220条

非常信号用具の灯光の色，明るさ，備付け場所等に関し，保安基準第43条の2第1項の告示で定める基準は，次の各号に掲げる基準とする。

☆一　**夜間200 m**の距離から確認できる**赤色**の灯光を発するものであること。

二　自発光式のものであること。

三　使用に便利な場所に備えられたものであること。

四　振動，衝撃等により，損傷を生じ，又は作動するものでないこと。

第4編

～以降省略～

(17) 速度計等（参考）

保安基準第46条

自動車（最高速度20キロメートル毎時未満の自動車及び被けん引自動車を除く。）には，運転者が容易に走行時における速度を確認でき，かつ，平坦な舗装路面での走行時において，著しい誤差がないものとして，取付位置，精度等に関し告示*で定める基準に適合する速度計を運転者の見やすい箇所に備えなければならない。（～省略～）

＊ 細目告示第226条

速度計の取付位置，精度等に関し，保安基準第46条第1項の告示で定める基準は，次の各号に掲げる基準とする。

一 運転者が容易に走行時における速度を確認できるものであること。この場合において，次に掲げるものは，この基準に適合しないものとする。

～以降省略～

(18) 運行記録計（参考）

保安基準第48条の2

次の各号に掲げる自動車（緊急自動車及び被けん引自動車を除く。）には，**運行記録計**を備えなければならない。

一 貨物の運送の用に供する普通自動車であって，**車両総重量が8トン以上**又は最大積載量が5トン以上のもの

二 前号の自動車(＝車両総重量が8トン以上又は最大積載量が5トン以上のもの)に該当する被けん引自動車をけん引するけん引自動車

～以降省略～

＊ 細目告示第229条

運行記録計の記録性能，精度等に関し，保安基準第48条の2第2項の告示で定める基準は，次の各号に掲げる基準とする。

一 24時間以上の継続した時間内における当該自動車についての次の事項を自動的に記録できる構造であること。

イ すべての時刻における瞬間速度

ロ すべての2時刻間における走行距離

二　運行記録計の瞬間速度の記録は，平坦な舗装路面での走行時において，自動車の速度を下回らず，かつ，著しい誤差のないものであること。

～以降省略～

法令の問題では，灯光の色や灯光を確認できる距離についての出題がよく出ているので，表にまとめておきます。

灯火の種類	色	確認できる距離
走行用前照灯（保安基準32条，細目告示第198条より）	白色	夜間 前方 100 m
すれ違い用前照灯（保安基準32条，細目告示第198条より）	白色	夜間 前方 40 m
前部霧灯（保安基準33条，細目告示第199条より）	白色又は淡黄色であり，その全てが同一である	—
車幅灯（保安基準34条，細目告示第201条より）	白色（※橙色で良いものもある）	夜間 前方 300 m
番号灯（保安基準36条，細目告示第205条より）	白色	夜間 後方 20 m
尾灯（テールランプ）（保安基準37条，細目告示第206条より）	赤色	夜間 後方 300 m
後部反射器（保安基準38条，細目告示第210条より）	赤色	夜間 後方 150 m
制動灯※1（ブレーキランプ）（保安基準39条，細目告示第212条より）	赤色	昼間 後方 100 m
補助制動灯（保安基準39条の2，細目告示第213条より）	赤色	—
後退灯（保安基準40条，細目告示第214条より）	白色	昼間 後方 100 m
方向指示器（保安基準41条，細目告示第215条より）	橙色	昼間 100 m※2

（※1：尾灯と兼用の制動灯は，同時に点灯した時の光度が尾灯のみを点灯したときの**5倍以上**）
（※2：両側面に備えるもののうち，中央部のものを除く方向指示器は，30 m）

よく出る問題〔法令〕

道路運送車両法

【例題1】 重要

「道路運送車両法」に照らし，自動車の種別に**該当しないもの**は，次のうちどれか。

（1）　軽自動車
（2）　小型自動車
（3）　普通自動車
（4）　大型自動車

【例題2】

「道路運送車両法」に照らし，自動車分解整備事業の種類に**該当しないもの**は，次のうちどれか。

（1）　特殊自動車分解整備事業
（2）　軽自動車分解整備事業
（3）　小型自動車分解整備事業
（4）　普通自動車分解整備事業

【例題3】

「道路運送車両法」に照らし，自動車の点検及び整備の義務に関する次の文章の（イ）～（ロ）に当てはまるものとして，下の組み合わせのうち**適切なもの**はどれか。

自動車の（イ）は，自動車の点検をし，及び必要に応じ整備をすることにより，当該自動車を（ロ）に適合するように維持しなければならない。

	（イ）	（ロ）
（1）	使用者	保安基準
（2）	所有者	整備基準
（3）	使用者	整備基準
（4）	所有者	保安基準

【例題4】

「道路運送車両法」に照らし，点検整備記録簿に記載しなければならない事項として，**不適切なもの**は次のうちどれか。

（1） 点検の結果

（2） 整備の概要

（3） 整備に入庫した年月日

（4） 点検の年月日

【例題5】

「道路運送車両」に照らし，国土交通大臣の行う自動車の検査の種別として，**該当しないもの**は次のうちどれか。

（1） 新規検査

（2） 継続検査

（3） 構造等変更検査

（4） 分解整備検査

【例題6】

「道路運送車両法」に照らし，日常点検整備に関する次の文章の（イ）と（ロ）に当てはまるものとして，下の組み合わせのうち，適切なものはどれか。

自動車の使用者は，自動車の（イ），運行時の状態等から判断した適切な時期に，国土交通省令で定める技術上の基準により，灯火装置の点灯，制動装置の作動その他の日常的に点検すべき事項について，（ロ）等により自動車を点検しなければならない。

	（イ）	（ロ）
（1）	使用年月	点検ハンマ
（2）	使用年月	目視
（3）	走行距離	点検ハンマ
（4）	走行距離	目視

道路運送車両の保安基準および細目告示

【例題7】 **重要**

「道路運送車両の保安基準」及び「道路運送の保安基準の細目を定める告示」に照らし，すれ違い用前照灯の灯光の色に関する基準として，**適切なもの**は次のうちどれか。

（1）　青色であること
（2）　白色又は淡黄色
（3）　白色であること
（4）　淡黄色であること

【例題8】 **重要**

「道路運送車両の保安基準」及び「道路運送の保安基準の細目を定める告示」に照らし，次の文章の（イ）～（ロ）に当てはまるものとして，下の組み合わせのうち，**適切なもの**は次のうちどれか。

番号灯は，（イ）後方（ロ）の距離から数字等の表示を確認できるものであること。

	（イ）	（ロ）
（1）	昼間	20 m
（2）	昼間	100 m
（3）	夜間	20 m
（4）	夜間	100 m

【例題9】 **超重要**

「道路運送車両の保安基準」及び「道路運送の保安基準の細目を定める告示」に照らし，補助制動灯の灯火の色の基準として**適切なもの**は次のうちどれか。

（1）　赤色
（2）　白色
（3）　黄色
（4）　橙色

【例題 10】

「道路運送車両の保安基準」及び「道路運送の保安基準の細目を定める告示」に照らし，次の文章の（　　）に当てはまるものとして，**適切なもの**は次のうちどれか。

前・後面に備える方向指示器は，方向の指示を表示する方向（ イ ）の位置から，（ ロ ）において点灯を確認できるものであり，かつ，その照射光線は，他の交通を妨げないものであること。

	（イ）	（ロ）
（1）	50 m	昼間
（2）	100 m	昼間
（3）	150 m	夜間
（4）	200 m	夜間

【例題 11】 重要

「道路運送車両の保安基準」及び「道路運送の保安基準の細目を定める告示」に照らし，次の文章の（　　）に当てはまるものとして，**適切なもの**は次のうちどれか。

制動灯は，（　　）の距離から点灯を確認できるものであり，かつ，その照射光線は他の交通を妨げないものであること。

（1）　夜間にその後方 100 m
（2）　夜間にその後方 300 m
（3）　昼間にその後方 100 m
（4）　昼間にその後方 300 m

【例題 12】 重要

「道路運送車両の保安基準」及び「道路運送の保安基準の細目を定める告示」に照らし，走行用前照灯の最高光度に関する次の文章の（　　）に当てはまるものとして，**適切なもの**は次のうちどれか。

走行用前照灯の最高光度の合計は，(　　)を超えないこと。

（1）　130,000 cd
（2）　22,5000 cd
（3）　330,000 cd
（4）　430,000 cd

【例題 13】

「道路運送車両の保安基準」に照らし，自動車の高さの基準として，**適切なもの**は次のうちどれか。

（1）　3.4 m を超えてはならない。
（2）　3.6 m を超えてはならない。
（3）　3.8 m を超えてはならない。
（4）　4.0 m を超えてはならない。

【例題 14】

「道路運送車両の保安基準」に照らし，自動車の輪荷重に関する基準として，**適切なもの**は次のうちどれか。

（1）　5 t を超えてはならない。
（2）　8 t を超えてはならない。
（3）　10 t を超えてはならない。
（4）　20 t を超えてはならない。

【例題 15】

「道路運送車両の保安基準」及び「道路運送の保安基準の細目を定める告示」に照らし，前部霧灯の灯光の色に関する基準として，**適切なもの**は次のうちどれか。

（1）　橙色であること。
（2）　白色又は赤色であり，その全てが同一であること。
（3）　白色又は橙色であり，その全てが同一であること。
（4）　白色又は淡黄色であり，その全てが同一であること。

【例題 16】

「道路運送車両の保安基準」及び「道路運送の保安基準の細目を定める告示」に照らし，次の文章の（　）に当てはまるものとして，**適切なもの**は次のうちどれか。

前部霧灯は，同時に（　　　）以上点灯しないように取り付けられていること。

（1）　2個　　（2）　3個　　（3）　4個　　（4）　5個

【例題 17】

「道路運送車両の保安基準」及び「道路運送の保安基準の細目を定める告示」に照らし，後部反射器による反射光の色に関する基準として，**適切なもの**は次のうちどれか。

（1）　赤色であること
（2）　橙色であること
（3）　白色であること
（4）　赤色又は白色であること

【例題 18】

「道路運送車両の保安基準」及び「道路運送の保安基準の細目を定める告示」に照らし，後退灯の灯光の色に関する基準として，**適切なもの**は次のうちどれか。

（1）　白色又は淡黄色であること。
（2）　淡黄色であること。
（3）　青色であること。
（4）　白色であること。

【例題 19】

「道路運送車両の保安基準」及び「道路運送の保安基準の細目を定める告示」に照らし，方向指示器の点滅回数の基準として，**適切なもの**は次のうちどれか。

（1）　毎分50回以上120回以下の一定の周期で点滅するものであること。
（2）　毎分50回以上130回以下の一定の周期で点滅するものであること。
（3）　毎分60回以上120回以下の一定の周期で点滅するものであること。
（4）　毎分60回以上130回以下の一定の周期で点滅するものであること。

【例題 20】

「道路運送車両の保安基準」及び「道路運送の保安基準の細目を定める告示」に照らし，方向指示器の灯光の色に関する基準として，**適切なもの**は次のうちどれか。

（１）　赤色又は淡黄色
（２）　橙色又は淡黄色
（３）　橙色
（４）　淡黄色

⊿解答と解説◸ 法令

【例題1】 解答（4）

⊿解説◸

「道路運送車両法」第3条より，自動車の種別は「普通自動車，小型自動車，軽自動車，大型**特殊**自動車，小型**特殊**自動車」の5つ。

【例題2】 解答（1）

⊿解説◸

「道路運送車両法」第77条より，自動車分解整備事業の種類は「普通自動車分解整備事業，小型自動車分解整備事業，軽自動車分解整備事業」の3つ。

◆似ているのでまぎらわしいもの（＝混同して間違いやすい事項）

〈**自動車の種別**（3条）　と　**自動車分解整備事業の種別**（77条）〉

パターンとしては・・・自動車の種別が問われる際には，仲間外れ（＝種別に該当しないもの）が問われやすいよ！

ポイント！　①　**車両法上の自動車には，**

⇒　大型　×・・・(含まれない)

⇒　大型特殊　○・・・(含まれる)

◆　大型特殊自動車とは？

⇒ショベルカーやフォークリフト，ホイールローダーなど作業機を取り付けた車両。

ショベルカー

フォークリフト

ホイールローダー

ポイント！　**②－a　自動車分解整備事業には,**
⇒　特殊が付いたもの　×・・・(含まれない)
普通，小型，軽の自動車分解事業のみ

なお，最近では，単に自動車分解整備事業に該当しないものを解答させるよりも少し掘り下げて，普通自動車整備事業の対象車種に該当しないものを選ばせる出題もあるので注意！

ポイント！　**②－b　普通自動車整備事業には,**
⇒　検査が付いたもの　×・・・(含まれない)
普通，四輪の小型，大型特殊のみ

【例題3】　解答（1）
⊿解説◸
「道路運送車両法」第47条より，「自動車の（**使用者**）は，自動車の点検をし，及び必要に応じ整備をすることにより，当該自動車を（**保安基準**）に適合するように維持しなければならない。」

【例題4】　解答（3）
⊿解説◸
「道路運送車両法」第49条第1項より，点検整備記録簿に記載しなければならない事項は，点検の年月日（4），点検の結果（1），整備の概要（2），整備を完了した年月日，その他国土交通省で定める事項　の5つ。
よって，（3）の整備に入庫した年月日が不適切。

【例題5】　解答（4）
⊿解説◸
「道路運送車両法」より，自動車の検査種別としては，第59条（新規検査），第62条（継続検査），第63条（臨時検査），第67条（自動車検査証の記載事項の変更及び構造等変更検査），第71（予備検査）条が挙げられる。よって，（4）の分解整備検査は含まれない。

覚え方（丸暗記が苦手な方はご参考まで）　自動車の検査の種別

ヨ　シ　コ　理　系

予備検査　新規検査　構造等変更検査　臨時検査　継続検査

【例題6】 解答（4）

⊿解説◸

「道路運送車両法」第47条の2より，自動車の使用者は，自動車の**走行距離**，運行時の状態等から判断した適切な時期に，国土交通省令で定める技術上の基準により，灯火装置の点灯，制動装置の作動その他の日常的に点検すべき事項について，**目視**等により自動車を点検しなければならない。

【例題7】 解答（3）

⊿解説◸

「すれ違い用前照灯」（保安基準第32条）について，細目を定める告示第198条第6項の三号では，「すれ違い用前照灯は，第2項第三号から第五号までの基準に準じたものであること。」とされていることから，灯光の色に関しては告示第198条第2項第三号に挙げられている灯光の色（＝白色）に準じるので，白色となる。

ちなみに，すれ違い用前照灯とは，ロービーム（下向き）のことであり，走行用前照灯とは，ハイビーム（上向き）のことである（どちらも灯光の色は白色）。

【例題8】 解答（3）

⊿解説◸

「番号灯」（保安基準第36条）について，細目を定める告示第205条第1項では，「番号灯は，夜間後方20mの距離から（～省略～）表示を確認できるものであること。」とされている。

【例題 9】 解答 （1）

⊿解説⊿

「保安基準」第 39 条の 2，「細目を定める告示」第 213 条第 1 項第二号より，補助制動灯の灯光の色は，告示第 212 条第 1 項第三号に準じて，**赤色**となる。

【例題 10】 解答 （2）

⊿解説⊿

「保安基準」第 41 条,「細目を定める告示」第 215 条第 1 項第一号より,「方向の指示を表示する方向 **100 m** の位置から**昼間**に」点灯を確認できるものであること。

【例題 11】 解答 （3）

⊿解説⊿

「保安基準」第 39 条第 2 項,「細目を定める告示」第 212 条第 1 項第一号より,「昼間にその後方 100 m の距離から点灯を確認できるもの」であること。

第4編

【例題 12】 解答 （4）

⊿解説⊿

「保安基準」第 32 条第 2 項,「細目を定める告示」第 198 条第 3 項第三号より,「走行用前照灯の最高光度の合計は，**430,000** cd（カンデラ）を超えないこと。

【例題 13】 解答 （3）

⊿解説⊿

「保安基準」第 2 条第 1 項より,「自動車は，告示で定める方法により測定した場合において，長さ 12 メートル，幅 2.5 メートル，高さ **3.8** メートルを超えてはならない。」

【例題 14】 解答 （1）

⊿解説⊿

「保安基準」第 4 条の 2 第 3 項より,「自動車の輪荷重は， 5 t を超えてはならない。」

車軸や車輪にかかる重さは保安基準第 4 条に定められており，軸重（＝ 1 本の車軸にかかる重さ）は 10 t を超えてはならず，輪荷重（＝ 1 つの車輪にかかる重さ）は 5 t を超えてはならない。

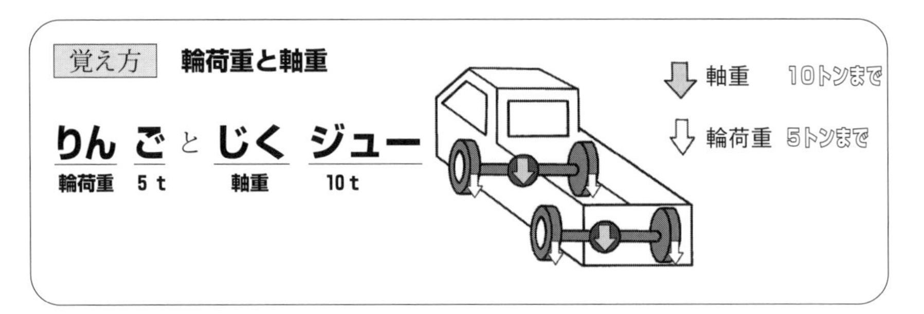

【例題 15】 解答（4）

⊿解説◸

「保安基準」第 33 条,「細目を定める告示」第 199 条第 1 項第二号より,「前部霧灯は, **白色**又は**淡黄色**であり, その全てが**同一**であること。」

【例題 16】 解答（2）

⊿解説◸

「保安基準」第 33 条,「細目を定める告示」第 199 条第 3 項第一号より, 前部霧灯は, 同時に **3 個**以上点灯しないように取り付けられていること。

【例題 17】 解答（1）

⊿解説◸

「保安基準」第 38 条,「細目を定める告示」第 210 条第 1 項第四号より,「後部反射器による反射光の色は, **赤色**であること。」

【例題 18】 解答（4）

⊿解説◸

「保安基準」第 40 条,「細目を定める告示」第 214 条第 1 項第二号より,「後退灯の灯光の色は, **白色**であること。」

【例題 19】 解答（3）

⊿解説◸

「保安基準」第 41 条,「細目を定める告示」第 215 条第 4 項第一号より,「方向指示器は, 毎分 60 回以上 120 回以下の一定の周期で点滅するものであること。」

【例題 20】 解答 （3）

⊿解説◸

「保安基準」第 41 条，細目告示第 215 条第 1 項第二号より，「方向指示器の灯光の色は，**橙色**であること。」

第5編

模擬テスト

第１回　模擬問題

【No. 1】

自動車の性能及び諸元に関する記述として，**適切なもの**は次のうちどれか。

（１） 勾配抵抗は，自動車が坂道を下るときの勾配による抵抗をいう。

（２） 空車状態とは，運転者１名が乗車し，運行に必要な装備をした状態をいう。

（３） 駆動力は，駆動輪の有効半径の大きさに比例する。

（４） 自動車の燃費効率は，一般に１ℓの燃料で走行できる距離をいう。

【No. 2】

マニュアル・トランスミッションのクラッチ・ディスクの点検・整備において，クラッチ・フェーシングにオイルが付着している場合に関する記述として，**不適切なもの**は次のうちどれか。

（１） クランクシャフト・フロント・オイル・シール部からのオイル漏れを確認する必要がある。

（２） オイル漏れを点検，修正した場合は，クラッチ・ディスクを交換する必要がある。

（３） クラッチの滑りが発生する場合がある。

（４） 発進時に異常な振動が発生する場合がある。

【No. 3】

オートマティック・トランスミッションに用いられているオイル・ポンプに関する次の文章の（　）に当てはまるものとして，**適切なもの**は次のうちどれか。

オイル・ポンプは，トルク・コンバータの（　）と共にエンジンによって駆動される。

（１） ポンプ・インペラ

（２） タービン・ランナ

（３） ステータ

（４） ワンウエイ・クラッチ

【No. 4】

図に示すオートマチック・トランスミッションの油圧制御装置の概要に関する記述として，**適切なもの**は次のうちどれか。

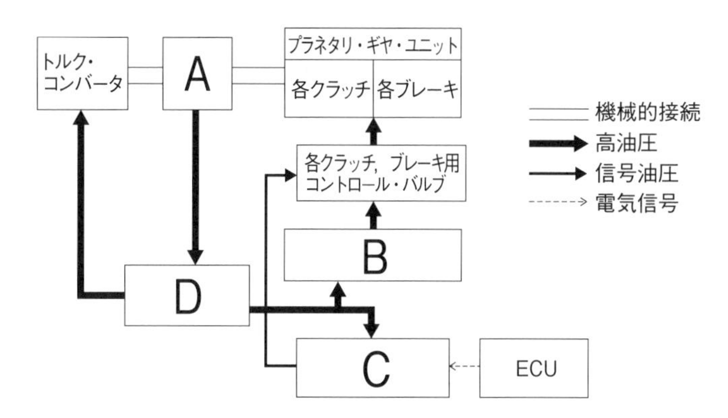

（１）　Ａはマニュアル・バルブに該当する。
（２）　Ｂはレギュレータ・バルブに該当する。
（３）　Ｃは各クラッチ，ブレーキ用ソレノイド・バルブに該当する。
（４）　Ｄはオイル・ポンプに該当する。

【No. 5】

図に示すドライブ・シャフトのスライド式等速ジョイントに用いられている，トリポード型ジョイントの構成部品として，**適切なもの**は次のうちどれか。

（１）　ボール・ゲージ
（２）　ボール
（３）　スパイダ
（４）　インナ・レース

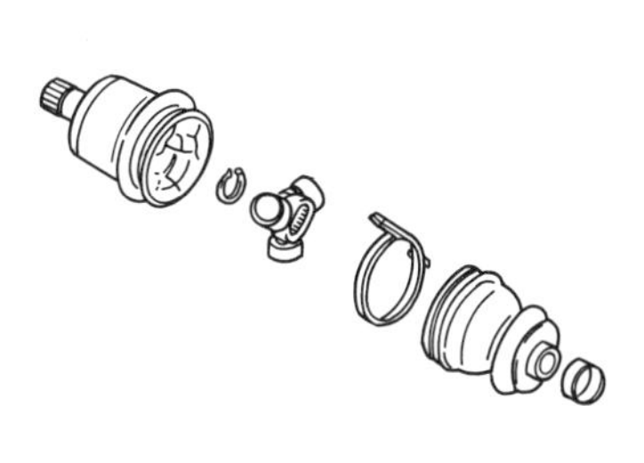

【No. 6】

FR車に用いられているファイナル・ギヤに関する記述として，**適切なもの**は次のうちどれか。

（1）　ドライブ・ピニオンとリング・ギヤのバックラッシュは，プラスチ・ゲージを用いて測定する。

（2）　ドライブ・ピニオンのプレロードの調整方法は，塑性スペーサを用いているものもある。

（3）　ドライブ・ピニオンとリング・ギヤには，スパー・ギヤが用いられている。

（4）　ドライブ・ピニオンのプレロードは，ダイヤル・ゲージを用いて測定する。

【No. 7】

図に示すアクスル及びサスペンションに関する記述として，**不適切なもの**は次のうちどれか。

（1）　ばね下質量が重くなり振動が大きくなる傾向がある。

（2）　主に乗用車などに，広く用いられている。

（3）　ドライブ・シャフトの外端部は，スプラインでハブにかん合している。

（4）　独立懸架式で，左右のホイールが独立して動くことができる。

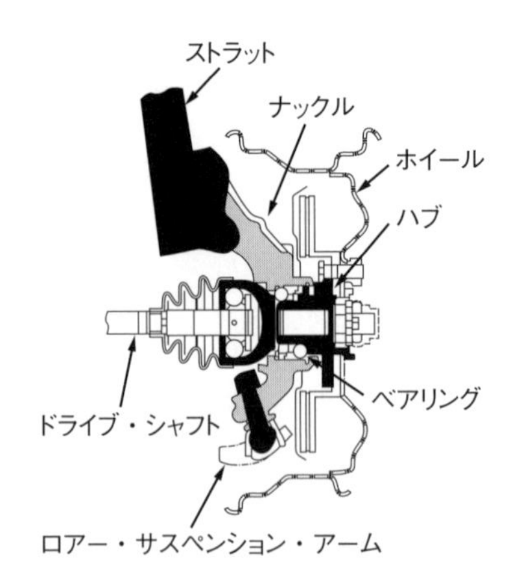

【No. 8】

図に示す車軸懸架式リヤ・アクスル・シャフトに関する記述として，**不適切なもの**は次のうちどれか。

（１）　半浮動式で，リヤ・アクスル・シャフトはホイールに動力を伝えるとともに，荷重を受ける。

（２）　半浮動式で，主に乗用車や小型トラックなどに用いられている。

（３）　ベアリング・カラーは，ベアリングを固定するために使用される。

（４）　ベアリング・カラーを圧入する場合，面取り部はホイール側に向けて組み立てる。

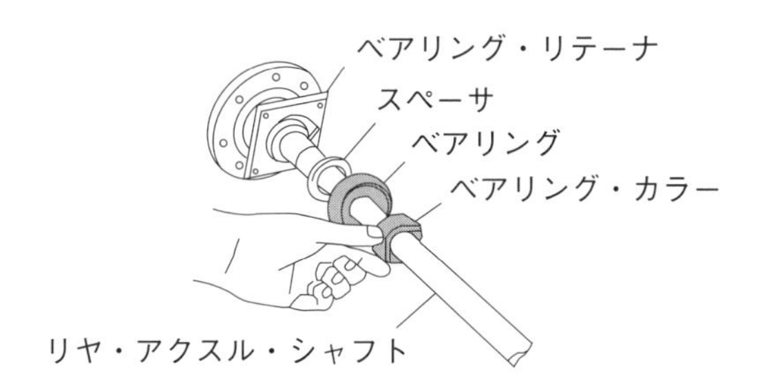

【No. 9】

図に示すロータリ・バルブを用いたラック・ピニオン型パワー・ステアリングに関する記述として，**不適切なもの**は次のうちどれか。

（１）　ロータとスリーブの位置にズレが発生すると，油路の大きさが変化する。

（２）　ロータリ・バルブは，ロータとスリーブで構成されている。

（３）　ロータは，ステアリング・ホイールの回転と連動する。

（４）　スリーブは，ギヤ・ハウジングに固定されている。

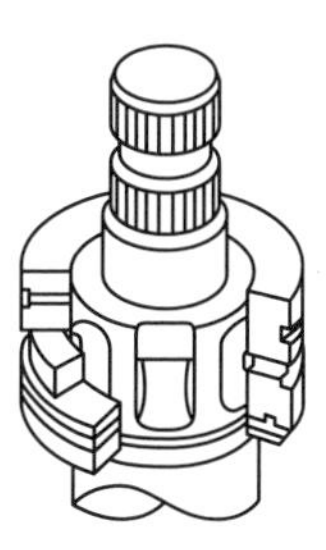

【No.10】

図に示すラック・ピニオン型ステアリング装置のギヤ機構のAの部品名称として，**適切なもの**は次のうちどれか。

（1）　ラック・ガイド
（2）　ラック・チューブ
（3）　ラック・ハウジング
（4）　ラック

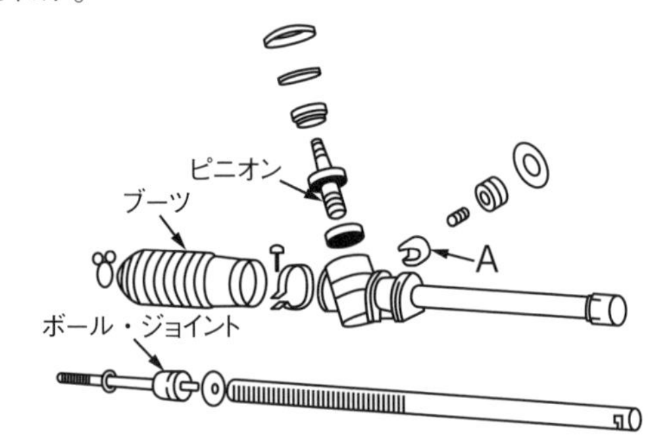

【No.11】

タイヤとホイール（JIS方式）に関する記述として，**不適切なもの**は次のうちどれか。

（1）　タイヤのエア圧の点検は，タイヤが暖まっている状態で行う。
（2）　ホイール・ナット（ボルト）の締め付けは，対角線順に2～3回に分けて行い最後にトルク・レンチを使用して規定のトルクで締め付ける。
（3）　タイヤの溝の深さの測定は，デプス・ゲージを用いて行う。
（4）　ホイールのリムの振れの点検は，ダイヤル・ゲージを用いて行う。

【No.12】

図に示す自動車を側面から見たフロント・ホイール・アライメントのうち，図のAが示すものとして，**適切なもの**は次のうちどれか。

（1）　キャンバ
（2）　キャスタ
（3）　キング・ピン傾角
（4）　キャスタ・トレール

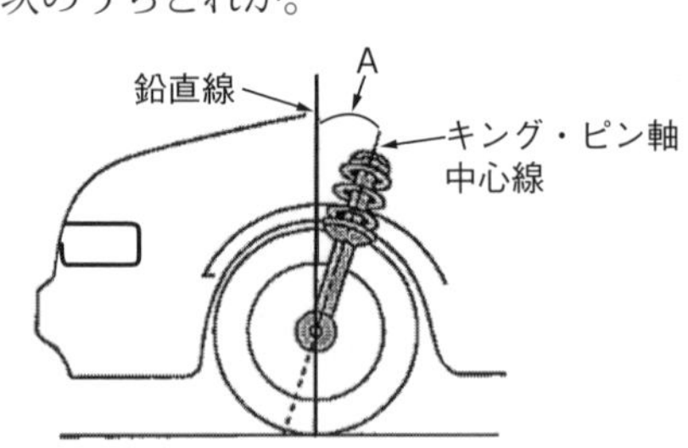

【No.13】

図に示すドラム式油圧ブレーキに関する次の文章の（イ）～（ロ）に当てはまるものとして，下の組み合わせのうち**適切なもの**はどれか。

制動時にブレーキ・シューがブレーキ・ドラムに食い込もうとして制動力が増大する作用を（ イ ）作用といい，図のドラムが矢印の方向に回転している場合のブレーキ・シューのＢは，（ ロ ）という。

	（イ）	（ロ）
（１）	自己倍力	リーディング・シュー
（２）	制動倍力	トレーリング・シュー
（３）	自己倍力	トレーリング・シュー
（４）	制動倍力	リーディング・シュー

【No.14】

図に示す真空式制動倍力装置のＡの部品名称として，**適切なもの**は次のうちどれか。

（１）　ポペット
（２）　リアクション・ディスク
（３）　バルブ・プランジャ
（４）　ダイヤフラム

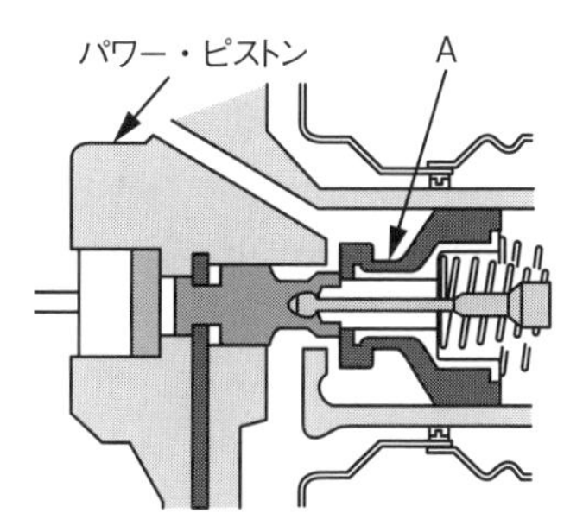

【No.15】

油圧式ブレーキのタンデム・マスタ・シリンダ（前輪，後輪の２系統に分けているもの）に関する記述として，**不適切なもの**は次のうちどれか。

（１）　タンデム・マスタ・シリンダは，独立した２つの油圧系統をもっている。
（２）　前輪のブレーキ系統に液漏れがある時は，プライマリ・ピストン側の圧力室には液圧が発生しない。
（３）　圧力室には，ブレーキ液の送出口およびリターン・ポートが設けられている。
（４）　セカンダリ・ピストンは，ストッパ・ボルトにより位置決めされている。

【No.16】

図に示すフレームに関する次の文章の（イ）～（ロ）に当てはまるものとして，下の組み合わせのうち，**適切なもの**はどれか。

フレームは，サイド・メンバのホイール・ベース（イ）付近では下方に湾曲し，（ロ）付近では，上向きに湾曲する傾向にある。

	（イ）	（ロ）
（1）	最後部	フロント及びリヤ・アクスル
（2）	最後部	リベット
（3）	中央部	フロント及びリヤ・アクスル
（4）	中央部	リベット

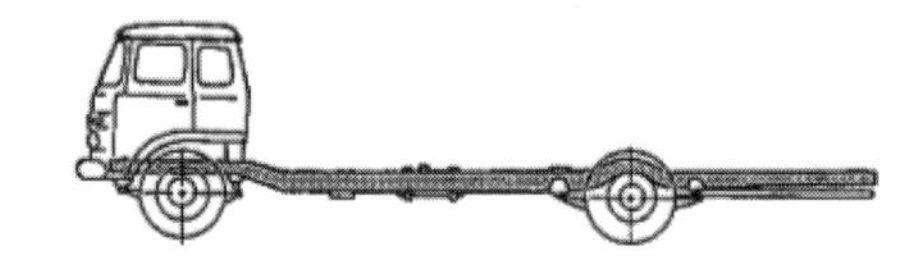

【No.17】

多重通信のCAN（コントローラ・エリア・ネットワーク）通信に関する記述として，**不適切なもの**は次のうちどれか。

（1） メイン・バス・ラインに使用している終端抵抗は，通信信号を安定化させるために用いられている。

（2） メイン・バス・ラインは，CAN-Hの1系統の通信線と1個の終端抵抗で構成されている。

（3） メイン及びサブ・バス・ラインは，耐ノイズ性の高いツイスト・ペア線が用いられている。

（4） ワイヤ・ハーネスの削減及び電子制御機器の小型化が図られる。

【No.18】

灯火装置に関する記述として，**適切なもの**は次のうちどれか。

（1） ハザード・ウォーニング・ランプの点滅回数は，電球（バルブ）が1つ断線すると変化する。

（2） ターン・シグナル・ランプには，作動の異常が運転席で確認できることが要求されている。

（3） ライセンス・プレート・ランプは，他の灯火装置と連動せずに，単独で点灯及び消灯ができる構造である。

（4）　ディスチャージ・バルブには，発光管内に窒素ガスとアルゴン・ガスが封入されている。

【No.19】

図に示すエアコンの冷凍サイクルに関する次の文章の（イ）～（ロ）に当てはまるものとして，下の組み合わせのうち，**適切なもの**はどれか。

（イ）で圧縮された高温・高圧の冷媒は，コンデンサに送られ外気によって冷やされ液化する。（ロ）では，冷媒が液体から気化するときに熱を使う原理を利用して，車内に冷風を吹き出し，冷房効果を得ている。

	（イ）	（ロ）
（1）	コンプレッサ	感熱筒
（2）	コンプレッサ	エバポレータ
（3）	レシーバ	エバポレータ
（4）	レシーバ	感熱筒

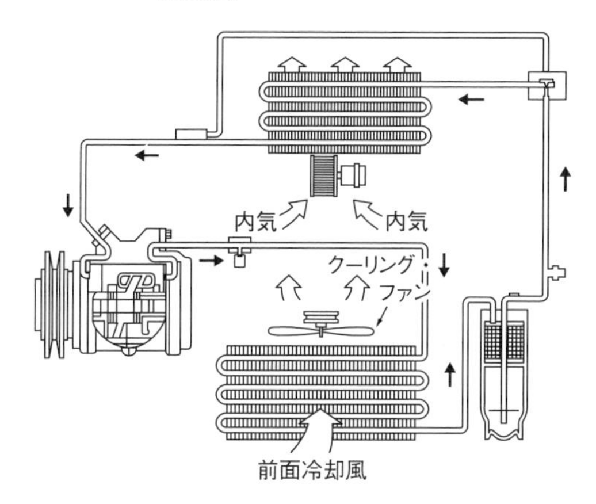

【No.20】

鉛バッテリのJIS規格（JIS D 5301 始動用鉛蓄電池）による型式の表示法に関する記述として，**適切なもの**は次のうちどれか

（1）　イは性能ランクを表わしている。

（2）　ロは端子の寸法を表わしている。

（3）　ハは幅×箱高さの区分を表わしている。

（4）　ニは長さ寸法の概数を表わしている。

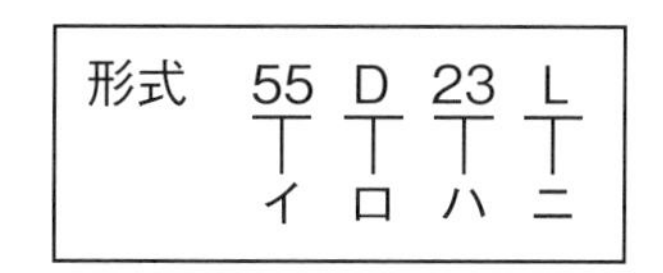

【No.21】

図に示すA－B間の合成抵抗が6 Ωの場合，*R*の抵抗値として，**適切なもの**は次のうちどれか。ただし，配線の抵抗はないものとする。

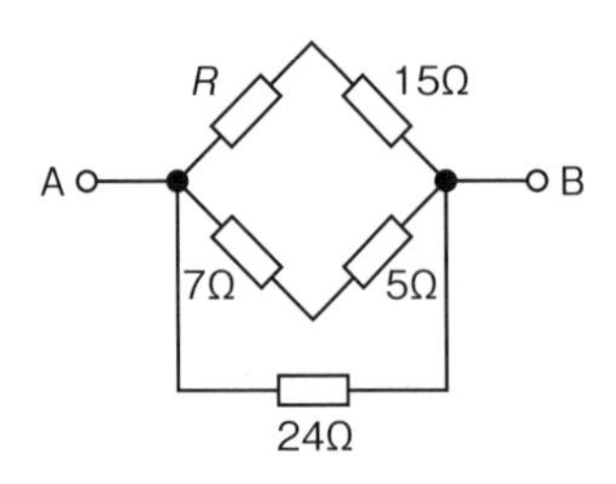

（1） 3 Ω
（2） 6 Ω
（3） 9 Ω
（4） 12 Ω

【No.22】

図に示すトランジスタに関する次の文章の（イ）と（ロ）に当てはまるものとして，**適切なもの**は次のうちどれか。

下の図のトランジスタは（イ）トランジスタと呼ばれ，コレクタ電流は（ロ）に流れる。

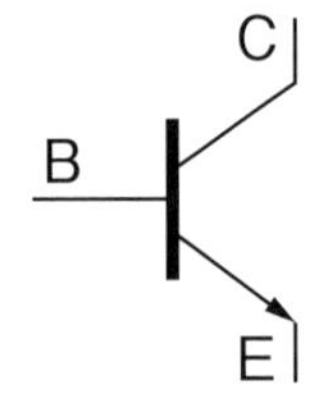

	（イ）	（ロ）
（1）	NPN型	CからE
（2）	NPN型	EからC
（3）	PNP型	CからE
（4）	PNP型	EからC

【No.23】

電気量の単位として，**適切なもの**は次のうちどれか。

（1） W（ワット）
（2） F（ファラド）
（3） Wh（ワットアワー）
（4） C（クーロン）

【No.24】

図に示すISO方式（平座面）のホイール・ボルト及びホイール・ナットにおいて，次の文章の（　　）に当てはまるものとして，**適切なもの**はどれか。

ホイール取り付け作業時において，ホイール・ボルト，ホイール・ナット及びホイール・ナット座金（ワッシャ）のうち，エンジン・オイルなどの潤滑剤の塗布を行わない部位は（　　）である。

（１）　Ａのホイールとホイール・ナット座金（ワッシャ）との当たり面。
（２）　Ｂのホイール・ボルトのねじ部。
（３）　Ｃのホイール・ナット座金（ワッシャ）とホイール・ナットとの隙間。
（４）　Ｄのホイール・ナットのねじ部。

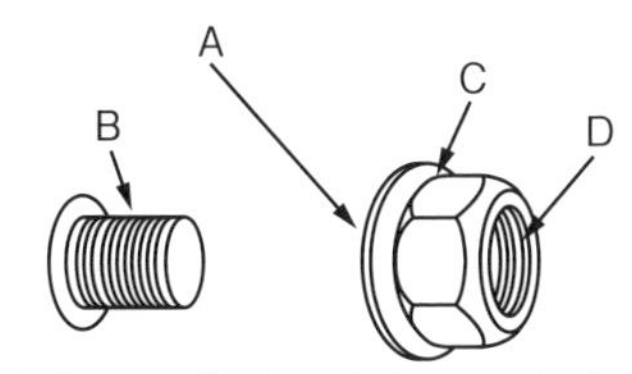

【No.25】

図に示す前進４段のトランスミッションで第３速のときの変速比として，**適切なもの**は次のうちどれか。ただし，図中の（　）内の数値はギヤの歯数を示す。

（１）　1.75
（２）　２
（３）　４
（４）　６

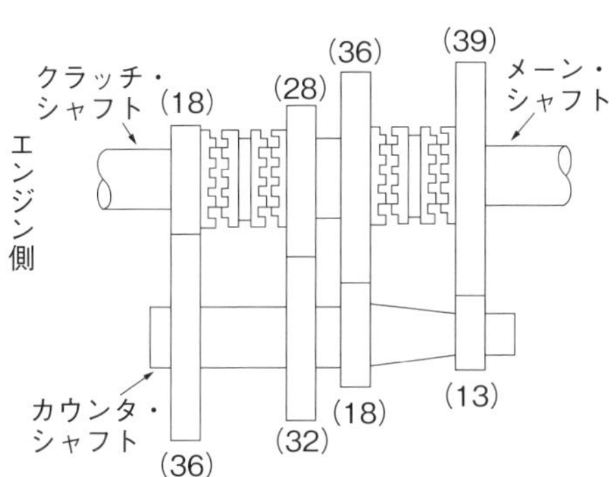

【No.26】

グリースに関する記述として，**不適切なもの**は次のうちどれか。
（１）　グリースは，常温では半固体状で温度を上げると液状になる潤滑剤である。
（２）　グリースは，ちょう度の数値が大きいものほど硬い。
（３）　ラバー・グリースは，ゴム部分に悪影響を与えない特性がある。
（４）　ちょう度は，グリースなどのような半固体状物質の硬さの度合いを表わすときに用いられる。

【No.27】

図に示すマイクロメーターにおいて，シンブルを表わしている記号として，**適切なもの**は次のうちどれか。

（1）　A
（2）　B
（3）　C
（4）　D

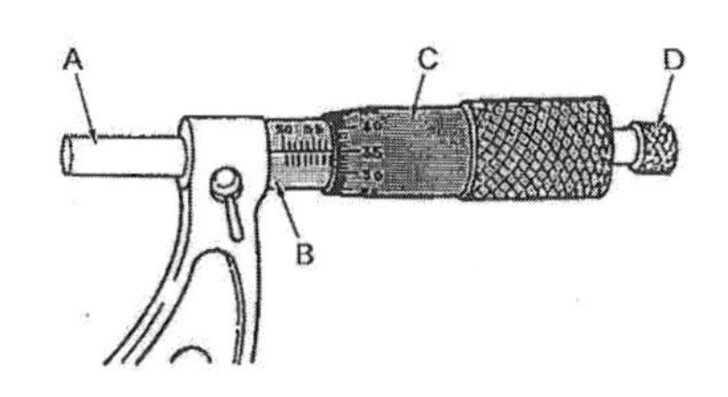

【No.28】

「道路運送車両法」に照らし，普通自動車分解整備事業の対象車種に**該当しないもの**は，次のうちどれか。

（1）　大型特殊自動車
（2）　検査対象軽自動車
（3）　四輪の小型自動車
（4）　普通自動車

【No.29】

「道路運送車両の保安基準」及び「道路運送の保安基準の細目を定める告示」に照らし，次の文章の（　）に当てはまるものとして，**適切なもの**は次のうちどれか。

非常信号用具は，（　）の距離から確認できる赤色の灯光を発するものであること。

（1）　昼間 100 m
（2）　夜間 100 m
（3）　昼間 200 m
（4）　夜間 200 m

【No.30】

「道路運送車両の保安基準」及び「道路運送の保安基準の細目を定める告示」に照らし，次の文章の（　）に当てはまるものとして，**適切なもの**は次のうちどれか。

車幅灯は，夜間にその（　　）の距離から点灯を確認できるものであり，かつ，その照射光線は他の交通を妨げないものであること。

（１）　前方 150 m

（２）　後方 150 m

（３）　前方 300 m

（４）　後方 300 m

第1回　模擬問題　解答と解説

【No. 1】 **解答** （4）

解説

（1） こう配抵抗は，自動車が坂を**上がるとき**のこう配による抵抗をいう。

（2）「空車状態」の定義をおさえよう！下記条文の定義より本肢は誤り。

⇒道路運送車両の保安基準第1条の6項参照（P333）

（3） 駆動力は，駆動輪の有効半径の大きさに**反比例する**。

（4） 適切。自動車の燃費とは，単位燃料あたりどれだけ（の距離を）走行可能かを表わしたものである。

一般的に，ガソリン1ℓで何km走行できるか，km/ℓ（キロメートルパーリッター）という単位で表わす。

【No. 2】 **解答** （1）

解説

（1） **トランスミッション・フロント・オイル・シール部**からのオイル漏れの有無を確認する。よって不適切。

（2） クラッチ・フェーシングにオイルが付着している場合の対策としては，ミッションの修理および，クラッチ・ディスクを新品に交換することが挙げられる。よって，適切。

（3） 適切（⇒P125，クラッチ滑りの原因－b）

（4） クラッチ・フェーシングにオイルが付着すると，部分的な滑りが発生するので，発進時に異常な振動が発生することがある。適切。

【No. 3】 **解答** （1）

解説

オイル・ポンプは，トルク・コンバータの**ポンプ・インペラ**と共にエンジンによって駆動され，各装置へオイルを供給する。

【No. 4】 **解答** （3）

解説

Aはオイル・ポンプ，Bはマニュアル・バルブ，Cは各クラッチ，ブレーキ用ソレノイド・バルブ，Dはレギュレータ・バルブである。

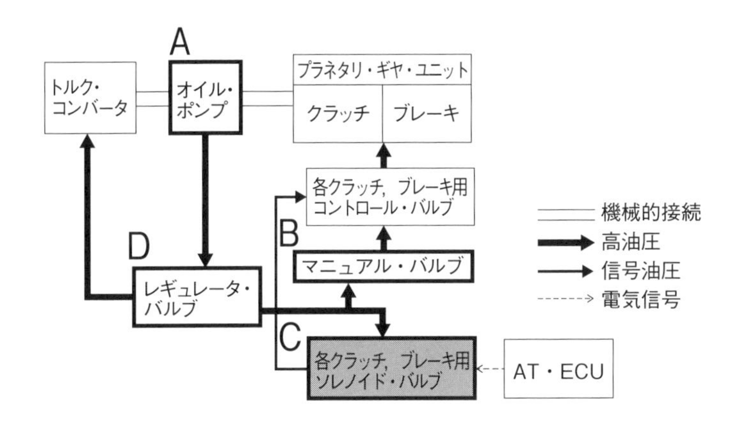

【No. 5】 **解答** （３）

解説

（１）ボール・ゲージ，（２）ボール，（４）インナ・レースは，バーフィールド型ジョイントの構成部品である。（⇒ P149～150，ⓐ参照）

【No. 6】 **解答** （２）

解説

（１） ドライブ・ピニオンとリング・ギヤのバックラッシュの測定は，**ダイヤル・ゲージ**を用いる。

（２） ドライブ・ピニオンのプレロード調整には，塑性スペーサを用いる。
よって，本肢が適切（⇒ P154～155 参照）

（３） ドライブ・ピニオンとリング・ギヤには，スパイラル・ベベル・ギヤとハイポイド・ギヤが用いられている。

（４） ドライブ・ピニオンのプレロードの測定は，**プレロード・ゲージ**を用いる。

【No. 7】 **解答** （１）

解説

独立懸架式のアクスル，サスペンションの特徴については P186～187 参照。独立懸架式かどうかを判断する際に注目する点は，ナックル※1，ロアー・サスペンション・アーム※2，アッパ・サスペンション・アーム※3が使用されているかという点，また，ドライブ・シャフトの右側（ホイール側）が蛇腹で包まれているかどうか等である。

【各部位の働き】
※1 ナックル・・・ホイールを支える。
※2 ロアー・サスペンション・アーム・・・ホイールを下側から支える。
※3 アッパ・サスペンション・アーム・・・ホイールを上側から支える。

（1） ばね下質量を軽くして，振動が少なく乗り心地が良くなる傾向がある。よって，（1）が不適切となる。
（2） 軽重量に向いているので乗用車や小型車などに用いられる。
（3） 適切。なお，左右に動くようにスプライン方式になっている。
（4） 独立懸架式なのでホイールはそれぞれ独立して動く。

【No. 8】 解答 （4）

解説

（4） ホイール側ではなく，ディファレンシャル側に向けて取り付ける。

【No. 9】 解答 （4）

解説

（4） スリーブは，ロータとギヤ・ハウジングの間に挿入されている。

【No.10】 解答 （1）

解説

Aの部品名称は，ラック・ガイドである。（⇒P254参照）

【No.11】 解答 （1）

解説

（1） タイヤの空気圧（エア圧）は，タイヤの温度が高いと空気圧が高く表示されるので，タイヤが冷えているときに点検する。よって，（1）が不適切となる。
（2） 適切。

（３）　ひっかけ注意！

タイヤの溝の深さ（＝ depth（デプス））の測定は，デプス・ゲージを用いて行う。・・・○

タイヤの溝の深さの測定は，タイヤ・ゲージを用いて行う。・・・×

Depth（深さ）と覚えておけば，この引っ掛けは見破られるようになるし，英単語も覚えられて一挙両得だね！

（４）　適切。ダイヤル・ゲージについて（⇒ P112，8 参照）

【No.12】 **解答** （２）

解説

Ａはキャスタである。

【No.13】 **解答** （３）

解説

自己倍力作用とは，「制動時にブレーキ・シューがブレーキ・ドラムに食い込む（引き込まれる）力が発生して制動力を増す」ことを言う。

自己倍力作用を受けるブレーキ・シューをリーディング・シューといい，

自己倍力作用を受けないブレーキ・シューをトレーリング・シューと言う。

図のように，「ブレーキ・シューＡ」がリーディング・シューで，「ブレーキ・シューＢ」はトレーリング・シューである。

覚え方

制動力が発生したとき，ピストンの動く方向とドラムの回転方向が同じ側のブレーキ・シューをリーディング・シューという（次頁の図参照）。

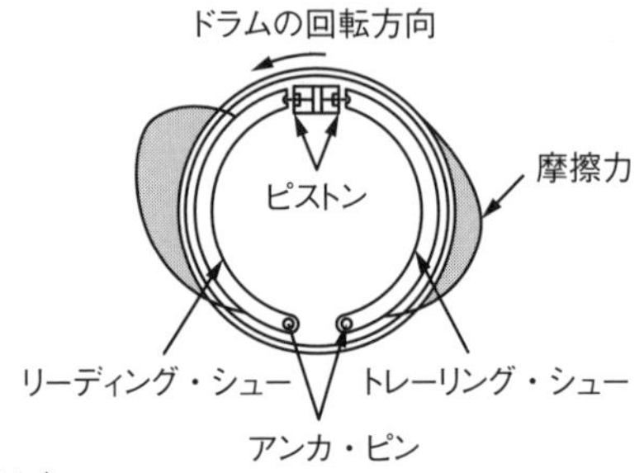

【No.14】 **解答** （1）

解説

問題のAの部分は，「ポペット」である。

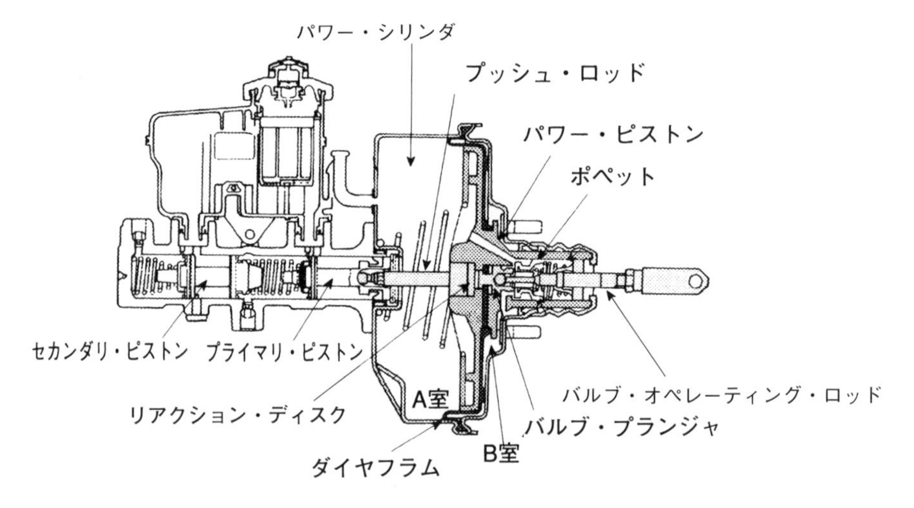

【No.15】 **解答** （2）

解説

（1） 独立した2つの油圧系統をもっていることにより，どちらか片方の系統が故障で作動しなくなったとしても，残ったもう片方の系統でブレーキ作用を行える。

（2） 前輪のブレーキ系統に液漏れがある時は，セカンダリ・ピストン側の圧力室には液圧が発生しない。よって，不適切。

ポイント！

プライマリ・ピストンは，後輪のブレーキ系統を作動させる。
セカンダリ・ピストンは，前輪のブレーキ系統を作動させる。

（3）　タンデム・マスタ・シリンダの各圧力室（図のA室，B室）には，ブレーキ液の送出口とリターン・ポートが設けられている。

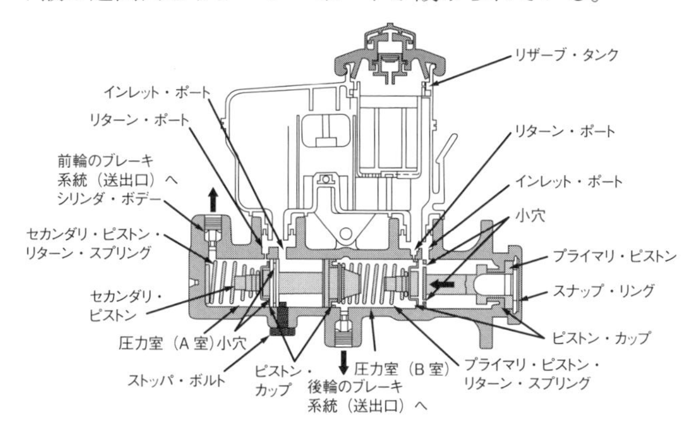

（4）　適切。

【No.16】 **解答**　（3）

解説

フレームは，サイド・メンバのホイール・ベース中央部付近では下方に湾曲し，フロント及びリヤ・アクスル付近では，上向きに湾曲する傾向にある。

【No.17】 **解答**　（2）

解説

（1）　終端抵抗は，通信信号の安定化に大きな役割を果たしている。

（2）　メイン・バス・ラインは，2本の通信線と2個の終端抵抗で構成されている。よって，不適切。

（3）　ツイスト・ペア線にすることで，耐ノイズ性が高くなるので，メイン及びサブのバス・ラインには使用されている。

（4）　バス・ライン方式にすることで，配線量やハーネスなどが削減され，小型化につながる。

【No.18】 **解答**　（2）

解説

（1）　P305，第3編1章7－（9）より，電球に断線があっても，点滅回数は変化しない。

（2）　P304，第3編1章7－（8）より適切。

(3) ライセンス・プレート・ランプ（ナンバープレートのランプ）は，他の灯火装置と連動して点灯，消灯する構造になっている。
(4) ディスチャージ・ランプは，発光管内にキセノン・ガスと水銀および金属ヨウ化物を封入しており，発光管内にある電極間に高電圧を加え，電子と金属原子を衝突・放電させることでバルブの点灯を行っている

【No.19】 **解答** (2)

解説

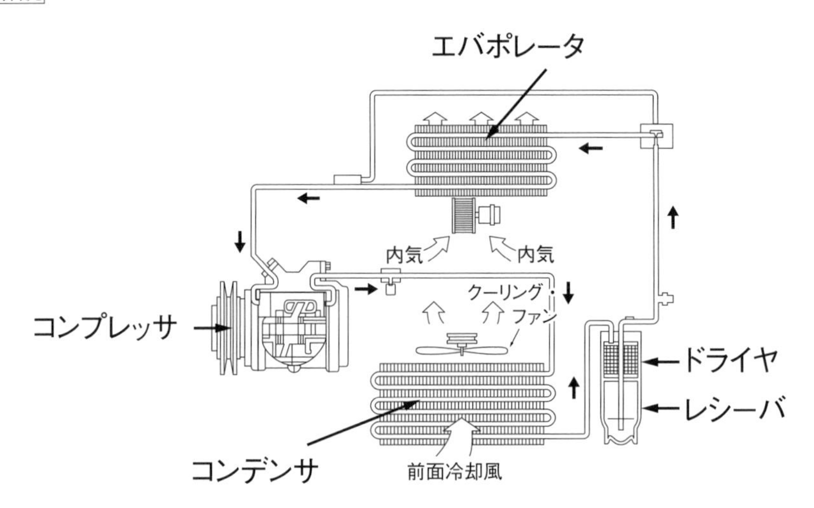

コンプレッサで圧縮された高温・高圧の冷媒は，コンデンサに送られ外気によって冷やされ液化する。**エバポレータ**では，冷媒が液体から気化するときに熱を奪う原理を利用して，車内に冷風を吹き出し，冷房効果を得ている。

冷凍サイクルについては，P311の図3－1－26を参照。

【No.20】 **解答** (1)

解説

(2) ロは幅×箱高さの区分を表わしている。
(3) ハは長さ寸法の概数を表わしている。
(4) ニは端子の位置を表わしている。

P298，第3編1章6－(7)より，型式の表示法は次の通り。

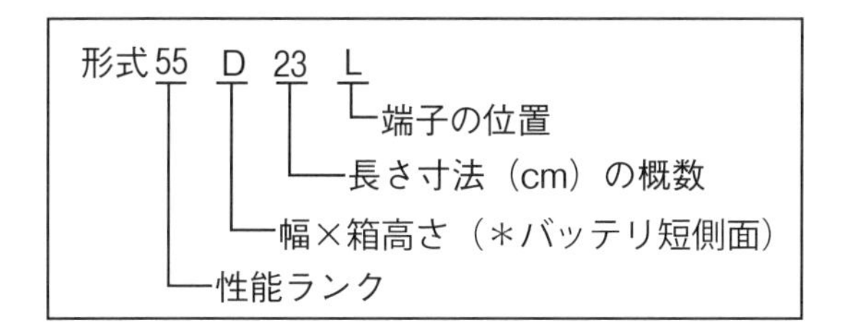

【No.21】 **解答** （３）

解説

まず，設問の図を書き換えると以下のようになる。

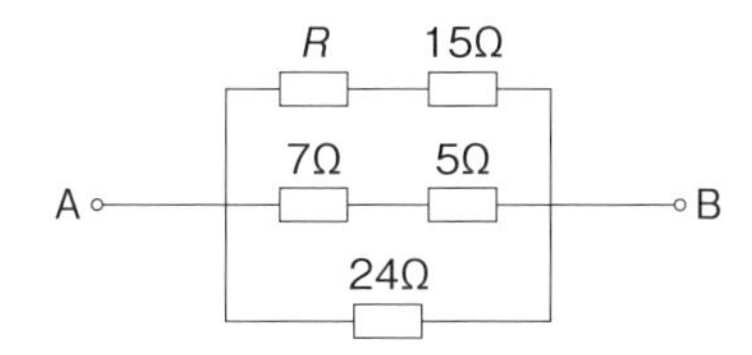

３組の合成抵抗を一度で計算するとき，

$R+15\ \Omega=R_1$ とする。・・・①

$7\ \Omega+5\ \Omega=R_2$ とする。・・・②

$24\ \Omega=R_3$ とする。・・・③

合成抵抗 $6\ \Omega=R_0$ とする。・・・④

並列の合成抵抗の公式 $R_0=\dfrac{1}{\dfrac{1}{R_1}+\dfrac{1}{R_2}+\dfrac{1}{R_3}}$ より，

$$\frac{1}{R_0}=\frac{1}{R_1}+\frac{1}{R_2}+\frac{1}{R_3}$$ となる。

これに①～④をあてはめると，下記のようになる。

$$\frac{1}{6\ \Omega}=\frac{1}{R+15\ \Omega}+\frac{1}{7\ \Omega+5\ \Omega}+\frac{1}{24\ \Omega}$$

式を整理すると，

$$\frac{1}{R+15\ \Omega}=\frac{1}{6\ \Omega}-\frac{1}{\boxed{7\ \Omega+5\ \Omega}}-\frac{1}{24\ \Omega}$$

$\rightarrow 12$

分母をそろえる（通分する）と，

$$\frac{1}{R+15\,\Omega}=\frac{4}{24\,\Omega}-\frac{2}{24\,\Omega}-\frac{1}{24\,\Omega}$$

$$\frac{1}{R+15\,\Omega}=\frac{4-2-1}{24\,\Omega}$$

$$\frac{1}{R+15\,\Omega}=\frac{1}{24\,\Omega}$$

分母の数字だけ取り出して式にすると，

$$R+15\,\Omega=24\,\Omega$$

$$R=24\,\Omega-15\,\Omega$$

$$R=9\,\Omega$$

【No.22】 **解答** （1）

解説

NPN型トランジスタについてはP291参照
電流の流れ…本問ではCからEに流れる。

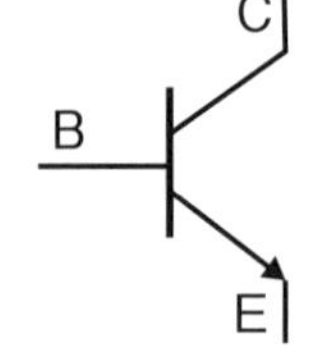

【No.23】 **解答** （3）

解説

電気量の単位：Wh（ワットアワー）

【No.24】 **解答** （1）

解説

Aのホイールとホイール・ナット座金（ワッシャ）との当たり面（接触面）に潤滑剤を塗布しないのは，ホイールと座金の接触面の接触抵抗を小さくしないためである。（接触抵抗が小さくなると，ナットが回転してねじの緩みの原因となる。）

【No.25】 **解答** （1）

解説

①　第1速の変速比は，

クラッチ・シャフトのギヤ（歯数18）とカウンタ・シャフトのギヤ（歯数36）の噛み合わせ，カウンタ・シャフトのギヤ（歯数13）とメーン・シャフトのギヤ（歯数39）のかみ合いになる。

18と13で約分

$$1速の変速比 = \frac{\cancel{36}^{2}}{{}_{1}\cancel{18}} \times \frac{\cancel{39}^{3}}{\cancel{13}_{1}}$$

⇩

$$= \frac{2 \times 3}{1 \times 1} = 6.00$$

②　第2速の変速比は，

クラッチ・シャフトのギヤ（歯数18）とカウンタ・シャフトのギヤ（歯数36）の噛み合わせ，カウンタ・シャフトのギヤ（歯数18）とメーン・シャフトのギヤ（歯数36）のかみ合いになる。

18で約分

$$2速の変速比 = \frac{\cancel{36}^{2}}{{}_{1}\cancel{18}} \times \frac{\cancel{36}^{2}}{\cancel{18}_{1}}$$

⇩

$$= \frac{2 \times 2}{1 \times 1} = 4.00$$

③　**第3速の変速比**は，

クラッチ・シャフトのギヤ（歯数18）とカウンタ・シャフトのギヤ（歯数36）の噛み合わせ，カウンタ・シャフトのギヤ（歯数32）とメーン・シャフトのギヤ（歯数28）のかみ合いになる。

18と4で約分

$$3速の変速比 = \frac{\cancel{36}^{2}}{{}_{1}\cancel{18}} \times \frac{\cancel{28}^{7}}{\cancel{32}_{8}}$$

⇩　2で約分

$$= \frac{2 \times 7}{1 \times 8} = \frac{\cancel{14}^{7}}{\cancel{8}_{4}} = 1.75$$

④ 第4速の変速比は，

クラッチ・シャフトとメーン・シャフトが直結なので，変速比は1.00となる。

変速比（4速）＝ 直結 ＝1.00

【No.26】 **解答** （2）

解説

（2） グリースは，ちょう度の大きいものほど柔らかい。

【No.27】 **解答** （3）

解説

本問は単純に図から部位名称を解答させるタイプの問題である。

なお，マイクロメーターに関しては目盛りの読み方にも注意しておこう！

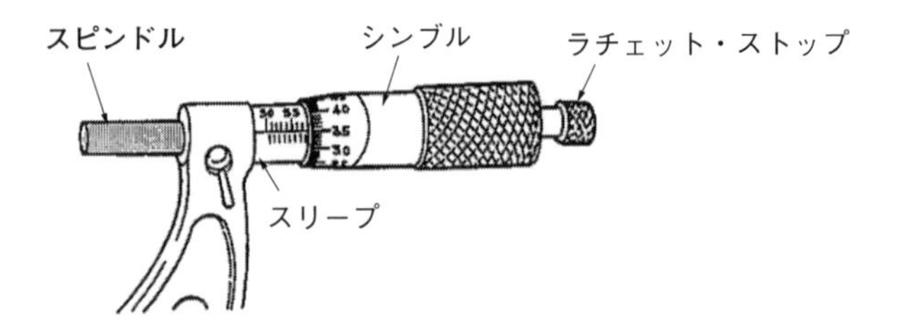

【No.28】 **解答** （2）

解説

「道路運送車両法」第77条より，**普通自動車分解整備事業**の対象とする自動車は，「**普通自動車，四輪の小型自動車**及び**大型特殊自動車**」を対象とする。よって，（2）が該当しない。

普通自動車分解整備事業	⇒ 普通自動車，四輪の小型自動車，大型特殊自動車
小型自動車分解整備事業	⇒ 小型自動車，**検査対象軽自動車**
軽自動車分解整備事業	⇒ **検査対象軽自動車**

上記のような表にしてみると，一目でわかりやすくなりましたね！「検査対象軽自動車」を対象とするのは，小型自動車分解整備事業と軽自動車分解整備事業だから，丸暗記が苦手な方は，次のゴロを参考にしてみて下さい。
なお，分解整備事業とは，簡単にいうと自動車修理工場のことです。

覚え方（丸暗記が苦手な方はご参考まで）

普通自動車分解整備事業の対象ではない自動車

（方言やなまりのある学生同士が話しているイメージで，）

フツー，文系（ぶんけぇ）は，検査対象　じゃない　けぇ（＝軽）!

（普通自動車分解整備事業　には，　検査対象 軽 自動車　は含まれない）

【No.29】 解答 （4）

解説

「保安基準」第43条の2，「細目を定める告示」第220条第1項第一号より，「**夜間200 m**の距離から確認できる赤色の灯光を発するものであること。」

【No.30】 解答 （3）

解説

「保安基準」第34条，「細目を定める告示」第201条第1項第一号より，「車幅灯は，夜間にその**前方300 m**の距離から点灯を確認できるものであり，かつ，その照射光線は，他の交通を妨げないものであること。」

第2回　模擬問題

【No. 1】

自動車の性能及び諸元に関する記述として，**不適切なもの**は次のうちどれか。

（1）　空車状態とは，燃料，潤滑油，冷却水などを全量搭載し，運行に必要な装備をした状態をいう。

（2）　自動車の旋回時は，遠心力とコーナリング・フォースが釣り合った状態をいう。

（3）　駆動力は，路面とタイヤの摩擦力以上に大きくならない。

（4）　走行抵抗は，車速が増すごとに大きくなるが，こう配の大きさでは変化しない。

【No. 2】

ダイヤフラム・スプリング式クラッチの構成部品として，**適切なもの**は次のうちどれか。

（1）　レリーズ・ベアリングは，アンギュラ式のボール・ベアリングが用いられている。

（2）　プレッシャ・プレートは，アルミニウム合金製で回転に対してのバランスがとられている。

（3）　ダイヤフラム・スプリングのばね力は，クラッチ・ディスクが摩耗すると低下してしまう。

（4）　ダイヤフラム・スプリングは，複板式より単板式の方が，伝達トルク容量を大きくできる。

【No. 3】

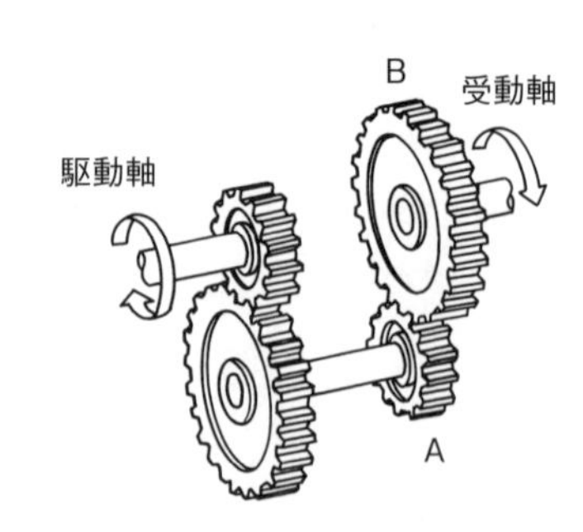

図に示すギヤの組み合わせに関する記述として，**不適切なもの**は次のうちどれか。

（1）　受動軸のトルクは，「駆動軸のトルク×変速比」で求められる。

（2）　変速比は，「駆動軸のトルク÷受動軸のトルク」で求められる。

（3）　受動軸の回転速度は，「駆動軸の回転速度÷変速比」で求められる。

（４）　ギヤＡとギヤＢの間に，もう一つのアイドル・ギヤをかみ合わせると，回転は今までの逆になり，リバース・ギヤとなる。

【No. 4】

図に示すマニュアル・トランスミッションに用いられるキー式シンクロメッシュ機構のＡの部品名称として，**適切なもの**は次のうちどれか。

（１）　シンクロナイザ・ハブ
（２）　スリーブ
（３）　シンクロナイザ・リング
（４）　シンクロナイザ・キー

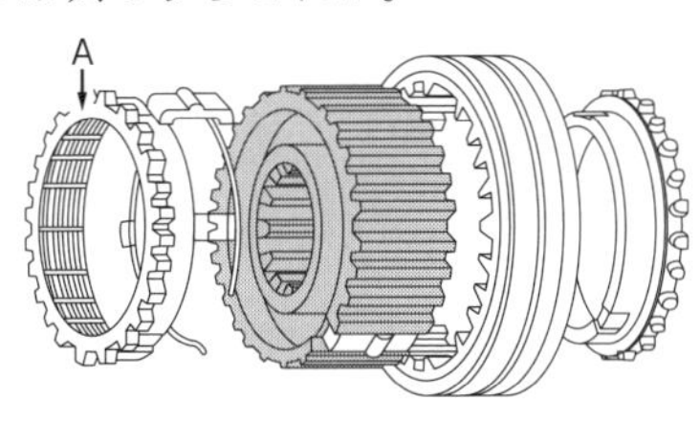

【No. 5】

図に示すドライブ・シャフトの固定式等速ジョイントに用いられている，バーフィールド型ジョイントの構成部品として，**不適切なもの**は次のうちどれか。

（１）　ボール・ケージ
（２）　インナ・レース
（３）　スパイダ
（４）　アウタ・レース

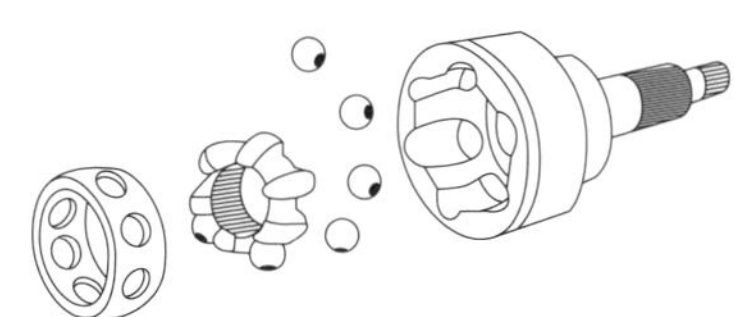

【No. 6】

車軸懸架式サスペンションと比較して，独立懸架式サスペンションの特徴に関する記述として，**不適切なもの**は次のうちどれか。

（１）　路面の凹凸による車の振動を少なくすることができる。
（２）　主にバス，大型トラックなどのリヤ・サスペンションに用いられている。
（３）　車高（重心）が低くできる。
（４）　ばね下質量を軽くして乗り心地を良くすることができる。

【No. 7】

トーション・バー・スプリングに関する記述として，**不適切なもの**は次のうちどれか。

（1） 車軸懸架式サスペンションに用いられている。
（2） ばね鋼を棒状にしたもので，振動の減衰作用が少ない。
（3） 一端を固定し，他端をねじると弾性によって元へ戻る性質を利用している。
（4） ばね定数は，長さ，断面積，寸法，材質によって定まる。

【No. 8】

シャシ・スプリングに関する記述として，**不適切なもの**は次のうちどれか。

（1） リーフ・スプリングのスパンとは，リーフ・スプリングの両端の目玉部中心間の距離をいう。
（2） トーション・バー・スプリングは，主に独立懸架式のサスペンションに用いられている。
（3） ばね定数の単位にはN／mmを用い，その値が小さいほどスプリングは硬くなる。
（4） コイル・スプリングを用いたサスペンションは，アクスルを支持するためのリンク機構を必要とする。

【No. 9】

独立懸架式のラック・ピニオン型ステアリング装置に関する記述として，**不適切なもの**は次のうちどれか。

（1） ピニオンのプレロードは，プレロード・ゲージを用いてラック全周に渡って点検する。
（2） ボール・ナット型に比べて，路面から受ける衝撃がハンドルに伝わりやすい。
（3） リンク機構にピットマン・アームを使用している。
（4） トーインは，ラック・エンドを回して調整する。

【No.10】

独立懸架式に用いられるボール・ナット型ステアリング装置に関する記述として，**不適切なもの**は次のうちどれか。

（1）　リンク機構にピットマン・アームを使用している。

（2）　トーインは，タイロッド・アジャスト・チューブを回して調整する。

（3）　ウォーム・シャフトのプレロードは，プレロード・ゲージを用いて測定する。

（4）　摩擦が少なく小型軽量にできる反面，路面から受ける衝撃がステアリング・ホイールに伝わりやすい。

【No.11】

図に示す自動車用タイヤの構造で，ビード部を表わすものとして，**適切なもの**は次のうちどれか。

（1）　A

（2）　B

（3）　C

（4）　D

【No.12】

図に示すキャンバ・キャスタ・キング・ピン・ゲージに関する次の文章の（イ）～（ロ）に当てはまるものとして，下の組み合わせのうち**適切なもの**はどれか。

キャンバの測定は，キャンバ・キャスタ・キング・ピン・ゲージを取り付け，ゲージ本体の（イ）の気泡を中心に合わせ，（ロ）のキャンバ・ゲージの気泡の中心の目盛を読み取る。

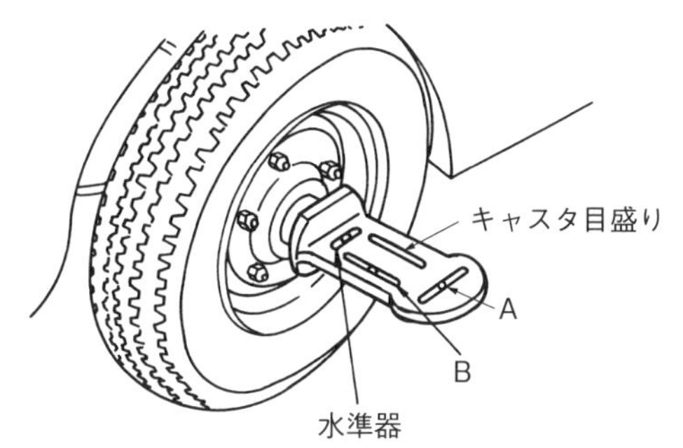

	（イ）	（ロ）
（1）	キャスタ目盛	A
（2）	水準器	A
（3）	キャスタ目盛	B
（4）	水準器	B

【No.13】

図に示す真空式制動倍力装置に関する次の文章の（イ）～（ロ）に当てはまるものとして，下の組み合わせのうち**適切なもの**はどれか。

ブレーキ・ペダルを踏まないとき，バキューム・バルブは（イ），エア・バルブは（ロ）いる。

	（イ）	（ロ）
（1）	開いて	閉じて
（2）	開いて	開いて
（3）	閉じて	閉じて
（4）	閉じて	開いて

パワー・ピストン
ポペット
バルブ・オペレーティング・ロッド
バルブ・リターン・スプリング
バルブ・プランジャ・ストップ・キー
バルブ・プランジャ

【No.14】

図に示す真空式制動倍力装置に関する記述として，**適切なもの**は次のうちどれか。

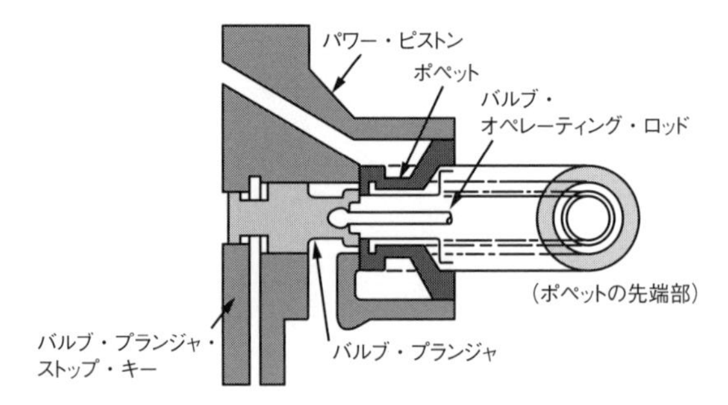

（1）　バキューム・バルブは，ポペットの先端部とパワー・ピストンのシート部と接続した部分をいう。

（2）　真空式制動倍力装置は，パワー・ピストン，リアクション機構の二つだけで構成されている。

（3）　ブレーキ・ペダルを踏まないとき，バキューム・バルブは閉じ，エア・バルブは開いている。

（4）　エア・バルブは，バルブ・プランジャとバルブ・オペレーティング・ロッドに接した部分をいう。

【No.15】

ディスク式油圧ブレーキに関する記述として，**適切なもの**は次のうちどれか。

（1） リザーブ・タンクのブレーキ液量は，ブレーキ・パッドが摩耗しても変化しない。

（2） 固定型のキャリパは，ディスクの片側だけにピストンがある構造である。

（3） ブレーキの引きずりは，ディスクの振れでも原因となるので，振れを測定する必要がある。

（4） パッドとディスクのすき間は，キャリパのブーツにより自動的に調整が行われる。

【No.16】

フレーム及びボデーに関する記述として，**不適切なもの**は次のうちどれか。

（1） ボデーの塗装に使用するソリッド・カラーは，アルミ粉やマイカ（雲母）を含まない色目が単一な塗料である。

（2） 強化ガラスは，急冷強化処理により強度を向上させたもので，割れても飛散しにくく視界も確保できる。

（3） 合わせガラスは，2枚以上の板ガラスの間に薄い合成樹脂被膜を張り合わせたガラスである。

（4） 染色浸透探傷試験は，フレームの亀裂の点検方法の一つである。

【No.17】

CAN（コントローラ・エリア・ネットワーク）通信およびLIN（ローカル・インターコネクト・ネットワーク）通信に関する記述として，**適切なもの**は次のうちどれか。

（1） CAN通信のメイン・バス・ラインには，通信信号を安定化させるために終端抵抗が1個だけ用いられている。

（2） LIN通信は，CAN通信に比べ通信速度は劣るが，1本の通信線でネットワークを構築できる。

（3） LIN通信は，高い通信速度を必要としないエンジンECUやメータECUの通信に用いられる。

（4） LIN通信は，信頼性が高く高速で大量のデータ通信ができる。

【No.18】

灯火装置に関する記述として，**不適切なもの**は次のうちどれか。

（1）ライセンス・プレート・ランプはテール・ランプと連動して点灯する。

（2）ハザード・ウォーニング・ランプの点滅回数は，ランプが1灯でも断線した場合，変化する。

（3）白熱電球のうちハロゲン・バルブは，普通のガス入り電球と比較して同じ容量でも明るく，寿命も長い。

（4）ディスチャージ・バルブ（高輝度放電灯）は，発光管内にある電極間に高電圧を加え，電子と金属原子を衝突・放電させることでバルブの点灯を行っている。

【No.19】

図に示すワイパ・モータの回路に関する次の文章の（イ）～（ロ）に当てはまるものとして，下の組み合わせのうち，**適切なもの**はどれか。

ワイパ・スイッチを低速の位置にすると，バッテリのプラス端子→ワイパ・スイッチ（低速）→（イ）→ アーマチュア →（ロ）→ アース間を流れる回路が形成されて，ワイパ・モータは低速で回転する。

	（イ）	（ロ）
（1）	＋1端子→ブラシ（B_1）	ブラシ（B_3）→ポイント（P3）
（2）	＋1端子→ブラシ（B_1）	ブラシ（B_3）
（3）	＋2端子→ブラシ（B_2）	ブラシ（B_3）→ポイント（P3）
（4）	＋2端子→ブラシ（B_2）	ブラシ（B_3）

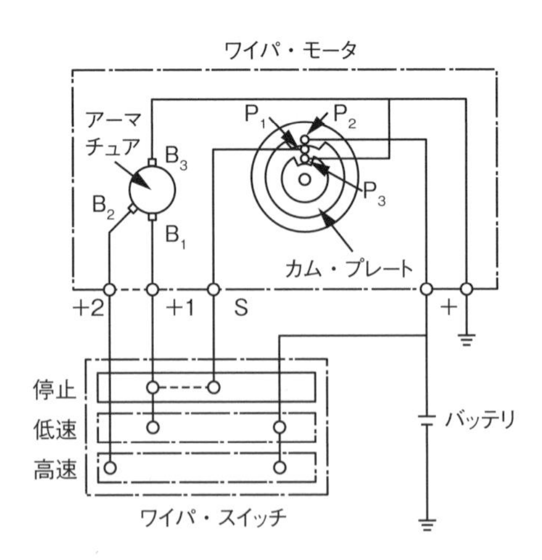

【No.20】

図のようにかみ合ったギヤA，B，C，DのギヤAをトルク200 N・mで回転させたときのギヤDのトルクとして，**適切なもの**は次のうちどれか。ただし，伝達による損失はないものとし，ギヤBとギヤCは同一の軸に固定されている。なお，図中の（　）内の数値はギヤの歯数を示す。

（1）　70 N・m
（2）　140 N・m
（3）　280 N・m
（4）　420 N・m

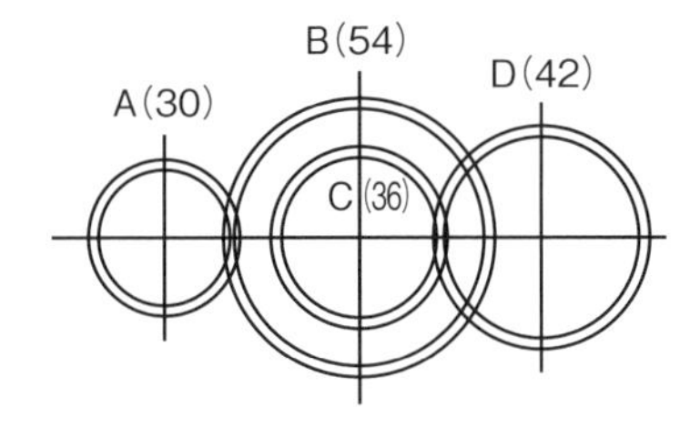

【No.21】

図に示すA－B間の合成抵抗が4 Ωの場合，Rの抵抗値として，**適切なもの**は次のうちどれか，ただし，配線の抵抗はないものとする。

（1）　3 Ω
（2）　4 Ω
（3）　5 Ω
（4）　6 Ω

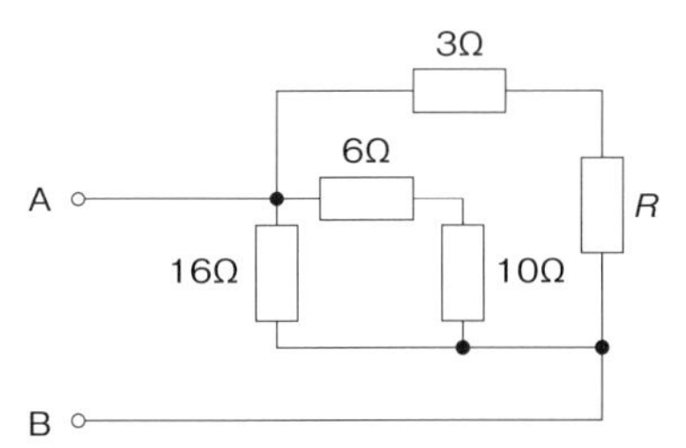

【No.22】

ベアリングに関する記述として，**不適切なもの**は次のうちどれか。

（1）　ローリング・ベアリングは，一般的にプレーン・ベアリングに比べて摩擦が著しい。
（2）　スラスト・ベアリングには，ボール型，ニードル・ローラ型などがあり，トランスミッションなどに用いられている。
（3）　半割り形プレーン・ベアリングは，クランクシャフトなどに用いられており，ラジアル方向（軸と直角方向）に力を受ける。
（4）　アンギュラ・ベアリングには，ボール型，テーパ・ローラ型などがあり，アクスル，ディファレンシャルなどに用いられている。

【No.23】

仕事率の単位として，**適切なもの**は次のうちどれか。

（1）　C（クーロン）　　　（2）　F（ファラド）
（3）　J（ジュール）　　　（4）　W（ワット）

【No.24】

自動車に用いられるアルミニウムに関する記述として，**適切なもの**は次のうちどれか。

（1）　電気の伝導率は，銅の約20％である。
（2）　熱の伝導率は，鉄の約20倍である。
（3）　比重は，鉄の約3分の1である。
（4）　線膨張係数は，鉄の約10倍である。

【No.25】

図のようなアダプタを取り付けて締め付けたとき，トルク・レンチの表示が80N・mの場合，実際の締め付けトルクとして，**適切なもの**は次のうちどれか。

（1）　80N・m
（2）　96N・m
（3）　104N・m
（4）　200N・m

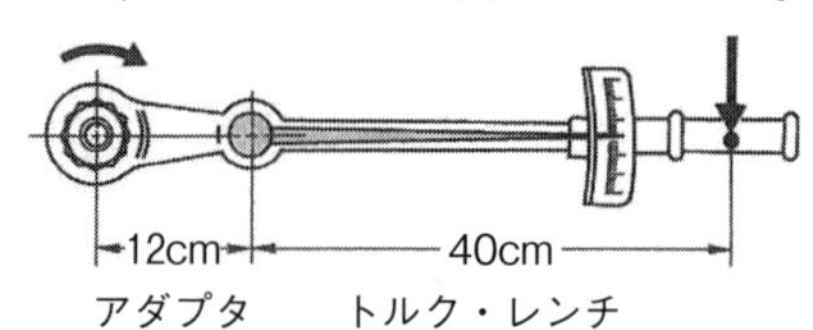

【No.26】

潤滑剤の作用（目的）に関する記述として，**不適切なもの**は次のうちどれか。

（1）　清浄作用とは，接触面に油膜をつくることによって摩擦を少なくすることをいう。
（2）　冷却作用とは，摩擦熱を吸収して物体を冷却することをいう。
（3）　緩衝作用とは，圧力を分散させるとともに衝撃を吸収することをいう。
（4）　密封作用とは，潤滑油がシリンダ及びピストンとピストン・リングの隙間に入り込むことによって，気密をさらによくすることをいう。

【No.27】

プライヤの種類と構造・機能に関する記述として，**不適切なもの**は次のうちどれか。

（１）　ラジオ・ペンチは，口先が非常に細く，口の側面に刃をもっており，狭い場所の作業に便利である。
（２）　ペンチは，支点の穴を支えることによって，口の開きを大小二段にできるので，使用範囲が広い。
（３）　ニッパは，歯が斜めで刃先が鋭く，細い針金の切断や電線の被覆をむくのに用いられている。
（４）　バイス・プライヤは，二重レバーによってつかむ力が非常に強く，しゃこ万力の代用として使用できる。

【No.28】

「道路運送車両の保安基準」及び「道路運送の保安基準の細目を定める告示」に照らし，番号灯の灯光の色の基準として，**適切なもの**は次のうちどれか。

（１）　黄色又は白色であること。　（２）　白色であること。
（３）　黄色又は淡黄色であること。　（４）　淡黄色であること。

【No.29】

「道路運送車両法」に照らし，自動車分解整備事業者の義務に関する次の文章の（　）に当てはまるものとして，**適切なもの**は次のうちどれか。

自動車分解整備事業者は，分解整備を行う場合においては，当該自動車の分解整備に係る部分が（　　）に適合するようにしなければならない。

（１）　点検基準　（２）　審査基準
（３）　保安基準　（４）　完成基準

【No.30】

「道路運送車両の保安基準」及び「道路運送の保安基準の細目を定める告示」に照らし，制動灯に関する次の文章の（　）に当てはまるものとして，**適切なもの**は次のうちどれか。

尾灯又は後部上側端灯と兼用の制動灯は，同時に点灯したときの光度が尾灯のみ又は後部上側端灯のみを点灯したときの光度の（　）以上となる構造であること。

（１）　２倍　（２）　３倍　（３）　４倍　（４）　５倍

第2回　模擬問題　解答と解説

【No. 1】 **解答** （4）

解説

（4）　走行抵抗とは，自動車が走る時の抵抗である。簡単に言うと，自動車の走りを妨げる力のことであり，空気抵抗，ころがり抵抗，こう配抵抗，加速抵抗から成り立っているので，こう配が大きければ，走行抵抗は当然，大きくなる。よって不適切。

【No. 2】 **解答** （1）

解説

（1）　適切

ひっかけ注意！

レリーズ・ベアリングには，スラスト式のボール・ベアリングが用いられている。（×）

（⇒正しくはアンギュラ式のボール・ベアリング）

（2）　プレッシャ・プレートは**鋳鉄製**である。

（3）　ダイヤフラム・スプリングのばね力は，クラッチ・ディスクが摩耗しても低下しない。

（4）　単板式より複板式の方が，伝達トルク容量を大きくできる。

ダイヤフラム・スプリング式クラッチの中に使われているクラッチ・ディスクの複板（2枚以上）式と，単式（1枚）式とを比較して，伝達トルクが大きい（滑りが少ない）のは複板式である。

【No. 3】 **解答** （2）

解説

・ギヤの回転速度で求めるときの変速比

変速比＝（ギヤAの回転速度）÷（ギヤBの回転速度）

・ギヤの歯数で求めるときの変速比

変速比＝（ギヤBの歯数）÷（ギヤAの歯数）

【No. 4】 **解答** （3）

解説

問題の図のA部品の名称は，シンクロナイザ・リング。(⇒ P136 参照)

【No. 5】 **解答** （3）

解説

（3） スパイダは，トリポード型ジョイントの構成部品である。(⇒ P150 参照)

試験注意

不適切な肢として，「ローラ」(⇒これもトリポート型ジョイントの構成部品）が入っていたこともある。

【No. 6】 **解答** （2）

解説

（1） ホイールごとに独立した構造のため振動を少なくできる。

（2） バスやトラックには，車軸懸架式サスペンションが用いられており，乗用車などには独立懸架式サスペンションが用いられている。

よって，本肢は独立懸架式サスペンションの特徴に関しての記述には該当しない。

（3） 部品を小さくできるので車高を低くできる。

（4） 小型，軽量のため，ばね下質量も軽くできる。

【No. 7】 **解答** （1）

解説

（1） トーション・バー・スプリングは，独立懸架式のサスペンションに用いられている。

【No. 8】 **解答** （3）

解説

（3） ばね定数の単位にはN／mmを用い，その値が大きいほどスプリングは硬くなる。

【No. 9】 解答 （３）

解説

（１） ピニオンのプレロード（起動トルク）の点検は，プレロード・ゲージを用いて，ラック全周に渡って行う。規定値を外れる場合は，再度組み立てを行う。

（２） リンク機構が簡単で摩擦が少なく小型軽量であるが，路面から受ける衝撃がハンドルに伝わりやすい。

（３） ピットマン・アームは，車軸懸架式に使用されている。よって，不適切。

（４） トーインの調整は，ラック・エンドを回して規定値にする。

【No.10】 解答 （４）

解説

（１） ステアリング・ホイールを操作すると，ピットマン・アームが作動する。

（２） タイロッド・アジャスト・チューブを回転させて，トーイン調整する。

（３） プレロード・ゲージを用いてプレロード（予圧）を測定する。

（４） 路面から受ける衝撃は，アームやロッドなどを介することでステアリング・ホイールに伝わりにくい。よって，不適切。

【No.11】 解答 （１）

解説

各部の名称は次の通り。

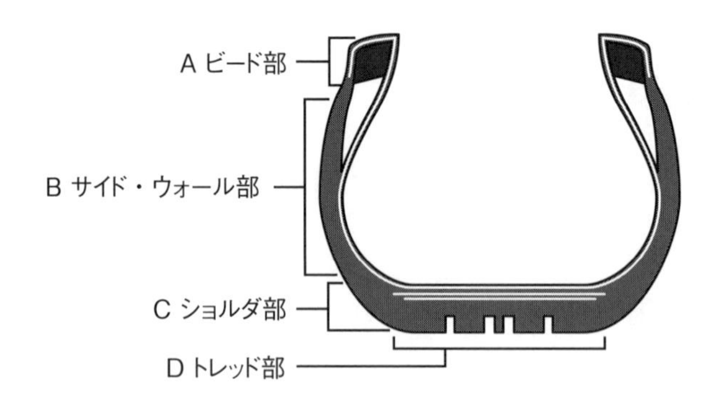

【No.12】 **解答**　（４）

解説

問題の図のAはキング・ピン傾角目盛，Bはキャンバ目盛である。

測定をするときの手順は，

① キャンバ・キャスタ・キング・ピン・ゲージ※を取り付ける。

② 次に**水準器**の気泡が中心位置になるように調整する。

③ 各目盛は，気泡の中心を読み取る。

（※キャンバ・キャスタ・キング・ピン・ゲージは，キャンバ・ゲージとも呼ばれる。）

【No.13】 **解答**　（１）

解説

ブレーキ・ペダルを踏まない時は，次図のように，バルブリターン・スプリングの伸びる力により，バルブ・オペレーティング・ロッドは右方向に押されている。この時，バルブ・プランジャは，バルブ・プランジャ・ストップ・キーに当たるまで右方向に引っ張られる。

この状態になると，バキューム・バルブは**開き**，エア・バルブは**閉じ**られ，B室の圧力は通気孔を通りA室と同じ圧力となる。

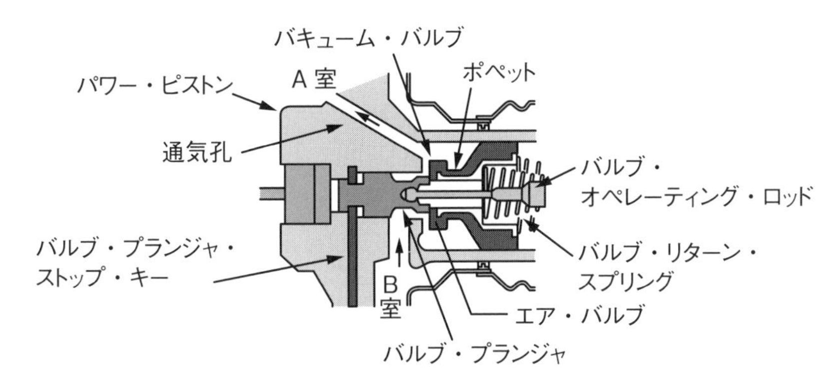

作動前のバルブ・プランジャ

【No.14】 **解答** （1）

解説

（2） 真空式制御倍力装置は，パワー・ピストン，バルブ機構，リアクション機構の3つで構成されている。

（3） ブレーキ・ペダルを踏まない時は，バキューム・バルブが開いて，エア・バルブは閉じる。

（4） エア・バルブは，バルブ・プランジャとポペット先端内側と接する部分を言う。

【No.15】 **解答** （3）

解説

（1） ブレーキ液は，リザーブ・タンク内に入っており，ブレーキ液量はブレーキ・パッドが摩耗した場合には，摩耗と共に徐々に減少する。

ブレーキ・パッドの摩耗により，ピストンが奥に動き，シリンダ内のブレーキ液量が増加する一方で，リザーブ・タンク内のブレーキ液量が減少するのである。

（2） 固定型キャリパは，図のようにディスクを2個のピストンで両側から挟み込む構造である。

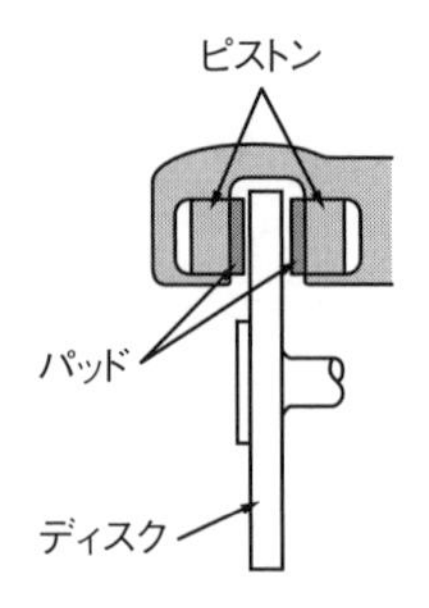

（3） ディスクに歪（ゆが）みや変形があると，パッドと接触してブレーキの引きずりが起こる。また，ディスクの振れも原因となるため，ダイヤル・ゲージで振れを測定して，振れが規定値を超えていれば研磨か交換を行う必要がある。

（4） すき間の調整は，ピストン・シールによって行われる。

【No.16】 **解答**　（2）

解説

一般的なガラスが刃物のような鋭い形状に割れて危険であるのに対し，強化ガラスは，割れた時に細片になる特性がある。そのため，割れた破片でケガをする危険度が低いのであるが，割れた衝撃で破片が周囲に飛散する。

【No.17】 **解答**　（2）

解説

（1）　CAN 通信のメイン・バス・ラインは，CAN-H と CAN-L の 2 本の通信線と 2 個の終端抵抗で構成される。よって，終端抵抗が 1 個という部分が不適切。

（2）　適切。LIN 通信は，CAN 通信ほど通信速度が求められない低コストのサブネットワーク向けに開発された単線式のネットワークである。

（3）　ランプ，ドア，メータ類といったボディ制御の通信には，低速・低コストの LIN 通信が用いられる。一方，エンジンなどを制御するパワートレイン制御の通信には，高い通信速度の CAN 通信が用いられる。

（4）　信頼性が高く高速で大量のデータ通信ができるのは，CAN 通信である。

【No.18】 **解答**　（2）

解説

（1）　ハザード・ウォーニング・ランプは，ランプに断線があっても点滅回数は変化しない。

【No.19】 **解答**　（2）

解説

ワイパ・スイッチを低速の位置にすると，バッテリのプラス端子→ワイパ・スイッチ（低速）→ **＋1 端子** → **ブラシ（B_1）** → アーマチュア→**ブラシ（B_3）**→アース間を流れる回路が形成されて，ワイパ・モータは低速で回転する。

試験注意！

ワイパ・モータの回路の問題は，ワイパ・スイッチを高速の位置にした場合の出題もあるので，低速，高速ともにおさえておこう！

【No.20】 **解答** （4）

解説

【基本知識】

※1　ギヤ：歯車。
　ギヤ（歯車）は，歯のかみ合いにより動力（回転）を伝えるものである。

※2　トルク：回転力，ものを回転させるときの力，作用

※3　変速比＝ギヤ比＝減速比

まず，設問図をイメージしやすいようにアレンジすると下記のようになる。

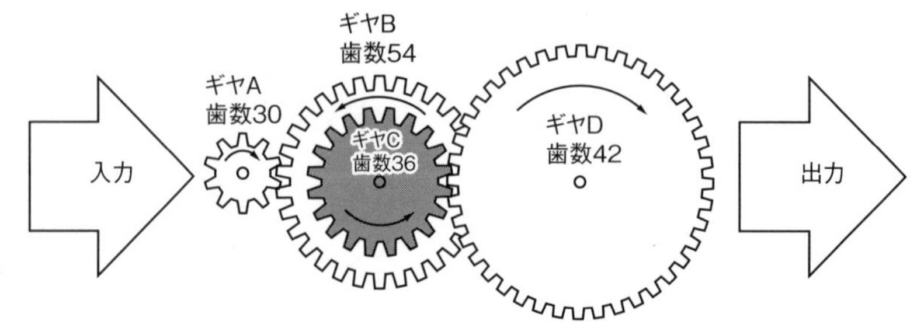

入力側トルクはギヤＡであり，出力側トルクはギヤＤである。

出力トルクを求めるときは次の式を用いる。

（出力側トルク）＝（入力側トルク）×（変速比）

問題文より，ギヤＡ（＝入力側トルク）は 200 N・m なので，次は変速比を求める。

図より，変速比は２つあるので，２つ合わせた総合（２段）変速比を求める。

計算式で表すと

$$\frac{\text{ギヤBの歯数}}{\text{ギヤAの歯数}} \times \frac{\text{ギヤDの歯数}}{\text{ギヤCの歯数}} = \text{総合（2段）変速比}$$

6で約分　　6で約分

$$\frac{54}{30} \times \frac{42}{36}$$

3で約分

$$= \frac{9}{5} \times \frac{7}{6}$$

$$= \frac{3}{5} \times \frac{7}{2}$$

$$= \frac{21}{10}$$

以上を，（出力側トルク）＝（入力側トルク）×（変速比）の式に当てはめると，

10で約分

$$200 \times \frac{21}{10}$$

$$= 420\ \mathrm{N \cdot m}$$

【No.21】 **解答**　（3）5 Ω

解説

まず，設問の図を書き換えると以下のようになる。

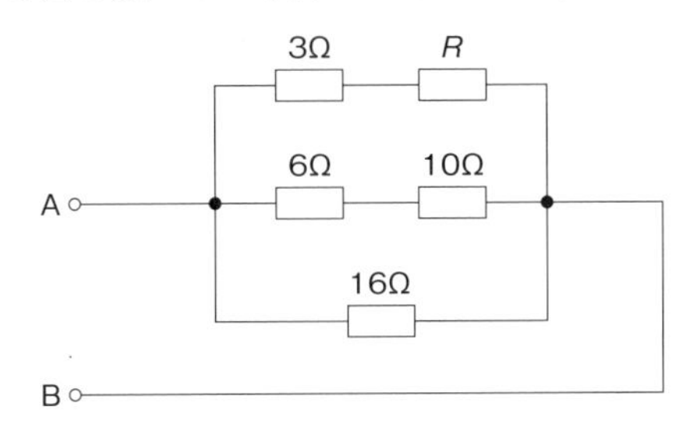

3組の合成抵抗を一度で計算するとき，

$3\ \Omega + R = R_1$　とする。・・・①

$6\ \Omega + 10\ \Omega = R_2$　とする。・・・②

$16\ \Omega = R_3$　とする。・・・③

合成抵抗 $4\ \Omega = R_0$　とする。・・・④

並列の合成抵抗の公式　$R_0 = \dfrac{1}{\dfrac{1}{R_1} + \dfrac{1}{R_2} + \dfrac{1}{R_3}}$　より，

$$\frac{1}{R_0} = \frac{1}{R_1} + \frac{1}{R_2} + \frac{1}{R_3}$$　となる。

これに①～④をあてはめると，下記のようになる。

$$\frac{1}{4\,\Omega} = \frac{1}{3\,\Omega + R\,\Omega} + \frac{1}{6\,\Omega + 10\,\Omega} + \frac{1}{16\,\Omega}$$

式を整理すると，

$$\frac{1}{3\,\Omega + R\,\Omega} = \frac{1}{4\,\Omega} - \frac{1}{6\,\Omega + 10\,\Omega} - \frac{1}{16\,\Omega}$$

分母をそろえる（通分する）と，

$$\frac{1}{3\,\Omega + R\,\Omega} = \boxed{\times 4}\ \frac{\cancel{1}\ 4}{\cancel{4}\,\Omega \to 16} - \frac{1}{\boxed{6\,\Omega + 10\Omega} \to 16} - \frac{1}{16\,\Omega}$$

$$\frac{1}{3\,\Omega + R\,\Omega} = \frac{4 - 1 - 1}{16\,\Omega}$$

$$\frac{1}{3\,\Omega + R\,\Omega} = \frac{\cancel{2}}{\cancel{16}\,\Omega}$$

$$\frac{1}{3\,\Omega + R\,\Omega} = \frac{1}{8\,\Omega}$$

分母の数字だけ取り出して式にすると，

$$3\,\Omega + R = 8\,\Omega$$

$$R = 8\,\Omega - 3\,\Omega$$

$$R = 5$$

【No.22】 **解答** （1）

解説

一般的にプレーン・ベアリングに比べて摩擦が少ないのがローリング・ベアリングである。

【No.23】 **解答** （4）

解説

仕事率の単位は　W（ワット）

【No.24】 **解答** （３）

解説

（１） 電気の伝導率は，銅の約 60 ％である。

（２） 熱の伝導率は，鉄の約 3 倍である。

（３） アルミニウムは耐食性に優れ，比重は，鉄の約 3 分の 1 である。

（４） 線膨張係数は，鉄の約 2 倍である。

◆アルミニウムの特性

比重（軽い）	鉄，銅の約 $\frac{1}{3}$
熱伝導率（高い）	鉄の約 3 倍
電気伝導率（高い）	銅の約 60 ％
線膨張係数	鉄の 2 倍

【No.25】 **解答** （３）実際の締め付けトルクは，104 N・m。

解説

$$\textbf{作用点の力（N）} = \frac{\textbf{トルク（N・m）}}{\textbf{長さ（m）}}$$

の公式に，トルク・レンチの表示 80（N・m）と，トルク・レンチの長さ 40 cm を当てはめると，（長さを cm から m に換算すること！）

$$作用点の力（N）= \frac{80（N・m）}{0.40（m）}$$

少数点があると計算しにくいので，
分母と分子に 100 を掛ける

$$= \frac{80（N・m）\times 100}{0.40（m）\times 100}$$

$$= \frac{8000（N・m）}{40（m）}$$ 40で約分

$$= \frac{\overset{200}{\cancel{8000}}（N・m）}{\underset{1}{\cancel{40}}（m）}$$

$$= 200（N・m）$$

以上で作用点にかかる力は200 Nとわかったので，次は締め付けトルクを求める。なお，本問ではトルク・レンチとアダプタを繋いでいるので，

締め付けトルク（N•m）＝作用点のトルク（200 N）× 長さ（12 cm ＋ 40 cm）
＝200 N × 52 cm（☜52 cmをmに換算するのを忘れずに！）
＝200 N × 0.52 m
＝200 N × 0.52 m
＝104 N・m

【No.26】 解答 （1）

解説

（1）は，潤滑作用の説明である。

【No.27】 解答 （2）

解説

（2） 支点の穴を支えることによって，口の開きを大小二段にできるので，使用範囲が広いのは，コンビネーション・プライヤである。

【No.28】 解答 （2）

解説

「保安基準」第36条，「細目を定める告示」第205条第1項第二号より，「番号灯の灯光の色は，**白色**であること。」

【No.29】 解答 （3）

解説

「道路運送車両法」第90条より，「自動車分解整備事業者は，分解整備を行う場合においては，当該自動車の分解整備に係る部分が**保安基準**に適合するようにしなければならない。」

【No.30】 **解答** （4）

解説

「保安基準」第 39 条，「細目を定める告示」第 212 条第 1 項第二号より，「尾灯又は後部上側端灯と兼用の制動灯は，同時に点灯したときの光度が尾灯のみ又は後部上側端灯のみを点灯したときの光度の **5 倍以上**となる構造であること。」

索　引

アルファベット

あ

か

さ

た

な

は

ま

や

ら

わ

著者略歴

大保　昇（おおぼ　のぼる）
名城大学 理工学部 卒業

【主な資格】

2級自動車整備士，1級建築施工管理技士，1級電気工事施工管理技士，1級土木施工管理技士，1級造園施工管理技士，1級管工事施工管理技士，第1種電気工事士，給水装置工事主任技術者，下水道排水設備工事責任技術者，浄化槽管理士，浄化槽設備士，DIY アドバイザー，2級電気通信工事施工管理技士，運行管理者（貨物・旅客），職業訓練指導員　など多数。

【主な著書】

よくわかる　2級自動車整備士（ガソリン自動車）	弘文社
よくわかる　3級自動車整備士（ガソリン・エンジン）	弘文社
よくわかる　3級自動車整備士（ジーゼル・エンジン）	弘文社
よくわかる　3級自動車整備士（シャシ）	弘文社
2級自動車整備士（ガソリン自動車）ズバリ一発合格問題集	弘文社
3級自動車整備士（ガソリン自動車）ズバリ一発合格問題集	弘文社
よくわかる　運行管理者試験（貨物）	弘文社
運行管理者試験（貨物）50回テスト	弘文社

よくわかる
3級自動車整備士　シャシ

編　著　大保　昇

印刷・製本　亜細亜印刷株式会社

発行所　株式会社　弘文社

〒546-0012 大阪市東住吉区
中野2丁目1番27号
☎ (06)6797―7441
FAX (06)6702―4732
振替口座 00940―2―43630
東住吉郵便局私書箱1号

代表者　岡﨑　靖